U0624825

特种设备安装与检验探析

毛超建　刘泽存　刘　媛◎著

吉林科学技术出版社

图书在版编目（CIP）数据

特种设备安装与检验探析／毛超建，刘泽存，刘媛
著. -- 长春：吉林科学技术出版社，2024.8. -- ISBN
978-7-5744-1793-9

Ⅰ. TB4

中国国家版本馆 CIP 数据核字第 2024T4Q820 号

特种设备安装与检验探析

著	毛超建　刘泽存　刘　媛	
出 版 人	宛　霞	
责任编辑	孔彩虹	
封面设计	金熙腾达	
制　版	金熙腾达	
幅面尺寸	170mm×240mm	
开　本	16	
字　数	276 千字	
印　张	17	
印　数	1~1500 册	
版　次	2024年8月第1版	
印　次	2024年12月第1次印刷	

出　版　吉林科学技术出版社
发　行　吉林科学技术出版社
地　址　长春市福祉大路5788 号出版大厦A 座
邮　编　130118
发行部电话/传真　0431-81629529 81629530 81629531
　　　　　　　　81629532 81629533 81629534
储运部电话　0431-86059116
编辑部电话　0431-81629510
印　刷　三河市嵩川印刷有限公司

书　号　ISBN 978-7-5744-1793-9
定　价　99.00元

版权所有　翻印必究　举报电话：0431-81629508

前　言

特种设备是指对人身和财产安全有较大危险的锅炉、压力容器（含气瓶）、压力管道、电梯、起重机械、客运索道、大型游乐设施、场（厂）内专用机动车辆等设备设施。特种设备是一个国家经济水平的代表，也是国民经济的重要基础装备。由于特种设备具有潜在较大危险性，若使用不当，可能会发生事故，因此多数国家对其实施严格监管。随着我国各个地区经济的飞速发展，各行业对特种设备的需求量也日益增多，为了保障特种设备的质量和使用安全，减少因特种设备而发生的事故，除了做好安全安装工作以外，最重要的就是做好特种设备的检测检验工作。

本书对特种设备分类、特种设备基础管理做了一定的介绍，让读者对特种设备有初步的认知；对特种设备金属材料性能、常见特种设备及其安装、射线与超声波检测技术等内容进行了深入的分析，让读者对特种设备安装有进一步的了解；着重强调了特种设备检验技术，涵盖了射线、超声波、磁粉、渗透检测技术，机电类特种设备专用无损检测技术及特种设备应急处置与救援。希望本书能够给从事相关行业的读者们带来一些有益的参考和借鉴。

本书内容深入浅出，旨在提高特种设备行业人员的技术能力，可供相关工作者及对此感兴趣的读者阅读。

本书在撰写过程中，参考和借鉴了一些知名学者和专家的观点及论著，笔者在此向他们表示深深的感谢。由于笔者学术水平和掌握的资料有限，写作过程中难免会有所疏漏，真诚地希望得到各位读者和专家的批评指正，以待对其做进一步修改，使之更加完善。

目　录

第一章 特种设备概述

第一节 特种设备分类

一、分类释义

根据特种设备的结构特征和属性，通常将特种设备主要分为承压类和机电类两大类。承压类特种设备分为锅炉、压力容器、压力管道三类；机电类特种设备分为电梯、起重机械、客运索道、大型游乐设施、场（厂）内机动车辆五类。特种设备还包括其所用的材料、附属安全附件、安全保护装置和与安全保护装置相关的设施。

（一）锅炉

锅炉是指利用各种燃料、电或者其他能源，将所盛装的液体加热到一定的参数，并通过对外输出介质的形式提供热能的设备。其范围规定为设计正常水位容积大于或者等于 30L，且额定蒸汽压力大于或者等于 0.1MPa（表压）的承压蒸汽锅炉；出口水压大于或者等于 0.1MPa（表压），且额定功率大于或者等于 0.1MW 的承压热水锅炉；额定功率大于或者等于 0.1MW 的有机热载体锅炉。

锅炉主要包括承压蒸汽锅炉、承压热水锅炉、有机热载体锅炉等。

（二）压力容器

压力容器是指盛装气体或者液体，承载一定压力的密闭设备。

其范围规定为最高工作压力大于或者等于 0.1MPa（表压）的气体、液化气体和最高工作温度高于或者等于标准沸点的液体，容积大于或者等于 30L 且内直径（非圆形截面指截面内边界最大几何尺寸）大于或者等于 150mm 的固定式容器和移动式容器；盛装公称工作压力大于或者等于 0.2MPa（表压），且压力与容积的乘积大于或者等于 1.0MPa · L 的气体、液化气体和标准沸点等于或者低

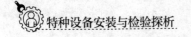

于 60℃液体的气瓶、氧舱等。

压力容器主要包括固定式压力容器、移动式压力容器、气瓶、氧舱等。

（三）压力管道

压力管道是指利用一定的压力，用于输送气体或者液体的管状设备。

其范围规定为最高工作压力大于或者等于 0.1MPa（表压），介质为气体、液化气体、蒸汽，或者可燃、易爆、有毒、有腐蚀性、最高工作温度高于或等于标准沸点的液体，且公称直径大于或者等于 50mm 的管道。公称直径小于 150mm，且其最高工作压力小于 1.6MPa（表压）的输送无毒、不可燃、无腐蚀性气体的管道和设备本体所属管道除外。

特种设备压力管道主要包括长输管道、公用管道、工业管道，以及压力管道管子、管件、阀门、法兰等元件。

（四）电梯

电梯是指动力驱动，利用沿刚性导轨运行的箱体或者沿固定线路运行的梯级（踏步），进行升降或者平行运送人、货物的机电设备。

特种设备电梯主要包括曳引与强制驱动电梯、液压驱动电梯、自动扶梯与自动人行道、防爆电梯、杂物电梯等，不包括非公共场所安装且仅供单一家庭使用的电梯。

（五）起重机械

起重机械是指用于垂直升降或者垂直升降，并水平移动重物的机电设备。

其范围规定为额定起重量大于或者等于 0.5t 的升降机；额定起重量大于或者等于 3t（或额定起重力矩大于或者等于 40t·m 的塔式起重机，或生产率大于或者等于 300t/h 的装卸桥），且提升高度大于或者等于 2m 的起重机；层数大于或者等于 2 层的机械式停车设备。

起重机械主要包括桥式起重机、门式起重机、塔式起重机、流动式起重机、门座式起重机、升降机、缆索式起重机、桅杆式起重机、机械式停车设备等。

（六）客运索道

客运索道是指动力驱动，利用柔性绳索牵引箱体等运载工具运送人员的机电设备。

特种设备客运索道主要包括客运架空索道、客运缆车、客运拖牵索道等，不包括非公用客运索道和专用于单位内部通勤的客运索道。

（七）大型游乐设施

大型游乐设施是指以经营为目的，承载乘客游乐的设施。

特种设备中所指大型游乐设施主要包括观览车类、滑行车类、架空游览车类、陀螺类、飞行塔类、转马类、自控飞机类、赛车类、小火车类、碰碰车类、滑道类、水上游乐设施等，不包括用于体育运动、文艺演出和非经营活动的大型设施。

（八）场（厂）内专用机动车辆

场（厂）内专用机动车辆是指除道路交通、农用车辆外仅在工厂厂区、旅游景区、游乐场所等特定区域使用的专用机动车辆。

场（厂）内专用机动车辆主要包括叉车和非公路用旅游观光车辆。

二、铁路货场常见的特种设备

（一）起重机械

桥门式起重机：是铁路货场装卸长大笨重货物、集装箱的主要装卸机械，也可以配用抓斗、电磁吸盘、专用吊具等，进行散堆装货物、生铁和废钢铁、矿石等装卸作业。桥门式起重机具有构造简单、装卸作业效率高、作业范围大、货位利用好、视野好和安全可靠等特点，广泛用于铁路货场。

集装箱正面吊运起重机：属于流动式起重机，用于集装箱装卸作业。集装箱正面吊运起重机具有机动性强、操作方便、舒适、安全可靠、稳定性好、轮压较低、堆码层数高、可跨箱作业、堆场利用率高等优点，广泛用于铁路集装箱货场及中转站集装箱装卸、堆码和搬运作业，包括堆场之间集装箱的水平搬移。

（二）场（厂）内专用机动车辆

叉车：用于成件包装货物的装卸、搬运和堆码作业。叉车能机动灵活地适应多变的物料搬运作业场所，具有对成件货物进行装卸和短距离运输作业的功能，还可以进入车厢、集装箱内进行装卸搬运作业，经济、高效地满足了各种短途货物搬运作业的需要。叉车广泛用于铁路、港口、仓库、工厂、机场等场所。

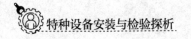

三、特种设备操作规程

第一，设备运行前，做好各项运行前的检查工作，包括电源电压、各开关状态、安全防护装置与现场操作环境等。发现异常应及时处理，禁止不经检查强行运行设备。第二，设备运行时，按规定严格记录运行记录，按要求检查设备运行状况及进行必要的检测；根据经济实用的工作原则，调整设备处于最佳工况，降低设备的能源消耗。第三，当设备发生故障时，应立即停止运行，同时立即上报主管领导，并尽快排除故障或抢修，保证正常经营工作。严禁设备在故障状态下运行。第四，因设备安全防护装置动作，造成设备停止运行时。应根据故障显示进行相应的故障处理。一时难以处理的，应在上报领导的同时，组织专业技术人员对故障进行排查，并根据排查结果，抢修故障设备。禁止在故障不清的情况下强行送电运行。第五，当设备发生紧急情况可能危及人身安全时，操作人员应在采取必要的控制措施后，立即撤离操作现场，防止发生人员伤亡。

四、注意事项

检修前的准备工作，设备停车步骤及注意事项：（1）锅炉检修前的准备，首先，锅炉按正常停炉程序停炉，缓慢冷却。打开各门孔，此时防止被蒸汽、热水或烟气烫伤。然后，把被检验锅炉上的蒸汽、给水、排污等管道与其他运行中锅炉的相应管道用盲板隔断，将被检验锅炉的烟道与总烟道或其他运行锅炉相通的烟道隔断。隔断位置要明确指示出来。（2）压力容器检修前的准备用盲板彻底切断容器与外部设备的连接管道，特别是切断与可燃或有毒介质设备的通路。容器内部的介质要全部排净，对于可燃、有毒或窒息性介质，还应进行清洗、置换、消毒等技术处理，并经取样分析合格。切断所有与容器有关的电源。（3）检修中的安全注意事项：①注意通风和监护在进入设备前，打开锅筒、容器上的人孔和集箱上的手孔，充分通风；进入设备内检修时，应保持通风，且设备外必须有人监护。②注意用电安全在狭窄、潮湿的设备内检修时，照明应使用电压不超过 12V 或 24V 的低压防爆灯，严禁采用明火照明。③不得带压拆装连接部件检验时，如需要卸下或上紧承压部件的紧固件，必须将压力全部泄放以后才能进行，以防发生意外。

安全防护用品的使用及人身安全监护：应按照每种防护用品的使用要求，规范使用。在使用时，必须在整个接触时间内认真充分佩戴。劳动者应充分利用个人防护用品做到自我保护，以减少检修过程中带来的危害。

第二节　特种设备基础管理

一、特种设备使用管理

（一）机构设置

1. 特种设备使用单位

特种设备使用单位是指具有特种设备使用管理权的法人、组织或者具备完全民事行为能力的自然人，一般是特种设备的产权单位，也可以是产权单位通过符合法律规定的合同关系确立的特种设备实际使用管理者。

租赁的特种设备在租赁期间，出租单位是使用单位。法律另有规定或者当事人合同约定的，从其规定或者约定。

特种设备使用单位主要义务有以下方面：

（1）建立并且有效实施特种设备安全管理制度、高耗能特种设备节能管理制度及操作规程。

（2）采购、使用取得许可生产（含设计、制造、安装、改造、修理），并且经检验合格的特种设备，不得采购超过设计使用年限的特种设备，禁止使用国家明令淘汰和已经报废的特种设备。

（3）设置特种设备安全管理机构，配备相应的安全管理人员和作业人员，建立人员管理台账，开展安全与节能培训教育，保存人员培训记录。

（4）办理使用登记，领取"特种设备使用登记证"，设备注销时交回使用登记证。

（5）建立特种设备台账及技术档案。

（6）对特种设备作业人员的作业情况进行检查，及时纠正其违章作业行为。

（7）对在用特种设备进行经常性维护保养和定期检查，及时排查和消除事故隐患，对在用特种设备的安全附件、安全保护装置及其附属仪器仪表进行定期校验（检定、校准）、检修，及时提出定期检验和能效测试申请，接受定期检验和能效测试，并且做好相关配合工作。

（8）制订特种设备事故应急专项预案，定期进行应急演练；发生事故及时上报，配合事故调查处理等。

（9）保证特种设备安全、节能必要的投入。

（10）法律、法规规定的其他义务。

2. 特种设备安全管理机构

特种设备安全管理机构是指使用单位中承担特种设备安全管理职责的内设机构。特种设备安全管理机构的职责是贯彻执行国家特种设备有关法律、法规和安全技术规范及相关标准，负责落实使用单位的主要义务；承担高耗能特种设备节能管理职责的机构，还应当负责开展日常节能检查，落实节能责任制。

（二）特种设备安全管理要求

1. 建立安全与节能技术档案

使用单位应当逐台建立特种设备安全与节能技术档案，安全技术档案至少包括以下内容：

（1）使用登记证。

（2）"特种设备使用登记表"（以下简称使用登记表）。

（3）特种设备设计、制造技术资料和文件，包括设计文件、产品质量合格证明（含合格证及其数据表、质量证明书）、安装及使用维护保养说明、监督检验证书、型式试验证书等。

（4）特种设备安装、改造和修理的方案、图样、材料质量证明书和施工质量证明文件、安装改造修理监督检验报告、验收报告等技术资料。

（5）特种设备定期自行检查记录和定期检验报告。

（6）特种设备日常使用状况记录。

（7）特种设备及其附属仪器仪表维护保养记录。

（8）特种设备安全附件和安全保护装置校验、检修、更换记录和有关报告。

（9）特种设备运行故障和事故记录及事故处理报告。特种设备节能技术档案包括锅炉能效测试报告、高耗能特种设备节能改造技术资料等。

2. 建立安全管理制度

特种设备使用单位应当按照特种设备相关法律、法规、规章和安全技术规范的要求，建立健全特种设备使用安全管理制度。管理制度至少包括以下内容：

（1）特种设备安全管理机构（需要设置时）和相关人员岗位职责。

（2）特种设备经常性维护保养、定期自行检查和有关记录制度。

（3）特种设备使用登记、定期检验、锅炉能效测试申请实施管理制度。

（4）特种设备隐患排查治理制度。

（5）特种设备安全管理人员与作业人员管理和培训制度。

（6）特种设备采购、安装、改造、修理、报废等管理制度。

（7）特种设备应急预案管理制度。

（8）特种设备事故报告和处理制度。

（9）高耗能特种设备节能管理制度。

3. 制定操作规程

使用单位应当根据所使用设备运行特点等制定操作规程。操作规程一般包括设备运行参数、操作程序和方法、维护保养要求、安全注意事项、巡回检查和异常情况处置规定及相应记录等。

4. 维护保养与检查

（1）经常性维护保养。

使用单位应当根据设备特点和使用状况对特种设备进行经常性维护保养。维护保养应当符合相关安全技术规范和产品使用维护保养说明的要求。对发现的异常情况及时处理并记录，保证在用特种设备始终处于正常使用状态。

特种设备的维修保养目前主要有两种形式：一种是使用单位维护保养；另一种是委托具有相应资格的专业单位进行维修保养。维修保养单位必须具备相应种类、类别的特种设备许可资质、法人授权和持证人员，严格执行特种设备安全监管的有关规定，保证安装改造维修维护质量，自觉接受监督管理和监督检验。

（2）定期检查。

为保证特种设备的安全运行，特种设备使用单位应当根据所使用特种设备的类别、品种和特性进行定期检查。

特种设备使用单位主管负责人应当每月至少一次、特种设备安全管理人员至少每半月一次，对本单位特种设备安全关键场所进行检查并记录；发现异常情况时，应及时进行处理。特种设备使用单位应当对在用特种设备的安全附件、安全保护装置、测量调控装置和附属仪器仪表进行定期校验、检修并记录。

（3）隐患排查与异常情况处理。

使用单位应当按照隐患排查治理制度进行隐患排查，发现事故隐患应当及时消除，待隐患消除后，方可继续使用。

特种设备在使用中发现异常情况的，作业人员或者维护保养人员应当立即采取应急措施，并且按照规定的程序向使用单位特种设备安全管理人员和单位有关负责人报告。使用单位应当对出现故障或者发生异常情况的特种设备及时进行全面检查，查明故障和异常情况原因，并且及时采取有效措施，必要时停止运行，安排检验、检测，不得带病运行、冒险作业，待故障、异常情况消除后，方可继续使用。

5. 制订应急预案

特种设备使用单位应当制订特种设备事故应急专项预案，并定期进行演练。特种设备事故应急救援预案，应包含如下内容：

（1）方针与原则：应急救援体系应有明确的方针和原则，作为指导应急救援工作的纲领，确定应急救援工作的优先方向、政策、范围和总体目标。

（2）应急策划：必须基于特种设备潜在的事故类型、性质、事故后果，根据危险分析的结果，分析应急救援的应急力量和可用资源情况，提出切实可行的操作措施。

（3）应急准备：应急组织及其职责权限的明确、应急资源的准备、应急人员培训、预案演练等内容。

（4）应急响应：是应急救援过程中一系列需要明确并实施的措施和任务，主要包括报告和信息发布（汇报程序）、指挥与控制、警报和紧急公告、通信、警戒与治安、医疗与卫生、公共关系、应急人员安全、消防和抢险等内容。

（5）现场恢复：是指事故被控制后所进行的短期恢复，内容包括宣布应急结束、撤离和交接、恢复正常状态、现场清理、事故调查与后果评价等。

（6）预案管理与评审改进：应急救援预案应保证定期或在应急演习、应急救援后对应急预案进行评审，针对实际情况及预案中所暴露的缺陷不断地更新、完善和改进。

（7）应急预案演练：是检验、评价和保持应急能力的一个重要手段。每年至少进行一次特种设备事故应急救援演练，并且做出记录。

（三）使用登记和定期检验

1. 使用登记

特种设备在投入使用前或者投入使用后 30 日内，使用单位应当向特种设备所在地的直辖市或者设区的市的特种设备安全监管部门申请办理使用登记，取得使用登记证。对于整机出厂的特种设备，一般应当在投入使用前办理使用登记。

使用登记程序包括申请、受理、审查和颁发使用登记证。

（1）申请（按台/套）。

使用单位申请办理特种设备使用登记时，应当逐台（套）填写使用登记表，向登记机关提交以下相应资料，并且对其真实性负责：①使用登记表（一式两份）；②含有使用单位统一社会信用代码的证明或者个人身份证明（适用于公民个人所有的特种设备）；③特种设备产品合格证（含产品数据表、车用气瓶安装合格证明）；④特种设备监督检验证明（安全技术规范要求进行使用前首次检验的特种设备，应当提交使用前的首次检验报告）。

（2）受理。

登记机关收到使用单位提交的申请资料后，能够当场办理的，应当当场做出受理或者不予受理的书面决定；不能当场办理的，应当在 5 个工作日内做出受理或者不予受理的书面决定。申请材料不齐或者不符合规定时，应当一次性告知需要补正的全部内容。

（3）审查及发证。

自受理之日起 15 个工作日内，登记机关应当完成审查、发证或者出具不予登记的决定，对于一次申请登记数量超过 50 台或者按单位办理使用登记的可以延长至 20 个工作日。不予登记的，出具不予登记的决定，并且书面告知不予登记的理由。

登记机关对申请资料有疑问的，可以对特种设备进行现场核查。进行现场核查的，办理使用登记日期可以延长至 20 个工作日。

准予登记的特种设备，登记机关应当按照《特种设备使用登记证编号编制方法》编制使用登记证编号，签发使用登记证，并且在使用登记表最后一栏签署意见、盖章。

2. 变更登记

（1）改造变更。

特种设备改造变更完成后，使用单位应当在投入使用前或者投入使用后 30 日内向登记机关提交原使用登记证、重新填写的使用登记表（一式两份）、改造质量证明资料及改造监督检验证书（需要监督检验的），申请变更登记，领取新的使用登记证。登记机关应当在原使用登记证和原使用登记表上做注销标记。

（2）移装变更。

①在登记机关行政区域内移装。

在登记机关行政区域内移装的特种设备，使用单位应当在投入使用前向登记

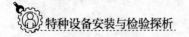

机关提交原使用登记证、重新填写的使用登记表（一式两份）和移装后的检验报告（拆卸移装的），申请变更登记，领取新的使用登记证。登记机关应当在原使用登记证和原使用登记表上做注销标记。

②跨登记机关行政区域移装。

跨登记机关行政区域移装特种设备的，使用单位应当持原使用登记证和使用登记表向原登记机关申请办理注销；原登记机关应当注销使用登记证，并且在原使用登记证和原使用登记表上做注销标记，向使用单位签发"特种设备使用登记证变更证明"。

移装完成后，使用单位应当在投入使用前，持"特种设备使用登记证变更证明"、标有注销标记的原使用登记表和移装后的检验报告（拆卸移装的），按照使用登记程序向移装地登记机关重新申请使用登记。

（3）单位变更。

特种设备需要变更使用单位，原使用单位应当持原使用登记证、使用登记表和有效期内的定期检验报告到登记机关办理变更；或者产权单位凭产权证明文件，持原使用登记证、使用登记表和有效期内的定期检验报告到登记机关办理变更；登记机关应当在原使用登记证和原使用登记表上做注销标记，签发"特种设备使用登记证变更证明"。

新使用单位应当在投入使用前或者投入使用后 30 日内，持"特种设备使用登记证变更证明"、标有注销标记的原使用登记表和有效期内的定期检验报告，按照使用登记程序重新办理使用登记。

（4）更名变更。

使用单位或者产权单位名称变更时，使用单位或产权单位应当持原使用登记证、单位名称变更的证明资料，重新填写使用登记表（一式两份），到登记机关办理更名变更，换领新的使用登记证。两台以上批量变更的，可以简化处理。登记机关在原使用登记证和原使用登记表上做注销标记。

（5）达到设计使用年限继续使用的变更。

使用单位对达到设计使用年限继续使用的特种设备，使用单位应当持原使用登记证、检验或者安全评估合格证明材料，到登记机关申请变更登记。登记机关应当在原使用登记证右上方标注"超设计使用年限"字样。

3. 定期检验

特种设备的定期检验是法定的强制性检验，通过定期检验，可及时发现和消除危及安全的缺陷隐患，防止事故发生，达到延长使用寿命、保证特种设备安全经济运行的目的。因此，使用单位应做到以下五点：

（1）应当在特种设备定期检验有效期届满前的 1 个月以内，向特种设备检验机构提出定期检验申请。

（2）主动与有关检验机构落实检验时间和检验有关的工作要求，检验机构接到定期检验要求后，应当按照安全技术规范的要求及时进行检验。

（3）定期检验完成后，使用单位应当组织进行特种设备管路连接、密封、附件（含零部件、安全附件、安全保护装置、仪器仪表等）和内件安装、试运行等工作，并且对其安全性负责。

（4）检验结论为合格时，使用单位应当按照检验结论确定的参数使用特种设备。

（5）在检验过程中发现特种设备存在安全隐患或者能效指标严重超标时，使用单位应立即制定整改措施，在规定期限内完成隐患的整改，并将整改情况报告特种设备检验机构，未经定期检验或者检验不合格的特种设备，不得继续使用。

4. 使用标志

（1）特种设备（车用气瓶除外）使用登记标志与定期检验标志合二为一，统一为特种设备使用标志，特种设备使用标志应当置于该特种设备的显著位置。

（2）场（厂）内专用机动车辆的使用单位应当将车牌照固定在车辆前后悬挂车牌的部位。

（四）停用与报废

特种设备拟停用 1 年以上的，使用单位应当采取有效的保护措施，并且设置停用标志，在停用后 30 日内填写"特种设备停用报废注销登记表"，告知登记机关。重新启用时，使用单位应当进行自行检查，到使用登记机关办理启用手续；超过定期检验有效期的，应当按照定期检验的有关要求进行检验。

特种设备存在严重事故隐患，无改造、修理价值，或者达到安全技术规范规定的其他报废条件的，特种设备使用单位应当依法履行报废义务，采取必要措施消除该特种设备的使用功能，特种设备报废时，按台（套）登记的特种设备应当办理报废手续，填写"特种设备停用报废注销登记表"，向登记机关办理报废手续，并且将使用登记证交回登记机关。

报废的特种设备应符合下列条件之一：①达不到安全技术规范要求，存在严重事故隐患，无改造、维修价值的；②安全评估结论为存在严重事故隐患，无改造、维修价值的；③因事故及意外灾害造成严重破坏，无法修复的；④因改建、扩建工程需要，必须拆除而又不能搬迁使用的；⑤因能耗过大、污染环境超标，无法改造，继续使用得不偿失的；⑥国家明令淘汰的。

除了上述报废条件以外的特种设备，达到设计使用年限可继续使用的，应当按照安全技术规范的要求通过检验或者安全评估，并办理使用登记证书变更，方可继续使用。允许继续使用的，应当采取加强检验、检测和维护保养等措施，确保使用安全。

二、特种设备事故处理

特种设备事故，是指因特种设备的不安全状态或者相关人员的不安全行为，在特种设备制造、安装、改造、维修、使用（含移动式压力容器、气瓶充装）、检验检测活动中造成的人员伤亡、财产损失、特种设备严重损坏或者中断运行、人员滞留、人员转移等突发事件。

（一）事故分类

按照《特种设备安全监察条例》规定，特种设备事故按照人员伤亡、经济损失、影响后果分为特别重大事故、重大事故、较大事故、一般事故四类。

1. 特别重大事故

（1）特种设备事故造成30人以上死亡，或者100人以上重伤（包括急性工业中毒，下同），或者1亿元以上直接经济损失。

（2）600MW以上锅炉爆炸。

（3）压力容器、压力管道有毒介质泄漏，造成15万人以上转移。

（4）客运索道、大型游乐设施高空滞留100人以上，并且时间在48h以上。

2. 重大事故

（1）特种设备事故造成10人以上30人以下死亡，或者50人以上100人以下重伤，或者5000万元以上1亿元以下直接经济损失。

（2）600MW以上锅炉因安全故障中断运行240h以上。

（3）压力容器、压力管道有毒介质泄漏，造成5万人以上15万人以下转移。

（4）客运索道、大型游乐设施高空滞留100人以上，并且时间在24h以上

48h 以下。

3. 较大事故

（1）特种设备事故造成 3 人以上 10 人以下死亡，或者 10 人以上 50 人以下重伤，或者 1000 万元以上 5000 万元以下直接经济损失。

（2）锅炉、压力容器、压力管道爆炸。

（3）压力容器、压力管道有毒介质泄漏，造成 1 万人以上 5 万人以下转移。

（4）起重机械整体倾覆。

（5）客运索道、大型游乐设施高空滞留人员 12h 以上。

4. 一般事故

（1）特种设备事故造成 3 人以下死亡，或者 10 人以下重伤，或者 1 万元以上 1000 万元以下直接经济损失。

（2）压力容器、压力管道有毒介质泄漏，造成 500 人以上 1 万人以下转移。

（3）电梯轿厢滞留人员 2h 以上。

（4）起重机械主要受力结构件折断或者起升机构坠落。

（5）客运索道高空滞留人员 3.5h 以上 12h 以下。

（6）大型游乐设施高空滞留人员 1h 以上 12h 以下。

（二）事故报告

《特种设备事故报告和调查处理规定》要求：

发生特种设备事故后，事故现场有关人员应当立即向事故发生单位负责人报告；事故发生单位的负责人接到报告后，应当于 1h 内向事故发生地的县以上市场监督管理部门和有关部门报告。

情况紧急时，事故现场有关人员可直接向事故发生地的县以上市场监督管理部门报告。

接到事故报告的市场监督管理部门，应当尽快核实有关情况，依照《特种设备安全监察条例》的有关规定，立即向本级人民政府报告，并逐级报告上级市场监督管理部门直至国家市场监督管理总局。市场监督管理部门每级上报的时间不得超过 2h。必要时，可以越级上报事故情况。

对于特别重大事故、重大事故，由国家市场监督管理总局报告国务院并通报国务院安全生产监督管理等有关部门。对较大事故、一般事故，由接到事故报告的市场监督管理部门及时通报同级有关部门。

对事故发生地与事故发生单位所在地不在同一行政区域的，事故发生地市场监督管理部门应当及时通知事故发生单位所在地市场监督管理部门。事故发生单位所在地市场监督管理部门应当做好事故调查处理的相关配合工作。

事故报告应当包括以下内容：①事故发生的时间、地点、单位概况及特种设备种类；②事故发生初步情况，包括事故简要经过、现场破坏情况、已经造成或者可能造成的伤亡和涉险人数、初步估计的直接经济损失、初步确定的事故等级、初步判断的事故原因；③已经采取的措施；④报告人姓名、联系电话；⑤其他有必要报告的情况。

市场监督管理部门逐级报告事故情况，应当采用传真或者电子邮件的方式进行快报，并在发送传真或者电子邮件后予以电话确认。在特殊情况下，可直接采用电话方式报告事故情况，但应当在 24h 内补报文字材料。

报告事故后又出现新情况的，以及对事故情况尚未报告清楚的，应当及时逐级续报。续报内容应当包括事故发生单位详细情况、事故详细经过、设备失效形式和损坏程度、事故伤亡或者涉险人数变化情况、直接经济损失、防止发生次生灾害的应急处置措施和其他有必要报告的情况等。自事故发生之日起 30 日内，事故伤亡人数发生变化的，有关单位应当在发生变化的当日及时补报或者续报。

事故发生单位的负责人接到事故报告后，应当立即启动事故应急预案，采取有效措施，组织抢救，防止事故扩大，减少人员伤亡和财产损失。市场监督管理部门接到事故报告后，应当按照特种设备事故应急预案的分工，在当地人民政府的领导下，积极组织开展事故应急救援工作。

（三）事故调查

发生特种设备事故后，事故发生单位及其人员应当妥善保护事故现场及相关证据，及时收集、整理有关资料，为事故调查做好准备。必要时，应当对设备、场地、资料进行封存，由专人看管。因抢救人员、防止事故扩大及疏通交通等原因，需要移动事故现场物件的，负责移动的单位或者相关人员应当做出标记，绘制现场简图并做出书面记录，妥善保存现场重要痕迹、物证。有条件的，应当现场制作视听资料。

事故调查期间，任何单位和个人不得擅自移动事故相关设备，不得毁灭相关资料、伪造或者故意破坏事故现场。

市场监督管理部门接到事故报告后，经现场初步判断，发现不属于或者无法确定为特种设备事故的，应当及时报告本级人民政府，由本级人民政府或者其授权或者委托的部门组织事故调查组进行调查。

《中华人民共和国特种设备安全法》第七十二条对特种设备事故的调查规定如下：

第一，特种设备发生特别重大事故，由国务院或者国务院授权有关部门组织事故调查组进行调查。

第二，发生重大事故，由国务院负责特种设备安全监督管理的部门会同有关部门组织事故调查组进行调查。

第三，发生较大事故，由省、自治区、直辖市人民政府负责特种设备安全监督管理的部门会同有关部门组织事故调查组进行调查。

第四，发生一般事故，由设区的市级人民政府负责特种设备安全监督管理的部门会同有关部门组织事故调查组进行调查。

根据事故调查处理工作的需要，事故调查组可以依法提请事故发生地人民政府及有关部门派员参加事故调查。

组织事故调查的部门应当将事故调查报告报本级人民政府，并报上一级人民政府负责特种设备安全监督管理的部门备案。有关部门和单位应当依照法律、行政法规的规定，追究事故责任单位和人员的责任。

事故调查组应当向组织事故调查的市场监督管理部门提交事故调查报告。事故调查报告应当包括下列内容：①事故发生单位情况；②事故发生经过和事故救援情况；③事故造成的人员伤亡、设备损坏程度和直接经济损失；④事故发生的原因和事故性质；⑤事故责任的认定及对事故责任者的处理建议；⑥事故防范和整改措施；⑦有关证据材料。

事故调查报告应当经事故调查组全体成员签字。事故调查组成员有不同意见的，可以提交个人签名的书面材料，附在事故调查报告内。

特种设备事故调查应当自事故发生之日起 60 日内结束。在特殊情况下，经负责组织调查的市场监督管理部门批准，事故调查期限可以适当延长，但延长的期限最长不超过 60 日。

事故调查中发现涉嫌犯罪的，负责组织事故调查的市场监督管理部门在与有关部门和事故发生地人民政府协商后，应当按照有关规定及时将有关材料移送司法机关处理。

（四）事故处理

省级市场监督管理部门组织的事故调查，其事故调查报告报省级人民政府批

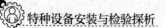

复，并报国家市场监督管理总局备案；市级市场监督管理部门组织的事故调查，其事故调查报告报市级人民政府批复，并报省级市场监督管理部门备案。

国家市场监督管理总局组织的事故调查，事故调查报告的批复按照国务院有关规定执行。

组织事故调查的市场监督管理部门应当在接到批复之日起 10 日内，将事故调查报告及批复意见主送有关地方人民政府及其有关部门，送达事故发生单位、责任单位和责任人员，并抄送参加事故调查的有关部门和单位。

市场监督管理部门及有关部门应当按照批复，依照法律、行政法规规定的权限和程序，对事故责任单位和责任人员实施行政处罚，对负有事故责任的国家工作人员进行处分。

事故发生单位应当落实事故防范和整改措施。防范和整改措施的落实情况应当接受工会和职工的监督。

事故发生地市场监督管理部门应当对事故责任单位落实防范和整改措施的情况进行监督检查。

特别重大事故的调查处理情况由国务院或者国务院授权组织事故调查的部门向社会公布，特别重大事故以下等级事故的调查处理情况由组织事故调查的质量技术监督部门向社会公布，依法应当保密的除外。事故调查的有关资料应当由组织事故调查的市场监督管理部门立档，永久保存。

立档保存的材料包括现场勘察笔录、技术鉴定报告、重大技术问题鉴定结论和检测检验报告、尸检报告、调查笔录、物证和证人证言、直接经济损失文件、相关图纸、视听资料、事故调查报告、事故批复文件等。

上报事故结案报告，应当同时附事故档案副本或者复印件。

三、特种设备作业人员管理

(一) 特种设备作业人员范围

锅炉、压力容器（含气瓶）、压力管道、电梯、起重机械、客运索道、大型游乐设施、场（厂）内专用机动车辆等特种设备的作业人员及其相关管理人员统称特种设备作业人员。

1. 安全管理负责人

特种设备使用单位应当配备安全管理负责人。特种设备安全管理负责人是指使用单位最高管理层中主管本单位特种设备使用安全管理的人员。设置安全管理机构的使用单位安全管理负责人，应当取得相应的特种设备安全管理人员资格证书。

安全管理负责人职责如下：

（1）协助主要负责人履行本单位特种设备安全的领导职责，确保本单位特种设备的安全使用。

（2）宣传、贯彻《中华人民共和国特种设备安全法》，及有关法律、法规、规章和安全技术规范。

（3）组织制定本单位特种设备安全管理制度，落实特种设备安全管理机构设置、安全管理员配备。

（4）组织制订特种设备事故应急专项预案，并且定期组织演练。

（5）对本单位特种设备安全管理工作实施情况进行检查。

（6）组织进行隐患排查，并且提出处理意见。

（7）当安全管理员报告特种设备存在事故隐患应当停止使用时，立即做出停止使用特种设备的决定，并且及时报告本单位主要负责人。

2. 安全管理员

特种设备安全管理员是指具体负责特种设备使用安全管理的人员。特种设备使用单位应当根据本单位特种设备的数量、特性等配备适当数量的安全管理员，并且取得相应的特种设备安全管理人员资格证书。安全管理员的主要职责如下：

（1）组织建立特种设备安全技术档案。

（2）办理特种设备使用登记。

（3）组织制定特种设备操作规程。

（4）组织开展特种设备安全教育和技能培训。

（5）组织开展特种设备定期自行检查。

（6）编制特种设备定期检验计划，督促落实定期检验和隐患治理工作。

（7）按照规定报告特种设备事故，参加特种设备事故救援，协助进行事故调查和善后处理。

（8）发现特种设备事故隐患，立即进行处理，情况紧急时，可以决定停止使用特种设备，并且及时报告本单位安全管理负责人。

（9）纠正和制止特种设备作业人员的违章行为。

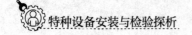

3. 作业人员

特种设备使用单位应当根据本单位特种设备数量、特性等配备相应持证的特种设备作业人员，并且在使用特种设备时应当保证每班至少有一名持证的作业人员在岗，有关安全技术规范对特种设备作业人员有特殊规定的，从其规定。特种设备作业人员应当取得相应的特种设备作业人员资格证书，其主要职责如下：

（1）作业时随身携带证件，并自觉接受用人单位的安全管理和市场监督管理部门的监督检查。

（2）严格执行特种设备有关安全管理制度，并且按照操作规程进行操作。

（3）按照规定填写作业、交接班等记录。

（4）参加安全教育和技能培训。

（5）进行经常性维护保养，对发现的异常情况及时处理，并且做出记录。

（6）作业过程中发现事故隐患或者其他不安全因素，应当立即采取紧急措施，并且按照规定的程序向特种设备安全管理人员和单位有关负责人报告。

（7）参加应急演练，掌握相应的应急处置技能。

（二）特种设备作业人员考试和发证程序

特种设备作业人员考核发证工作由县以上市场监督管理部门分级负责。省级市场监督管理部门决定具体的发证分级范围，负责对考核发证工作的日常监督管理。

特种设备作业人员考试和审核发证程序包括考试报名、考试、领证申请、受理、审核、发证。

发证部门和考试机构应当在办公处所公布《特种设备作业人员监督管理办法》、考试和审核发证程序、考试作业人员种类、报考具体条件、收费依据和标准、考试机构名称及地点、考试计划等事项。其中，考试报名时间、考试科目、考试地点、考试时间等具体考试计划事项，应当在举行考试之日2个月前公布"特种设备作业人员证"申请人员条件。

申请"特种设备作业人员证"的人员应当符合下列条件：①年龄在18周岁以上；②身体健康并满足申请从事的作业种类对身体的特殊要求；③有与申请作业种类相适应的文化程度；④具有相应的安全技术知识与技能；⑤符合安全技术规范规定的其他要求。

用人单位应当对作业人员进行安全教育和培训，保证特种设备作业人员具备必要的特种设备安全作业知识、作业技能和及时进行知识更新。作业人员未能参加用人单位培训的，可以选择专业培训机构进行培训。

符合条件的申请人员应当向考试机构提交有关证明材料，报名参加考试。

考试结束后，考试机构应当在 20 个工作日内将考试结果告知申请人，并公布考试成绩。

考试合格的人员，凭考试结果通知单和其他相关证明材料，向发证部门申请办理"特种设备作业人员证"。

发证部门应当在 5 个工作日内对报送材料进行审查，或者告知申请人补正申请材料，并作出是否受理的决定。能够当场审查的，应当场办理。

对同意受理的申请，发证部门应当在 20 个工作日内完成审核批准手续。准予发证的，在 10 个工作日内向申请人颁发"特种设备作业人员证"；不予发证的，应当书面说明理由。

（三）证书使用及监督管理

持有"特种设备作业人员证"的人员，必须经用人单位的法定代表人（负责人）或者其授权人雇（聘）用后，方可在许可的项目范围内作业。

用人单位应当加强对特种设备作业现场和作业人员的管理，履行下列义务：①制定特种设备操作规程和有关安全管理制度；②聘用持证作业人员，并建立特种设备作业人员管理档案；③对作业人员进行安全教育和培训；④确保持证上岗和按章操作；⑤提供必要的安全作业条件；⑥其他规定的义务。

（四）"特种设备作业人员证"的复审

"特种设备作业人员证"每 4 年复审一次。持证人员应当在复审期届满 3 个月前，向发证部门提出复审申请。对持证人员在 4 年内符合有关安全技术规范规定的不间断作业要求和安全、节能教育培训要求，且无违章操作或者管理等不良记录、未造成事故的，发证部门应当按照有关安全技术规范的规定准予复审合格，并在证书正本上加盖发证部门复审合格章。

复审不合格、逾期未复审的，其《特种设备作业人员证》予以注销。

（五）撤销"特种设备作业人员证"的情形

持证作业人员以考试作弊或者以其他欺骗方式取得"特种设备作业人员证"的。

持证作业人员违反特种设备的操作规程和有关的安全规章制度操作，情节严

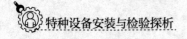

重的。

持证作业人员在作业过程中发现事故隐患或者其他不安全因素未立即报告，情节严重的。

考试机构或者发证部门工作人员滥用职权、玩忽职守、违反法定程序或者超越发证范围考核发证的。

依法可以撤销的其他情形。

第二章　特种设备金属材料性能

第一节　金属材料的物理性能

一、密度

某种物质单位体积的质量称为该物质的密度。金属的密度就是单位体积金属的质量。表达式如下：

$$\rho = m/V$$

式中：ρ ——物质的密度，单位 kg/m^3；

m ——物质的质量，单位 kg；

V ——物质的体积，单位 m^3。

二、熔点

纯金属和合金从固态向液态转变时的温度称为熔点。纯金属都有固定的熔点。合金的熔点取决于它的成分。

三、导热性

温度是度量物体冷热程度的物理量，它反映了物体内部热运动的激烈程度。物体内部各部分温度不同，所对应的内能也不相同，各部分之间会发生能量的迁移。这种由于物体内部各部分温度的不同，从而以热量传递的方式导致能量迁移的方式称为热传导。导热性是指金属材料传导热量的性能，导热性的大小通常用热导率来衡量。热导率越大，金属的导热性越好。影响热导率的因素有以下两种：

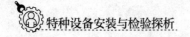

（一）原子结构对热导率的影响

在金属的热传导过程中，起主要作用的是自由电子，金属元素的热导率与原子结构和在周期表中的位置有关。热导率与电导率是有关系的，找出金属原子导电性能随原子序数的变化关系就可以反映出金属元素热导率的变化。

（二）温度对金属热导率的影响

金属以电子导热为主，电子在运动过程中将会受到热运动原子和各种晶格缺陷的阻挡，形成热量传递的阻力。热阻与热导率互为倒数关系，主要有晶格振动热阻和杂质缺陷热阻两个阻因。当金属材料处于高温时，阻碍热传导的主要是晶格振动。当金属材料处于低温时，阻碍热传导的主要是杂质缺陷。

四、热膨胀性

热胀冷缩现象在自然界中普遍存在，应用广泛。这种现象早已经被人们所熟悉并掌握，在很早以前就已被研究和利用。固体材料热膨胀的实质是因为原子的热振动，它属于非简谐振动的一种，振动的结果使得原子的平均位移量大于零。当平均位移量大于零时物体就膨胀，平均位移量小于零时物体就收缩。利用热膨胀原理对材料进行的测定和研究称为"膨胀分析"。它不仅用于膨胀系数的检测，对于动态研究相变过程也是一种十分有效的手段。

金属材料随着温度变化而膨胀或收缩的特性称为金属材料热膨胀性。一般来说，金属受热时膨胀而体积增大；反之，金属冷却时收缩而体积会缩小。

热膨胀系数的测量方法很多，归纳起来可分为接触法和非接触法两类。接触法是将物体的膨胀量用根传递杆以接触的方式传递出来，再配用不同的检测仪器测得；而非接触法则不采用任何传递机构。

接触法主要有千分表法、电感法（差动变压器法）和电容法、光杠杆法、机械杠杆法等。非接触法有直接观测法、光干涉法、X 射线法等。选用何种方法应根据测量的温度范围、试样的几何尺寸、膨胀系数的大小和所要求的测量精度等因素综合来考虑。例如线胀系数各向异性的试样适于采用 X 射线法，棒状试样可采用顶杆式测量法，细丝、薄片试样适于采用直接观测法或某种特定的方法，线胀系数较小或测量精度要求较高的试样应采用光干涉法等。

五、导电性

金属材料传导电流的能力称为导电性。衡量金属材料导电性的指标是电阻率 ρ，电阻率越小，金属导电性越好。银的导电性最好，铜次之，铝较铜又次之，故常用电线电缆多为铜线或者铝线。合金的导电性能比纯金属的导电性能要差。

电阻的大小不仅由导体的导电性能决定，还与导体的几何形状有关。导体的电阻与导体的长度和截面积有关，与长度成正比，与导体的截面积成反比，关系式如下：

$$R = \rho \frac{l}{s}$$

式中：R ——为导体的电阻，单位为欧姆，符号为 Ω；

l ——导体长度，单位为米，符号为 m；

S ——导体的横截面积，单位为平方米，符号为 m^2；

ρ ——导体材料的电阻率，单位为欧姆米，符号为 $\Omega \cdot m$。

六、电导率

电导与电阻互为倒数，也是表征导体导电性能的指标。公式如下：

$$\sigma = 1/\rho$$

式中：σ ——导体材料的电导率，单位为西门子，符号为 S；

ρ ——导体材料的电阻率，单位为欧姆米，符号为 $\Omega \cdot m$。

七、磁性

磁性是指金属材料在磁场中受到磁化的性能。磁性是物质的一种固有属性，是所有物质的基本属性，它的存在广泛，从微观到宏观，无论是粒子还是宇宙天体，全都有磁现象。这种现象产生的原因不仅与物质的原子结构有关，而且与原子和原子间的结构、键合及晶体结构关系密切。我们研究材料的磁性，是因为它的用途十分广泛，尤其是电子技术的发展，对磁性材料的要求很高，这对我们的理论研究和材料加工提出了很高的要求。不仅如此，反过来，研究物质的磁性，也是研究物质微观结构的重要方法和手段。对于特种设备金属材料而言，很多时候都有对磁性的应用和技术要求。从更广泛的目的上来说，我们关于磁性的理论

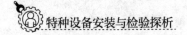

研究也是为了发现更多和性能更加优良的磁性材料来满足多样的科学研究和生产生活应用。

按照金属材料在磁场中受到磁化程度的不同，可将金属材料划分为铁磁材料（代表元素材料有 Co、Fe 等）、抗磁性材料（代表元素材料 Zn、Cu 等）、顺磁材料（代表元素材料有 Co、Mn 等）3 类。铁磁材料在外磁场中能强烈地被磁化；顺磁材料在外磁场中只能微弱地被磁化；抗磁材料能抗拒或削弱外磁场对材料本身的磁化作用。工程上实用的强磁性材料是铁磁材料。磁性与材料的成分和温度有关，不是固定不变的。当温度升高时，有的铁磁材料会消失磁性。所有的物质均有磁性，就像它们都有质量一样。通常指的磁性材料与非磁性材料，是指强磁性材料和弱磁性材料。

磁矩 m：是表征磁偶极子磁性强弱与力方向的一个轴矢量，其值等于与磁偶极子等效的平面回路的电流 i 与回路面积 S 的乘积，其方向垂直于回路的平面，并且从这个方向观察时电流是顺时针的。

$$m = iS$$

式中：m ——磁矩，单位为 $A \cdot m^2$；

i ——电流，单位为 A；

S ——回路面积，单位为 m^2。

①对于非平面回路，可将回路面积投影到各个坐标平面上，于是就得到相应的各个投影面的磁矩分量，这些分量的矢量和 Σm 就是总磁矩。

②任意一个由宏观电流回路和磁性材料组成的系统的磁矩，如一个铁心螺线管的避矩，是宏观电流回路所产生的磁矩与磁性材料内由带电粒子的轨道运动或自旋所形成的原子磁矩的矢量和；永磁体的磁矩则完全由其本身的原子磁矩产生。

③置于磁场中的电流回路所受到的转矩 T 等于这个回路的磁矩 m 与该磁场的磁通密度 B 的矢积。

$$T = m \times B$$

玻尔磁子 μ_B：常作为原子磁矩的计量单位，其值等于电子自旋磁矩，即 $(9.274\,08 \pm 0.0004) \times 10^{-24} J/T$。

磁性常数 μ_0：真空中磁通密度 B 与磁场强度 H 的比值，又称真空磁导率，其值等于 $4\pi \times 10^{-7} H/m$。

磁偶极子：是一个可以用无限小的电流回路来代表的磁性实体。磁性实体可以是任何电流回路、带电粒子的轨道运动或它们的任意组合，如一个磁化的物体等。

磁偶极矩 j：磁性常数 μ_0 与磁矩 m 的乘积，单位为 Wb·m。

磁极化强度 J：是一个与所取材料的体积相关的矢量，其值等于材料体积内的总磁偶极矩 Σj 与相应体积 V 之比，单位为 Wb/m^2。

磁动势 F_m：磁动势又称磁通势，是磁场强度 H 沿一闭合曲线 l 的线积分，单位为 A。

磁阻 R_m：磁动势（磁通势）F_m 与对应的磁通量 Φ 之比，单位为 H^{-1}。

磁导 A：磁阻的倒数，单位为 H。

磁阻率 $1/\mu$：磁导率的倒数。

磁致伸缩：是指磁性材料或磁性物体由于磁化状态的改变所引起的弹性形变现象。

抗磁性：在外磁场作用下，原子系统获得或倾向于获得与磁场方向相反的磁矩的现象。

顺磁性：在原子尺度上磁矩受到热扰动的影响，以致在没有外加磁场时这些磁矩是无规则分布的，当加上外磁场时，这种磁矩就获得或趋向于获得与外磁场相同方向排列的现象。

铁磁性：由于邻近原子的相互作用，原子磁矩近似地沿相同方向排列的现象。

亚铁磁性：在无外磁场作用时，邻近原子或离子因相互作用使磁矩处于部分抵消的排列状态，而具有合磁矩的现象。

反铁磁性：在无外磁场时，邻近的同种原子或离子因相互作用，而处于抵消的排列状态，使合磁矩为零的现象。

超顺磁性：铁磁性或亚铁磁性微粒尺寸小于一定值时，在一定温度下由于热扰动的影响，微粒的行为类似于顺磁性，这些微粒的集合体将呈现无磁滞的现象。

磁各向异性：相对于物体中一个给定的参考系，在不同方向上物体具有不同磁性的现象。

磁晶各向异性：又称晶体磁各向异性，是指磁性单晶体由于晶体结构上的各向异性所产生的磁各向异性。

应力磁各向异性：又称磁应力各向异性，是指应力通过磁致伸缩效应在磁体

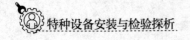

中产生的磁各向异性。

形状磁各向异性：磁性体的形状为非球形对称时，由于各方向的自退磁不同而产生的磁各向异性。

感生磁各向异性：是指由外部原因引起的种永久性或暂时性的磁各向异性。

单轴磁各向异性：是指只有一个易磁化轴（方向）的磁各向异性。

第二节　金属材料的化学性能

一、金属材料的耐腐蚀性

金属和合金对周围介质，如大气、水汽、各种电解液侵蚀的抵抗能力叫作耐腐蚀性。化工生产中所涉及的物料，常会有腐蚀性。材料的耐蚀性不强，必将影响设备使用寿命，有时还会影响产品质量。

（一）研究金属腐蚀的重要意义

金属腐蚀学是研究金属材料在其周围环境作用下发生破坏，以及如何减缓或防止这种破坏的一门科学。众所周知，金属材料是应用广泛的工程材料，但在使用过程中，它们将受到不同形式的直接或间接的破坏。其中，最重要、最常见的破坏形式是断裂、磨损和腐蚀。这3种主要的破坏形式已分别发展成为3个独立的边缘性学科。

断裂是指金属构件受力超过其弹性极限、塑性极限而发生的破坏，可从不同角度分为脆性断裂、塑性断裂、沿晶断裂、穿晶断裂、机械断裂等。断裂的结果使构件失效，但金属材料本身还可重新熔炼再用。

磨损是指金属表面与其相接触的物体或与其周围环境发生相对运动，因摩擦而产生的损耗或破坏，它是个渐变过程。有时磨损了的零件还可以修复，如用电刷镀可修复轻微磨损的轴。

腐蚀是指金属在其周围环境的作用下引起的破坏或变质现象。从不同角度，曾对腐蚀下过不同的定义，例如：

定义一："材料因与环境反应而引起的损坏或变质"。

定义二："除了单纯机械破坏之外的一切破坏"。

定义三："冶金的逆过程"。

定义四："材料与环境的有害反应"。

定义一和二用于区别单纯的机械破坏，如机械断裂和磨损，但包括应力腐蚀断裂、氢致滞后断裂和磨蚀等。定义三说明腐蚀产物接近于冶炼该金属的矿石的组成，同时说明腐蚀过程在热力学上的自发性。定义四说明，某些情况下腐蚀还未严重到使材料破坏的程度，但却足以降低材料的使用性能，引起麻烦并造成损失，如金属失泽或变色等锈蚀现象。以上这些定义，除定义三外，实际上包括了金属和非金属在内的所有材料。的确，非金属也存在腐蚀问题，如砖石的风化，木材的腐烂，油漆、塑料和橡胶的老化等都是腐蚀问题，同样需要研究和解决。由于金属和非金属材料在腐蚀原理上差别很大，本书只涉及金属腐蚀问题。考虑到金属腐蚀的本质，通常把金属腐蚀定义为：金属与周围环境（介质）之间发生化学或电化学作用而引起的破坏或变质。也就是说，金属腐蚀发生在金属与介质间的界面上。由于金属与介质间发生化学或电化学多相反应，使金属转变为氧化（离子）状态。可见，金属及其环境所构成的腐蚀体系，以及该体系中发生的化学和电化学反应就是金属腐蚀学的主要研究对象。

（二）腐蚀的分类

1. 腐蚀的分类方法

由于腐蚀领域广而且多种多样，因此有不同的分类方法。最常见的是从下列不同角度分类：①腐蚀环境；②腐蚀机理；③腐蚀形态类型；④金属材料；⑤应用范围或工业部门；⑥防护方法。

从腐蚀分类观点，首先按腐蚀环境分类最合适。可分为潮湿环境、干燥气体、熔融盐等。这同时也意味着按机理分类：潮湿环境下属电化学机理，干燥气体中为化学机理。而且，各种腐蚀试验研究方法主要取决于腐蚀环境。不同的腐蚀形态类型，如点蚀、应力腐蚀断裂等，属于进一步的分类。按各种金属材料分类，在手册中是常见的和实用的，但从分类学观点来看，效果不好。按应用范围或工业部门分类，实为按环境分类的特殊应用。按防护方法分类，则是从防腐蚀出发，根据采取措施的性质和限制进行分类：①改变金属材料本身，比如，改变材料的成分或组织结构，研制耐蚀合金；②改变腐蚀介质，比如，加入缓蚀剂，改变介质的 pH 值等；③改变金属价质体系的电极电位，比如，阴极保护和阳极保护等；④借助表面涂层把金属与腐蚀、介质分开。

2. 按腐蚀环境分类

根据腐蚀环境，腐蚀可分为下列 3 类：

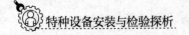

（1）干腐蚀。

①失泽金属在露天以上的常温干燥气体中腐蚀（氧化），生成很薄的表面腐蚀产物，使金属失去光泽，为化学腐蚀机理。

②高温氧化金属在高温气体中腐蚀（氧化），有时生成很厚的氧化皮。在热应力或机械应力作用下可引起氧化皮剥落，属于高温腐蚀。

（2）湿腐蚀。

湿腐蚀主要是指潮湿环境和含水介质中的腐蚀。绝大部分常温腐蚀属于这一种，为电化学腐蚀机理。湿腐蚀又可分为自然环境下的腐蚀（大气腐蚀、土壤腐蚀、海水腐蚀、微生物腐蚀）、工业介质中的腐蚀（酸、碱、盐溶液中的腐蚀，工业水中的腐蚀，高温高压水中的腐蚀）。

（3）无水有机液体和气体中的腐蚀（化学腐蚀机理）。

①卤代烃中的腐蚀，如 Al 在 CCl_4 和 $CHCl_3$ 中的腐蚀。

②醇中的腐蚀，如 Al 在乙醇中，Mg 和 Ti 在甲醇中的腐蚀。

这类腐蚀介质都是非电解质，不管是液体还是气体，腐蚀反应都是相同的。在这些反应中，水实际上起缓蚀剂的作用。但在油这类有机液体中的腐蚀，绝大多数情况是由于痕量水的存在，而水中常含有盐和酸，因而这种腐蚀实为电化学机理。

③熔盐和熔渣中的腐蚀（电化学腐蚀）。

④熔融金属中的腐蚀（物理腐蚀机理）。

3. 按腐蚀机理分类

（1）化学腐蚀。

化学腐蚀是指由金属表面与非电解质直接发生纯化学作用引起的破坏。其反应历程的特点是金属表面的原子与非电解质中的氧化剂直接发生氧化还原反应，形成腐蚀产物。腐蚀过程中电子的传递是在金属与氧化剂之间直接进行的，因而没有电流产生。

纯化学腐蚀的情况并不多，主要为金属在无水的有机液体和气体中腐蚀及在干燥气体中的腐蚀。

金属材料的高温氧化，在 20 世纪 50 年代以前一直作为化学腐蚀的典型例子，但在 1952 年瓦格纳根据氧化膜的近代观点提出，高温气体中金属的氧化最初虽是通过化学反应，但随后膜的生长过程则属于电化学机理。这是因为此时金属表面的介质已由气相改变为既能电子导电又能离子导电的半导体氧化膜。金属可在阳极（金属/膜界面）离解后，通过膜把电子传递给膜表面上的氧，使其还原变成氧离子（O^{2-}），而氧离子和金属离子在膜中又可进行离子导电，即氧离子向阳极（金属/膜界面）迁移和金属离子向阴极（膜）气相界面迁移，或在膜中某处进行第二次化合。所有这些均已划入电化学腐蚀机理的范畴，故现在已不再把金属的高温氧化视为单纯的化学腐蚀。

（2）电化学腐蚀。

电化学腐蚀是指金属表面与离子导电的介质（电解质）发生电化学反应而引起的破坏。任何以电化学机理进行的腐蚀反应至少包含一个阳极反应和一个阴极反应，并以流过金属内部的电子流和介质中的离子流形成回路。阳极反应是氧化过程，即金属离子从金属转移到介质中并放出电子；阴极反应为还原过程，即介质中的氧化剂组分吸收来自阳极的电子的过程。例如碳钢在酸中腐蚀时，在阳极区铁被氧化为亚铁离子（Fe^{2+}），所放出的电子由阳极（Fe）流至钢中的阴极（Fe_3C）上，被 H^+ 离子吸收而还原成氢气。

阳极反应：$Fe \rightleftharpoons Fe^{2+} + 2e$

阴极反应：$2H^+ + 2e \rightleftharpoons H_2$

总反应：$Fe + 2H^+ \rightleftharpoons Fe^{2+} + H_2$

可见，与化学腐蚀不同，电化学腐蚀的特点在于，它的腐蚀历程可分为两个相对独立并可同时进行的过程。由于在被腐蚀的金属表面上存在着在空间或时间上分开的阳极区和阴极区，腐蚀反应过程中电子的传递可通过金属从阳极区流向阴极区，其结果必有电流产生。这种因电化学腐蚀而产生的电流与反应物质的转移，可通过法拉第定律定量地联系起来。

由上述电化学机理可知，金属的电化学腐蚀实质上是短路的电偶电池作用的结果，这种原电池称为腐蚀电池。电化学腐蚀是最普遍、最常见的腐蚀。金属在大气、海水、土壤和各种电解质溶液中的腐蚀都属此类。

电化学作用既可单独引起金属腐蚀，又可和机械作用、生物作用共同导致金属腐蚀。当金属同时受拉伸应力和电化学作用时，可引起应力腐蚀断裂。金属在交变应力和电化学共同作用下可产生腐蚀疲劳。若金属同时受到机械磨损和化学作用，则可引起磨损腐蚀。微生物的新陈代谢可为电化学腐蚀创造条件，参与或促进金属的电化学腐蚀，称为微生物腐蚀，或称为细菌腐蚀。

（3）物理腐蚀。

物理腐蚀是指金属由单纯的物理溶解作用引起的破坏。熔融金属中的腐蚀就

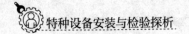

是固态金属与熔融液态金属（如铅、锌、钠、汞等）相接触引起的金属溶解或开裂。

这种腐蚀不是由于化学反应，而是由于物理溶解作用，形成合金，或液态金属渗入晶界造成的。例如热浸锌用的铁锅，由于液态锌的溶解作用，很快就腐蚀坏了。

4. 按腐蚀形态分类

①全面腐蚀，又称均匀腐蚀。

②局部腐蚀，包括电偶腐蚀、点蚀、缝隙腐蚀、晶间腐蚀、剥蚀、选择性腐蚀、丝状腐蚀。

③应力作用下的腐蚀，包括应力腐蚀断裂（SCC）、氢脆和氢致开裂、腐蚀疲劳、磨损腐蚀、空泡腐蚀、微振腐蚀。

（三）金属材料的常见腐蚀形态

1. 均匀腐蚀

均匀腐蚀是最常见的腐蚀形态。化学或电化学反应在全部暴露的表面或大部分表面上均匀地进行，金属逐渐变薄，最终失效。例如铁皮做的烟筒，经过一段时间后，表面表现出基体上同一程度的锈蚀，其强度降低。

从腐蚀重量上来看，均匀腐蚀（或全面腐蚀）代表金属的最大破坏。但从技术观点来看，这类腐蚀形态并不重要，因为根据简单的试验，就可准确地估计设备寿命。

防止或减少均匀腐蚀可采用下列措施：①合理选取材料；②表面涂覆保护层；③介质中加入缓蚀剂；④阴极保护。

以上所列方法既可单独使用，也可联合使用。其他形态的腐蚀较全面腐蚀在性质上更危险，而且更难预测，它们又是局部性的，腐蚀局限在结构的特定区域或部位上，结果就引起设备、机器、工具的意外或过早损坏。

2. 电偶腐蚀

（1）电偶腐蚀现象。

异种金属在同一种介质中接触，由于腐蚀电位不同，就有电偶电流流动，使电位较低的金属溶解速度增加，造成接触处的局部腐蚀，而电位较高的金属，溶解速度反而减慢，这就是电偶腐蚀，也称为接触腐蚀或双金属腐蚀。它实质上是由两种不同的电极构成的宏观原电池腐蚀。

电偶腐蚀的现象很普遍，如电镀车间的铜电极与金属锌挂块之间，铜的电位较正，因此它们在镀液中相接触时，加速了锌块的腐蚀。

在实际工作中，碰到异种金属直接接触的情况，应该考虑是否会引起严重的电偶腐蚀，在设备结构设计上要特别注意。

在电偶腐蚀电池中，腐蚀电位较低的金属由于和腐蚀电位较高的金属接触而产生阳极极化，其结果是溶解速度增加；而电位较高的金属，由于和电位较低的金属接触而产生阴极极化，结果是溶解速度下降，即受到了阴极保护，这就是电偶腐蚀原理。在电偶腐蚀电池中，阳极体金属溶解速度增加的效应，称为接触腐蚀效应；阴极体溶解速度减少的效应，称为阴极保护效应。两种效应同时存在，互为因果。

利用电偶腐蚀原理，用牺牲阳极体的金属来保护阴极体的金属，这种防腐方法称为牺牲阳极的阴极保护法。

（2）电位序与电偶腐蚀的倾向。

异种金属在同一介质中相接触，哪种金属受腐蚀，哪种金属受保护，阳极体金属的腐蚀倾向有多大，这些都是热力学方面的问题。回答这些问题，要利用它们标准电极电位的相对高低作为判断的依据。

（3）影响电偶腐蚀的因素。

影响电偶腐蚀的主要因素是电偶对的电位差、环境因素、介质导电性因素和阴、阳极的面积比。下面主要介绍阴、阳极面积比和介质的导电性对电偶腐蚀的影响。

①阴、阳极面积比。

偶对中的阴极和阳极的面积的相对大小，对腐蚀速度影响很大。在一般情况下，随着阴极对阳极面积的比值增加，腐蚀速度增加。阴、阳极面积比对阳极的腐蚀速度影响可以这样来解释：在氢去极化时，腐蚀电流密度为阴极电流控制，阴极面积越大，阴极电流密度越小，阴极上氢超电压就越小，氢去极化速度亦越大，结果阳极的溶解速度增加。在氧去极化腐蚀时，其腐蚀速度为氧扩散条件所控制，若阴极的面积相对增加，则溶解氧更易抵达阴极表面进行还原反应，因而扩散电流增加，导致阳极的加速溶解。

②介质的电导率。

一般来说，当金属发生全面腐蚀时，一般来说，介质的电导率高则金属的腐蚀速度大，介质的电导率低则金属的腐蚀速度小。但对电偶腐蚀而言，介质电导率的高低对金属腐蚀程度的影响有所不同。如某金属偶对在海水中发生电偶腐蚀，由于海水的电导率高，两极间溶液的电阻小，所以，溶液的欧姆压降可忽略，电偶电流可分散到离接触点较远的阳极表面，阳极所受的腐蚀较为"均匀"。如果这一偶对在普通软水或普通大气中发生电偶腐蚀，由于介质的电导率低，两极间引起的欧姆压降就大，腐蚀便会集中在离接触点较近的阳极表面上进行，结果相当于把阳极的有效面积"缩小"，使阳极的局部表面上溶解速度较大。这种情况在飞机结构上尤其不能忽视，因为个别零件的特殊功能需要，不得不采用合金复合结构时，在不同合金相互接触的情况下，如果误以为介质的电导率低，而不采取有效的防止电偶腐蚀的措施，有时会造成严重的飞行事故。

（4）电偶腐蚀的防护。

根据电偶腐蚀的特点，可采取以下主要措施防止电偶腐蚀。①在设计时，尽量避免异种金属（或合金）相互接触，若不可避免时，应尽量选取电位序相近的材料组合。②设备或部件中，当两种以上的金属组合时，控制阴极和阳极的面积比，切忌形成大阴极-小阳极不利于防腐的面积比。③连接面加以绝缘，在法兰连接处所有接触面均用绝缘材料做垫圈或涂层保护。④在使用涂层时，必须十分谨慎，必须涂覆在阴极金属上，以减少阴极面积；如果涂在阳极表面上，因涂层的多孔性，可能使部分阳极表面暴露于介质中，反而会造成大阴极-小阳极的面积组合而加速腐蚀。⑤对于一些必须装在一起的小零件，必须采用表面处理。比如，对钢件法兰进行表面镀锌，对铝合金表面进行阳极氧化，这些表面膜在大气中的电阻较大，可以减轻电偶腐蚀的作用。⑥设计时还可安装一块比电偶接触的两块金属更负的第三种金属，把容易更换的部件作为阳极，并使其厚度加大，以延长寿命。

二、金属材料的抗氧化性

抗氧化性是指金属材料在高温下，抵抗产生氧化皮能力。

在化工生产中，有很多设备和机械是在高温下操作的，如氨合成塔、硝酸氧化炉、石油气制氢转化炉、工业锅炉、汽轮机等。在高温下，金属材料铁不仅与自由氧发生氧化腐蚀，使金属材料铁表面形成结构疏松容易剥落的氧化皮，还会与水蒸气、二氧化碳、二氧化硫等气体产生高温氧化与脱碳作用，使金属材料的力学性能下降，特别是降低材料的表面硬度和抗疲劳强度。因此，高温设备必须选用耐热材料。

在一些金属上或在控制的氧化环境中，理论预测和实际测得的抛物线速度常数能很好地吻合，但对于大量的纯金属，它们的氧化行为各不相同。例如有些金属上生成多层结构的氧化膜，有些金属上形成的氧化物具有高的蒸汽压，有些金属具有高的氧溶解度。显然，这些情况比瓦格纳氧化模型更复杂。即使金属氧化时不存在如上所述的特征，实际的氧化膜也为多晶体，氧化膜内也可能存在微裂纹和孔洞，并可能在界面与金属基体发生局部分离等。在所有这些情形下，膜内的离子迁移显然要受到影响，其结果导致金属的氧化速率与瓦格纳理论预测的有偏差。

假设纯金属氧化时正负离子在膜内的迁移为控制步骤，再结合对其他因素的考虑，我们能对实际金属的氧化行为给予很好的解释。

（一）生成单一氧化物膜的金属氧化

1. 与瓦格纳理想模型偏差的原因

造成实际金属的氧化动力学与瓦格纳理想模型预测不同的主要原因包括晶界扩散、氧化膜内存在微裂纹、试样的几何效应及起伏表面和界面等。多数情况下，对这些因素的理论描述是极其困难的，因而不可能获得一个含所有因素的氧化速率普遍表达公式。这部分内容只能定性地加以说明。

实际金属材料为多晶体，表面氧化物也是多晶体。氧化膜内存在大量晶界，晶界占氧化膜总体积的百分比由氧化物的晶粒尺寸和形状决定。晶界在晶体内可看作一个高缺陷区。离子在晶界扩散的激活能远小于晶格内扩散的激活能。因此，和晶格扩散相比，晶界可看作离子的短途扩散通道。金属的氧化过程就包括正、负离子通过氧化膜晶格和晶界两部分的扩散。

大量实验表明，在中等温度（氧化物熔点的一半左右）氧化和膜厚在几十纳米到 $10\mu m$ 时，氧化膜的生长主要是沿晶界进行的短路扩散。此时测得的扩散系数为晶格扩散系数的 $10^4 \sim 10^6$ 倍，激活能的比值约为 $1/2$。氧化温度较低时，生成的氧化物晶粒尺寸小，晶界占氧化物总体积百分比高，所以晶界扩散的作用通常在低温下更为突出。当氧化温度较高时，晶粒长大速度高，可使部分晶界消除，晶格扩散成为氧化速度的主要控制步骤，而晶界扩散就不那么重要了。

考虑氧化过程中正、负离子在氧化膜内的扩散同时包含晶格扩散和晶界扩散两部分，因此，在金属氧化过程中，如果正负离子通过氧化膜的晶格扩散和晶界扩散同时存在，那么氧化膜生长动力学仍近似服从抛物线规律。

业内学者已对氧化物内晶格扩散和晶界扩散进行了大量的研究。依赖于晶粒大小、晶界宽度及氧化物晶界形状，晶界扩散对总扩散系数的贡献也不同。除晶界、亚晶界外，位错管道、微裂纹等都可作为离子扩散的短途通道。

2. 氧化膜内贯穿式微观通道

瓦格纳金属氧化理论成立的前提之一就是氧化膜是完整致密的。而实际金属氧化时，表面形成的氧化膜有时并不能完全满足这一条件。例如氧化膜内常存在大量微观通道。这些微观通道可能通过下述两种途径形成：

(1) 氧化膜受力发生开裂。

在氧化膜与基体金属保持完整结合的前提下，由于单位体积的金属完全氧化后生成的氧化物体积往往要大于1，或者新的氧化物在已形成的膜内生长等，氧化膜内就会产生生长应力。而当温度发生变化时，由于氧化膜与金属的线膨胀系数存在差异又会产生热应力。当氧化膜内应力足够高，氧化膜不能通过变形来容纳时就会发生开裂。当开裂发生在膜内并且裂纹贯穿整个氧化膜时，就形成贯穿式裂纹。

(2) 金属沿晶界的快速扩散。

金属阳离子沿晶界快速向外扩散，从而在晶界下方的氧化膜-金属界面处形成空洞。由于空洞处氧分压非常低，空洞上方的氧化物发生分解，分解出的氧通过空洞扩散到金属表面，并在该处形成氧化物，而释放出的金属由晶界向外传输。这一过程不断发展，最终使晶界完全张开形成一个穿透氧化膜的通道。

当贯穿膜的微通道形成后，氧可以通过微通道直接侵入，金属氧化速度加快，并形成内氧化层。但与此同时，通道内氧的输送加快，氧分压升高，使得通道或空洞附近氧等压线向内弯曲。在远离通道的膜内，金属离子垂直于氧化膜表面扩散，新氧化膜在外表面形成，膜增厚。而在空洞和微通道附近，金属离子向通道壁方向扩散，在该处与氧反应形成氧化物，随着时间延长，微通道就会被氧化物填满。这种情形的发生基于微通道内氧分压升高。但是，如果微通道内和晶格中氧的化学位相等，那么这一通道就不会被阻塞，将一直保持张开。

3. 氧化膜形貌变化的原因

起伏表面和界面在瓦特纳氧化模型中，将氧化膜处理成具有平直的表面与金属的界面。事实上，氧化膜的形貌是复杂的，这包括氧化膜表面及膜/金属界面都会有起伏。造成氧化膜的宏观形貌发生变化的原因有多种，其主要原因有以下两点：

（1）应力作用下的塑性变形。

当应力水平很高而膜又较薄时，氧化膜容易发生塑性变形来释放应力。有可能发生如下两种情形：当膜-金属界面结合较弱，膜首先在界面处与金属分离，并在应力作用下发生弯曲，此后的氧化过程是金属通过氧化膜及膜与金属分离而形成的空洞向外迁移进行的，随着氧化的进行，氧化膜的弯曲还会加剧，这种氧化膜形貌经常可在 Cr_2O_3 和 Al_2O_3 膜形成合金氧化时观察到；而当膜-金属界面结合较强时，氧化膜不会从金属表面剥离，氧化膜内一般存在压应力，金属内存在平衡的张应力，氧化膜-金属界面存在剪切应力，并由于界面处缺陷的影响使剪切应力随位置而发生变化。此外，氧化膜内局部区域可能存在垂直于金属表面的张应力。在以上种种应力的作用下，金属容易发生塑性变形，当膜也一起发生弯曲时，就形成起伏的界面形貌。

（2）沿短途通道的快速扩散

仔细观察断面上氧化膜-金属界面时，经常会发现氧化物沿金属晶界深入金属内部。这种情形主要发生在氧化是氧向里扩散占优时，在膜-金属界面处氧沿金属晶界快速渗透，并在那里形成氧化物。局部突入基体金属的氧化物形貌有可能呈钉状。通常认为，这种有氧化物突入金属的界面结合强度增加，其原因是突入的氧化物使氧化膜与金属的真实接触面积增大，延长了裂纹在界面的扩展距离，因此把这种效应称作"钉扎效应"。此外，氧化膜内存在的可造成氧快速向界面迁移的短途通道或异相质点，也会导致界面并非完全平直。例如当恒温氧化时有贯穿膜的裂纹形成，那么裂纹底部金属上新的氧化物生长迅速，有时会形成一个瘤状物。

当然，界面的形态是复杂的。以上介绍的只是几种理想化的模型。无论是哪种情形，虽然氧化的控制步骤仍然是正负离子的扩散，但实际氧化的面积都要比金属的原始表面积大，实际反应面积是难以估量的。用金属的原始表面积计算时，得到的单位面积增重只是一种"表观增重量"。或者用氧化膜厚度表征时，由于氧化膜发生弯曲而横向线度变大，厚度的增加速度也并不能完全反映金属的氧化速度。

（二）表面处理提高合金抗氧化性

1. 预氧化处理

从瓦格纳的内氧化到外氧化转变的临界判据可知，若降低氧分压，则可降低合金元素选择性氧化的临界含量。因此，在低氧分压下氧化时，有利于合金表面的选择性氧化，从而形成具有保护作用的氧化膜。以后在大气压力下氧化时，预氧化形成的膜将合金和气体介质隔离开来，合金表面的氧分压低，保护性氧化膜仍可缓慢地生长。

有可能遇到两种情况：一种是合金中铝或铬含量低，通常情况下氧化时形不成单一 Cr_2O_3 或 Al_2O_3 膜，如果选择一种氧分压足够低的气氛来处理时，有可能使合金表面形成单一的 Cr_2O_3 或 Al_2O_3 膜；另一种是合金正常氧化时可形成 Cr_2O_3 或 Al_2O_3 膜，但低氧压处理时，如果氧化速度与外界氧分压有关，那么氧化膜生长速度低，致密性和黏附性都可得到提高。但是，由于预氧化形成的膜往往较薄，预氧化处理对合金抗氧化性的改善作用有限。

除低氧压处理外，还可以在一般性环境中进行预氧化，然后用以改善合金的抗硫化或抗热腐蚀性能。

2. 表面细晶化

已知合金晶粒细化有利于合金元素的选择性氧化。对常规晶粒尺寸的合金，表面处理后，合金表层晶粒会细化，也可以达到与块体材料细化同样的效果。

表面细晶化主要是利用高能量密度的激光束、电子束等辐照合金表面。

（1）激光表面重熔。

激光表面处理技术发展迅速，工业应用领域范围广。当金属受到激光束的辐照时，金属中的电子得到光子的能量，并与晶体点阵中的原子碰撞，从而加热晶体点阵。由于光子穿透金属的能力很低，因而只能使金属表面的一薄层吸收激光能量，然后通过热传导向内部传递。

激光束辐照可使合金表面在极短的时间内加热至熔点以上。当停止加热时，由于加热区域很小，该区域的热向周围快速传导，从而温度急剧降低。这一过程使得熔化区内的金属形核后，来不及长大即已降到很低温度，最后熔化区呈细晶组织。

表面重熔后，对材料各方面的性能都有影响。例如钢铁材料经激光辐照后，如加热温度超过 900℃，即温度高于亚共析钢的临界点 Ac_3 时，得到奥氏体，快速冷凝时则获得马氏体，因而碳钢经表面激光处理后硬度大大提高。另外，激光表面强化后，能够造成表面残余压应力，有利于提高钢的抗疲劳强度。另外，耐磨性和耐蚀性也都可以得到改善。

应当注意的是，当表面重熔的目的是提高合金的抗氧化性时，必须选择那些本身就具有较好抗氧化性的材料；否则表面重熔处理后，晶粒细化，加强发生氧化元素的扩散。而这些元素的氧化物抗氧化性能差，合金氧化的速度反而会增大。

另外，在具体实现整个试样表面的处理时，需要进行激光束扫描。激光表面重熔处理时的具体工艺参数包括输出功率、激光束斑直径、扫描速度等。必须仔细调整工艺参数，否则表面处理层容易形成大量裂纹。

（2）电子束表面处理。

电子束是一束集中的高速电子。它的速度取决于加速电压的高低，可达到光速的2/3左右。电子束照射到材料表面，会同材料的原子核及电子发生相互作用。由于电子与原子核间质量差别极大，所以与核的碰撞基本上是弹性碰撞。因此，能量的传递主要是通过与合金中的电子碰撞来实现的。传递给电子的能量立即以热能的形式传给了点阵原子。由于照射过程很短，加热过程可近似地看成是准绝热的，热导效应可忽略不计。

与激光相比，电子束更易被固体金属吸收，其功率可比激光大一个数量级。这种高能量密度的加热，其突出的特点是加热和冷却速度都极高，在合金表层可获得一种超细晶粒组织。电子束处理时，冷却速度可达到 $10℃/s$。而激光处理时，冷却速度可达 $2\times10^2 \sim 2\times10^5℃/s$。

电子束表面处理要在真空中进行，因而减少了氧化、氮化的影响，可得到纯净、质量好的表面处理层。但正因为要在低压下进行操作，工序较为复杂，导致成本增加。

3. 电火花强化

电火花强化是一种简便易行的金属材料表面处理的特殊工艺。它利用脉冲电流在火花放电时输出的瞬时能量，把硬质合金或其他导电材料涂覆、溶渗到材料表面，形成一层高硬度、耐磨且具有特殊物理、化学性能的强化层。考虑表面溶渗铝等元素，则可达到改善材料抗氧化性能的目的。电火花强化层是材料表面在电火花放电的作用下，经微区高温冶金过程所形成的合金层，所以，它与基体材料的结合极为牢固。

电火花强化处理具有设备轻巧、操作简单、成本低廉等优点，已有商业化的电火花强化机。

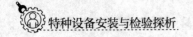

第三节　金属材料的力学性能

一、强度

材料在受到不断增大或者持续恒定外力作用下，最终会超过某个极限而被破坏。对材料造成破坏的外力种类很多，如拉力、剪切力、压力、扭力等。屈服强度和抗拉强度都是针对拉力而言的。

屈服强度和抗拉强度都是通过拉伸试验得出的，它们是通过拉力试验机（一般是用万能试验机进行各种拉和压及弯曲的试验），用均匀恒定增加的拉力，对材料进行持续拉伸，直到断裂或达到规定的破坏程度，此时造成材料破坏的最终力即为该金属材料的抗拉极限载荷。抗拉极限载荷本质上是一个力的表述，单位为牛顿，符号为 N，但是牛顿这个单位较小，一般用千牛（kN）的比较多。

因为力与材料所测尺寸有关，不能反映金属材料的强度与韧性，因此定义抗拉极限载荷与实验材料的截面积之比来作为材料本身的一种性能指标，其本质上就是单位面积上受到的力。我们定义这个单位为帕斯卡（Pa），与牛顿单位类似，帕斯卡也是一个很小的单位，一般都用兆帕（MPa）来表述，它的数量级为帕斯卡的 100 万倍。所以，抗拉极限载荷与实验材料的截面积之比，即为抗拉强度。抗拉强度就是材料单位面积上承受外力作用的极限。超过这个极限，材料将发生解离性破坏。

屈服强度仅针对一些具有弹性的材料而言。例如各类金属材料，而玻璃、砖石、陶瓷等，一般来说，认为它们没有弹性，这类材料就算有弹性，也非常小，所以，对这些材料不讨论它们的屈服强度。弹性材料在受到恒定持续增大的外力作用下，直到断裂。究竟发生了怎样的变化呢？对此，我们来做通俗的解释。

材料在外力作用下首先发生弹性形变，这个过程遵循胡克定律。什么叫弹性形变呢？就是外力消除，材料会恢复到原来的尺寸和形状。当外力继续增大到一定的数值之后，材料就会进入塑性形变期。材料一旦进入塑性形变，将会使零件永久失效，无法恢复。这个造成两种形变的临界点的强度，就是材料的屈服强度。对应施加的拉力而言，这个临界点的拉力值，叫屈服点。我们再从晶体角度分析，只有拉力超过屈服点，材料的晶体结合才开始被破坏，材料的破坏是从屈服点就已经开始的，而非从断裂的时候开始的。

屈服强度高的材料能承受的破坏力就大，这是正确的。但是不管哪个强度，只言其一端，都不能说明这种材料安全与否。因为，关于屈服强度和抗拉强度还有一个参数，就是屈强比，屈强比是屈服强度和抗拉强度的比值。范围是 0~1。屈强比可以衡量金属材料的脆性，屈强比越大，表明金属材料屈服强度和抗拉强度的差值越小，金属材料的塑性越差，进而脆性就越大。要探究其原因，这里要引进一个新的指标——延伸率。通俗地讲，就是金属材料被拉断后，和原来相比，伸长了多少。这是检验特种设备金属材料塑性好坏的一个重要指标。屈强比越大，说明金属材料的延展性越好。前面已经讲过，当金属材料拉伸超过屈服点之后，它已经不可能恢复原来的尺寸，一直到断裂，材料都在持续地被拉长。屈强比越大，屈服强度和抗拉强度的值越接近，这时候在加荷速率不变的情况下，材料被拉长的时间就越短，那么延伸率自然就越低。

从能量的角度来分析，根据能量守恒定律，能量只能从一种形式转化为另一种形式，而不会凭空增减。当材料受到外力的作用时，只是发生能量的形式转换。在屈服点之前，材料发生弹性形变，外部对材料的拉力几乎全部被弹力抵消，大部分转化为弹性势能，外来能量并没有多少被吸收或者转化，仅有少量转化为热能。随着拉力的增加，当过屈服点之后，外力部分被弹力抵消，转化为弹性势能，而部分则被转化为热能，外力作用于材料上的能量，主要是在塑性形变期被吸收的。

材料的破坏是从屈服点开始的。屈强比越低，那么材料从开始破坏到断裂的时间越长；屈强比越高，材料从开始破坏到断裂的时间则越短。在屈服点到断裂点之间的受力过程中，外加的能量被大量转化为热能。

综上所述，我们不难理解，单纯地认为屈服强度高或者抗拉强度高，这种材料就更好或者更安全，是不正确的。只有屈服强度高，同时屈强比低的特种设备材料才更安全一些。不过这样的特种设备材料成本也要高很多，实际应用中须综合考虑。特种设备金属材料除强度外还有另一个很实用的指标，那就是韧性。不过很多时候人们往往简单地把材料的性能追求定在强度上，这是具有误导性的。提高特种设备金属材料的强度，同时往往会带来韧性的降低，也就是脆性，而金属材料的韧性很多情况下关系到产品安全。所以在生产过程中提升某些技术指标性能时，是以降低另外一些技术性能指标为代价的，鱼和熊掌往往不可兼得，人们只能根据使用的场合和追求指标的最大化来选择材料。对于特种设备金属材料的使用者而言，材料除了结构上有问题或者产品有缺陷之外，各项技术指标没有

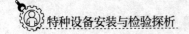

好坏之分，要看你在哪里用。只有用错地方，而没有用错东西一说。

金属在外加载荷作用下抵抗塑性变形和断裂的能力，称为强度。屈服强度、抗拉强度是常用的强度分析参数。

二、冷弯性能

冷弯性能是用于衡量材料在室温时的塑性，是指金属材料在常温下承受弯曲变形的能力，也是金属材料的一种重要工艺性能。

金属在常温下，按照预先设定的弯心直径和弯曲角度对金属材料进行弯曲，这时候可以分析它的冷弯性能。金属材料的冷弯，如果用 α 表示弯曲角度，用 d 表示弯心直径，用 a 表示金属材料厚度（或直径），那么比值 d/a 就是弯曲的程度。弯曲角度 α 越大，d/a 越小，则金属材料的冷弯性能越好。

冷弯是焊接接头一种常用的工艺性能试验方法，它不仅可以检查焊接接头的塑性，还可以评价受拉面的缺陷，有面弯、背弯、侧弯 3 种方式，能反映出金属材料内部组织不均匀、内应力和夹杂物等缺陷是否存在。冷弯试验既能对金属材料的焊接质量进行实质性的揭示，又能反映出焊件受弯表面是否存在未熔合、裂缝及杂物等缺陷。

金属材料冷弯性能主要受到碳、硫、氧、磷、氢、氮等杂质元素的影响。虽然目前的生产工艺都能将各元素的含量控制在标准规定的范围内，但诸元素的含量及存在状态对材料的冷弯性能还是有很大的影响。这些杂质元素对冷弯性能的影响方式不尽相同。

碳元素主要影响显微组织中各组织组分的含量及各组织样式的分布。

硫化物夹杂热塑性很好，进行轧制时顺着轧向延伸，呈星条带状。具有条状或带状硫化物夹杂的金属材料，在进行冷弯时，变形最重的区域内夹杂物最先裂开，夹杂物与金属界面发生分离，在这些组织周围会慢慢形成显微孔洞。这些孔洞随变形过程会逐渐长大并连接成片，并最终形成了大的裂纹。有些材料内部会形成分层，甚至导致特种设备金属产品的断裂。因此，硫化物夹杂不仅容易引起中厚金属材料板冷弯开裂，也会造成金属材料板的横向塑性大幅度降低，致使冷弯性能大幅度降低。并且随着硫含量的增加，金属材料中硫化物夹杂数量的增多，颗粒数量及尺寸增大，特种设备金属材料产品的冷弯合格率大幅度降低。可以看出，材料冷弯性能的好坏同硫含量的大小有很大关系。

氧元素在固态特种设备金属材料中的含量非常小，近乎全部呈氧化物夹杂的形式存在于金属材料中。它的不利之处在于氧化物夹杂容易引起应力的集中，进而会造成微裂纹现象，对金属的塑性破坏起到加速作用，削弱材料的韧性。当金属材料的抗拉强度较好时，削弱疲劳强度、耐磨性和耐腐蚀性，并导致材料的冲压性能和加工性能变差，最终还会造成热脆，并导致金属材料从内到外的很多质量问题。总体上讲，氧化物夹杂虽然数量很多，不过它的颗粒尺寸不大，在金属材料中分布不集中，塑性非常低，脆性也很大，很容易断裂，属于一种脆性夹杂物，经加工后一般会沿着轧制方向顺向排列。值得欣慰的是，氧化物夹杂一般会在室温下和金属本体同时变形，所以它对金属材料的冷弯性能影响并不是非常大。但是若金属材料中氧化物夹杂呈现较为集中的分布，又或者夹杂物的颗粒尺寸较大，金属基体组织的均匀性和连续性就会遭到较大破坏，那么在冷弯变形的过程中，氧化物夹杂则容易引起应力集中，并且以氧化物夹杂为裂纹源，形成冷弯裂纹，最终会影响材料的冷弯性能。而且随着氧含量的增加，冷弯合格率会出现明显下降趋势。

一般认为，磷元素是有害的杂质元素。不管是在高温还是在低温情况下，磷在铁基金属材料中具有较大的溶解度。磷元素具有很强的固溶强化作用，它可明显提高金属材料的强度和硬度，提高金属的抗大气腐蚀能力，提高金属的切削加工性能。但是会大幅度降低金属的塑性和韧性，提高金属的脆性转变温度，低温脆性增加尤为明显。除此之外，因为磷在金属材料尤其特种金属材料中容易偏析，且在珠光体和铁素体中扩散很慢，不容易均匀化而产生高磷带和低磷带。当从奥氏体状态冷却时，高磷带由于 Ar_3 高，首先析出铁素体，碳被浓缩到低磷带，随后在冷却过程中转变成珠光体，造成珠光体和铁素体的分离，在轧制过程中加剧了带状组织口。因此，随着金属中磷含量增加，磷对金属材料的固溶强化作用增强，带状组织加重，中厚金属材料板的强度和硬度升高，而塑性和韧性急剧下降，冷弯性能明显变坏。

氢在金属材料中的溶解度极低，压力为 1mbar 时，氢气在金属材料中的溶解度为 0.92×10^{-6}。金属材料中氢主要是形成间隙固溶体，但也以气态氢存在，气态氢在固态金属材料中扩散能力非常强。因此，氢对金属材料的危害很大：一是使金属材料的塑性和韧性降低，引起氢脆；二是从金属中析出分子态时导致金属材料内部产生大量细微裂纹缺陷——白点，使金属材料的延伸率显著下降，尤其是断面收缩率和冲击韧性降低得更多，有时可接近于零值。

大量氢进入金属材料中，一部分形成皮下气泡；另一部分间隙固溶于晶格和聚集在多种微观缺陷里。氢气在金属材料中位错等缺陷处聚集，形成微小的气泡，气体对缺陷尖端产生较大张应力，从而促进裂纹在此处的萌生，对金属材料板的塑性等性能产生不良影响。铸坯热轧成板，使金属材料中氢变得十分敏感。当金属材料板试样进行冷弯时，由位错引起氢传递，造成局部高氢浓度，继而在微孔和其他缺陷处形成高氢压，从而使缺陷扩展，形成冷弯裂。因此，氢在金属材料中的存在和扩散对中厚金属材料板的冷弯性能影响较大。

金属材料中氮是有害元素。氮在金属材料中的溶解度很低，且随温度降低溶解度急剧降低，压力为 1mbar 时，氮气在金属材料中的溶解度为 $14×10^{-6}$。氮一般形成氮化物，多分布于晶界处，并能抑制铁素体晶粒生长。因此，氮在一些含 Al、V、Nb 的低合金金属材料中可形成特殊的氮化物，进而使铁素体强化并细化晶粒，显著提高金属材料的强度和韧性。氮的有害作用主要是引起淬火时效和应变时效，对金属材料的性能产生显著影响，虽能提高金属材料的硬度和强度，但降低了其塑性和韧性，对普通低合金金属材料有害。氮含量的增加将会提高金属材料中氮化物夹杂的含量和级别，有可能使氮化物夹杂成为冷弯开裂的裂纹源，从而对中厚金属材料板的冷弯性能产生影响。此外，气态氮在金属材料中的作用和夹杂物的作用类似，它的存在容易引起金属材料中的韧性储备下降，局部的气体析聚也会引起表层微裂纹，发生应变时效，引起屈服点上升。目前，由于对氮与冷弯性能的关系研究不多，所以氮对冷弯性能的影响方式还不是很清楚，但金属材料中高氮含量对冷弯性能肯定是有害的。

由此可见，磷主要是通过固溶强化作用和带状组织来影响中厚金属材料板冷弯性能的。氧通过氧化物夹杂，磷通过固溶强化作用及带状组织，氢通过气态氢在金属材料中的存在和扩散，进而影响中厚金属材料板冷弯性能。因此，要消除化学成分对中厚金属材料板冷弯性能的影响必须降低金属材料中碳、硫、氧、磷、氢、氮含量，提高金属材料的纯净度，减少非金属夹杂含量，发展纯净金属材料。

三、韧性

韧性，是指金属材料破断时单位体积所消耗的变形功和断裂功，用以表征材料对断裂的抗力。对容器用钢来说，通常采用冲击韧性来表征材料对冲击载荷的抗力，称为夏比（V 型缺口）冲击功。

金属的韧性通常随加载速度提高、温度降低、应力集中程度加剧而减小。冲击韧性（冲击功）是指冲击试样缺口底部单位横截面积上的冲击吸收功。

冲击韧性或冲击功试验（简称冲击试验），因试验温度不同而分为常温、低温等；按试样缺口形状分为"V"形缺口和"U"形缺口冲击试验两种。

冲击韧性（冲击值）ak，工程上常用一次摆锤冲击弯曲试验来测定材料抵抗冲击载荷的能力，即测定冲击载荷试样被折断而消耗的冲击功 Ak，单位为焦耳（J）。而用试样缺口处的截面积 F 去除 Ak，可得到材料的冲击韧度（冲击值）指标，即

$$ak = Ak/F$$

其单位为 kJ/m^2 或 J/cm^2。因此，冲击韧度 ak 表示材料在冲击载荷作用下抵抗变形和断裂的能力。ak 值的大小表示材料的韧性好坏。一般把 ak 值低的材料称为脆性材料，ak 值高的材料称为韧性材料。

ak 值取决于材料及其状态，同时与试样的形状、尺寸有很大关系。ak 值对材料的内部结构缺陷、显微组织的变化很敏感，如夹杂物、偏析、气泡、内部裂纹、钢的回火脆性、晶粒粗化等都会使 ak 值明显降低；同种材料的试样，缺口越深、越尖锐，缺口处应力集中程度越大，越容易变形和断裂，冲击功越小，材料表现出来的脆性越高。因此，不同类型和尺寸的试样，其 ak 或 Ak 值不能直接比较。

材料的 ak 值随温度的降低而减小，且在某一温度范围内，ak 值发生急剧降低，这种现象称为冷脆，此温度范围称为"韧脆转变温度（Tk）"。

冲击吸收功指标的实际意义在于揭示材料的变脆倾向。

第四节　金属材料的工艺性能

一、冷加工性能

冷加工通常指金属的切削加工。用切削工具（包括刀具、磨具和磨料）把坯料或工件上多余的材料层切去，称为切屑。切削加工是使工件获得规定的几何形状、尺寸和表面质量的加工方法。任何切削加工都必须具备 3 个基本条件：切削工具、工件和切削运动。切削工具应有刃口，其材质必须比工件坚硬。不同的刀具结构和切削运动形式构成不同的切削方法。用刃形和刃数都固定的刀具进行切削的方法有车削、钻削、镗削、铣削、刨削、拉削和锯切等，用刃形和刃数都

不固定的磨具或磨料进行切削的方法有磨削、研磨、珩磨和抛光等。切削加工是机械制造中最主要的加工方法。虽然毛坯制造精度不断提高，精铸、精锻、挤压、粉末冶金等加工工艺应用越来越广，但由于切削加工的适应范围广，且能达到很高的精度和很低的表面粗糙度，在机械制造工艺中仍占有重要地位。在金属工艺学中，冷加工则指在低于再结晶温度下使金属产生塑性变形的加工工艺，如冷轧、冷拔、冷锻、冷挤压、冲压等。冷加工在使金属成形的同时，通过加工硬化提高了金属的强度和硬度。

（一）切削性能

为合格工件的难易程度。切削加工性好坏常用加工后工件的表面粗糙度、允许的切削速度，以及刀具的磨损程度来衡量。它与金属材料的化学成分、力学性能、导热性及加工硬化程度等诸多因素有关。通常是用硬度和韧性做切削加工性好坏的大致判断。一般来讲，金属材料的硬度越高越难切削，有些金属硬度虽不高，但韧性大，切削也较困难。当金属材料具有适当的硬度和足够的脆性时则容易切削。所以铸铁比钢切削加工性能好，一般碳钢比高合金钢切削加工性能好。

（二）冷弯性能

冷弯性是指金属材料在常温下能承受弯曲而不破裂的性能。弯曲程度一般用弯曲角度 α（外角）或弯心直径 d 对材料厚度 a 的比值表示，a 越大或 d/a 越小，则材料的冷弯性越好。

（三）冲压性能

冲压性是指金属材料承受冲压变形加工而不破裂的能力。在常温下进行冲压叫冷冲压。检验方法用杯突试验进行检验。

金属材料在压力加工（锻造、轧制等）下成形的难易程度，称为压力加工性能。它与金属材料的塑性有关，金属材料的塑性越好，变形抗力越小，金属材料的压力加工性能就越好。

第一，可锻性：金属材料的可锻性是指金属材料在压力加工时，能改变形状而不产生裂纹的性能。钢能承受锤锻、轧制、拉拔、挤压等加工工艺，表现为良好的可锻性。

第二，锻压性：金属承受压力加工的能力叫锻压性。

第三，锻接性：把两块金属加热到熔点以下附近温度，加上锻接剂［硅铁（SiFc）40%+铸铁末 10%+脱水硼砂（$Na_2B_4O_7$）50%，这 3 种都是粉末状，混到一起，搅拌均匀]，再加锤击，使2块金属接合在一起的能力，叫锻接性。

二、热加工性能

（一）铸造性能

造性主要包括流动性、收缩性和偏析。流动性是指液态金属充满铸模的能力；收缩性是指铸件凝固时，体积收缩的程度；偏析是指金属在冷却凝固过程中，因结晶先后差异而造成金属内部化学成分和组织的不均匀性。合金钢与高碳钢比低碳钢偏析倾向大，因此，铸造后要用热处理方法消除偏析金属。铸造性能好坏主要决定于液体金属的流动性、收缩性及其成分的均匀度、偏析的趋向。

1. 流动性

液体金属充满铸型型腔的能力称为流动性。流动性好的金属容易充满整个铸型，获得尺寸精确、轮廓清晰的铸件。流动性不好，金属则不能很好地充满铸型型腔，得不到所要求形状的铸件，就会使铸件因"缺肉"而报废。

流动性的好与坏主要与金属材料的化学成分、浇铸温度和熔点高低有关。例如铸铁的流动性比钢好，易于铸造出形状复杂的铸件。同一金属，浇铸温度越高，其流动性就越好。

2. 收缩性

金属材料从液体凝固成固体时，其体积收缩程度称为收缩性。也就是铸件在凝固和冷却过程中，其体积和尺寸减小的现象。铸件收缩不仅影响尺寸，还会使铸件产生缩孔、疏松、内应力等缺陷；特别是在冷却过程中容易产生变形，甚至开裂。因此，用于铸造的金属材料，应尽量选择收缩性小的。收缩性的大小主要取决于材料的种类和成分。

3. 成分不均匀对工件质量的影响

铸造时，要获得化学成分非常均匀的铸件是十分困难的。铸件（特别是厚壁铸件）凝固后，截面上的不同部分及晶粒内部不同区域会存在化学成分不均匀的现象，这种现象称为偏析。

偏析会使铸件各部位的组织和性能不一致。铸件的化学成分不均匀，会使其强度、塑性和耐磨性下降。产生偏析的主要原因是合金凝固温度范围大，浇铸温度高，浇铸速度及冷却速度快。

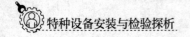特种设备安装与检验探析

偏析严重时可使铸件各部分的力学性能产生很大差异，降低铸件的质量。

（二）锻造性能

金属锻造成形的能力为锻造性能，它主要取决于金属的塑性和变形抗力。塑性越好，变形抗力越小，金属的锻造性能越好。例如纯铜在室温下就有良好的锻造性能，碳钢在加热状态下锻造性能较好，铸铁则不能锻造。锻造性能指金属材料在压力加工时，能改变形状而不产生裂纹的性能，它包括在热态或冷态下能够进行锤锻、轧制、拉伸、挤压等加工。可锻性的好坏主要与金属材料的化学成分有关。

（三）焊接性能

金属材料的焊接性能是指在给定的工艺条件和焊接结构方案，用焊接方法获得预期质量要求的优良焊接接头的性能。

在机械工业中，焊接的主要对象是钢材，碳质量分数及合金元素含量是决定金属焊接性的主要因素，碳质量分数和合金元素含量越高，焊接性能越差。例如低碳钢具有良好的焊接性，而高碳钢、铸铁的焊接性不好。焊接性能指金属材料对焊接加工的适应性能，主要是指在一定的焊接工艺条件下，获得优质焊接接头的难易程度。它包括两个方面的内容：一是结合性能，即在一定的焊接工艺条件下，一定的金属形成焊接缺陷的敏感性；二是使用性能，即在一定的焊接工艺条件下，一定的金属焊接接头对使用要求的适用性。化工设备广泛采用焊接结构，因此材料焊接性是化工设备生产中重要的工艺性能。

使两块金属接触，然后用氧气、乙炔或电弧热使金属部分熔化，并将其结合在一起的能力叫熔接性能。熔接可理解为一种特殊的焊接。通常意义上的焊接需要焊条或类似的粘接物体，而熔接是利用高温使两种物质熔化而依靠自身的熔融形变黏合在一起的。

（四）热处理工艺性能

热处理工艺性能是指金属材料通过热处理后改变或改善其性能的能力，是金属材料的重要工艺性能之一。对于金属材料中使用较多的钢而言，主要包括淬透性、淬硬性、氧化和脱碳、变形及开裂等。金属经热处理可使性能顺利改善。它与材料的化学成分有关。常见的热处理方法有退火、正火、淬火、回火及表面热处理（表面淬火及化学热处理）等。金属工件通过热处理，可改善其切削加工性能，提高力学性能，延长其使用寿命。

（五）时效处理

时效处理是指将淬火后的金属工件置于室温或较高温度下保持适当时间，以提高金属强度的金属热处理工艺。室温下进行的时效处理是自然时效，较高温度下进行的时效处理是人工时效。在机械生产中，为了稳定铸件尺寸，常将铸件在室温下长期放置，然后才进行切削加工。这种措施也被称为时效。

第五节　影响材料性能的因素

一、化学成分

化学成分是影响材料性能的重要因素之一，下面分述各元素对材料性能的不同作用。

碳（C）：钢中含碳量增加，屈服点和抗拉强度升高，但塑性和冲击性降低，当碳含量超过0.23%时，钢的焊接性能变坏。因此用于焊接的低合金结构钢，含碳量一般不超过0.25%。

硅（Si）：在炼钢过程中加硅作为还原剂和脱氧剂，所以镇静钢含有0.15%~0.30%的硅。硅量增加会降低钢的焊接性能。

锰（Mn）：在碳素钢中加入锰为0.70%以上时就算"锰钢"，与一般碳素钢相比，它不但有足够的韧性，且有较高的强度和硬度。锰能提高钢的淬透性，改善钢的热加工性能。锰量增高，会减弱钢的抗腐蚀能力，降低焊接性能。

磷（P）：在一般情况下，磷是钢中的有害元素，它会增加钢的冷脆性，使焊接性能变坏，降低塑性，使冷弯性能变坏。

硫（S）：硫在通常情况下也是有害元素。使钢产生热脆性，降低钢的延展性和韧性，在锻造和轧制时造成裂纹。

氧（O）：氧在钢中是有害元素。尤其是对疲劳强度、冲击韧性等有严重影响。

氢（H）：钢中溶有氢会引起钢的氢脆、白点等缺陷。

氮（N）：铁素体溶解氮的能力很低。当钢中溶有过饱和的氮，在放置较长一段时间后或随后在200~300℃加热就会发生氮以氮化物形式析出，并使钢的硬度、强度提高，塑性下降，发生时效。

铬（Cr）：在结构钢和工具钢中，铬能显著提高强度、硬度和耐磨性，但同时降低塑性和韧性。铬又能提高钢的抗氧化性和耐腐蚀性，因而是不锈钢、耐热钢的重要合金元素。

镍（Ni）：镍能提高钢的强度，又有良好的塑性和韧性（低温韧性）。镍对酸碱有较高的耐腐蚀能力，在高温下有防锈和耐热能力。但由于镍是较稀缺的资源，故应尽量采用其他合金元素代用镍铬钢。

钼（Mo）：钼能使钢的晶粒细化，提高淬透性和热强性能。

钛（Ti）：钛是钢中强脱氧剂。它能使钢的内部组织致密，细化晶粒，降低时效敏感性和冷脆性，改善焊接性能。

钒（V）：钒是钢的优良脱氧剂。钢中加 0.5% 的钒可细化组织晶粒，提高强度和韧性。钒与碳形成的碳化物，在高温高压下可提高抗氢腐蚀能力。

铌（Nb）：铌能细化晶粒和降低钢的过热敏感性及回火脆性，提高钢的强度，但钢的塑性和韧性有所下降。

在工业生产中，检验金属化学元素含量的方法有很多，如燃烧法、光谱法等，其中光谱法较为方便，应用也十分广泛，测量精度也很高，一次激发能够测量多个元素的含量。

任何元素的原子都是由原子核和绕核运动的电子组成的，原子核外电子按其能量的高低分层分布而形成不同的能级，因此，一个原子核可以具有多种能级状态。

能量最低的能级状态称为基态能级（$E_0 = 0$），其余能级称为激发态能级，而能量最低的激发态则称为第一激发态。正常情况下，原子处于基态，核外电子在各自能量最低的轨道上运动。

如果将一定外界能量如光能提供给该基态原子，当外界光能量 E 恰好等于该基态原子中基态和某一较高能级之间的能级差时，该原子将吸收这一特征波长的光，外层电子由基态跃迁到相应的激发态，而产生原子吸收光谱。

电子跃迁到较高能级以后处于激发态，但激发态电子是不稳定的，大约经过 10^{-8} 秒以后，激发态电子将返回基态或其他较低能级，并将电子跃迁时所吸收的能量以光的形式释放出去，这个过程称原子发射光谱。可见，原子吸收光谱过程吸收辐射能量，而原子发射光谱过程则释放辐射能量。

二、组织结构

（一）常见的显微组织

奥氏体（A）：碳溶解在 γ-Fe 铁中形成的固溶体称奥氏体。其强度硬度不高，塑性韧性很好，无磁性。

铁素体（F）：碳溶解在 α-Fe 中形成的固溶体称铁素体。其强度硬度低，塑性韧性好。

渗碳体（Fe_3C）：铁碳合金中的碳不能全部溶入 α-Fe 或 γ-Fe 中，其余部分的碳和铁形成一种化合物（Fe_3C），称为渗碳体。其性硬而脆，随碳含量增加，强度硬度提高，而塑性韧性下降。

珠光体（P）：珠光体是铁素体与渗碳体的机械混合物。其性能介于 F 与 Fe_3C 之间。

马氏体（M）：马氏体是钢和铁从高温急冷下来的组织，是碳原子在 α-Fe 中过饱和的固溶体。其具有很高的强度和硬度，但很脆，延展性差，易导致裂纹。

魏氏组织：粗大的过热组织，塑性韧性下降，使钢变脆。

带状组织：双相共存的金属材料在热变形时，沿主伸长方向呈带状或层状分布的组织。

（二）晶粒度

晶粒度是用于描述晶粒大小的参数。

常用的表示方法：①单位体积的晶粒数目（ZV）；②单位面积内的晶粒数目（ZS）；③晶粒的平均线长度（或直径）。

用 1~8 级表示。8 级细小而均匀、综合力学性能好。

金属晶粒的尺寸（或晶粒度）对其在室温及高温下的机械性质有决定性的影响，晶粒尺寸的细化也被作为钢的热处理中最重要的强化途径之一。因此，在金属性能分析中，晶粒尺寸的计算显得十分重要。

三、加工工艺

关于金属的加工工艺，冷变形会带来纤维组织、加工硬化及残余内应力，热变形会提高材料塑性变形能力及降低变形抗力。

热处理是把金属材料在固态下加热到预定温度保温一定时间，然后以预定的方式冷却下来，通过这一过程改变金属材料内部的组织结构，从而使金属材料的性能发生预期的变化。热处理改变金属工件的性能，是通过改变其内部组织来实现的。金属材料在热处理过程中，会发生一系列的组织变化。金属材料中组织转变的规律，就是热处理的原理。

常用的钢材热处理方法有退火、正火、淬火、回火、调质和固溶处理。

（一）退火

常用的退火又可分为完全退火、再结晶退火和消除应力退火。

完全退火是将铁碳合金完全奥氏体化，然后缓慢冷却，以获得接近平衡组织的工艺过程。完全退火适用于处理亚共析钢、中合金钢，目的是改善钢铸件或热轧型材的机械性能。由于加热温度超过上临界点，使组织完全重结晶，可达到细化晶粒、均匀组织、降低硬度、充分消除内应力等目的。

再结晶退火是将变形后的金属加热到再结晶温度以上，保持适当时间，使被冷加工拉长了的和破碎了的晶粒重新成核和长大，基本上都能得到恢复。对于连续多次冷加工的钢材，因随加工道次的增加、硬度不断升高，塑性不断下降，必须在两次加工之间安排一次再结晶退火使其软化，以便钢材能进一步加工。这种退火又称为软化退火或中间退火。

消除应力退火是为了除去由于塑性变形加工、焊接等原因造成的及铸件内存在的残余应力而进行的热处理工艺。消除应力退火的加热温度低于钢的再结晶温度。

（二）正火

正火主要用于细化钢材的晶粒，改造组织、提高机械性能；正火与退火的区别是正火的冷却速度稍快，所获得的组织比退火细，综合机械性能也有所提高。

（三）淬火

淬火一般是为了得到马氏体组织，可使钢材得到细化。淬火马氏体是碳在 α-Fe 中的过饱和固溶体。

（四）回火

将钢加热到 Ac1 以下某一温度，保温后在空气中冷却的工艺叫回火。

回火常作为钢淬火后的第二道热处理，以改善钢的淬火组织和性能。回火也常用于消除钢材的变形加工或焊接残余应力。根据回火时加热的温度不同，回火可分为低温、中温和高温 3 种。

（五）调质

通常将淬火加高温回火的热处理工艺叫调质。

调质后获得回火索氏体组织，可使钢材得到强度与韧性相配合得良好的综合性能。

（六）固溶处理

将合金钢加热至高温单相区，并经过充分保温，使过剩相充分溶解到固溶体中后快速冷却，以得到过饱和的固溶体（奥氏体不锈钢），这样的热处理工艺称为固溶处理。

其目的是改善金属的塑性和韧性，并为进一步进行沉淀硬化热处理工艺准备条件。

四、热处理

（一）表面淬火

表面淬火是将钢件的表面层淬透到一定的深度，而心部仍保持未淬火状态的一种局部淬火方法。表面淬火时，通过快速加热，使钢件表面层很快达到淬火温度，在热量来不及传到钢件心部就立即冷却，实现局部淬火。

表面淬火的目的在于获得高硬度、高耐磨性的表层，而心部仍保持原有的良好韧性，以用于机床主轴、齿轮或发动机的曲轴等。

加热感应圈表面淬火所采用的快速加热方法有多种，如电感应（接高频电源）火焰、电接触、激光等，目前应用最广的是电感应加热法。电感应加热表面淬火法就是在一个感应线圈中通一定频率的交流电（有高频、中频、工频 3 种），使感应线圈周围产生频率相同的交变磁场，置于磁场中的工件就会产生与感应线圈频率相同、方向相反的感应电流，这个电流叫作涡流。由于集肤效应，涡流主要集中在工件表层。由涡流所产生的电阻热使工件表层被迅速加热到淬火温度，随即向工件喷水，将工件表层淬硬。感应电流的频率越高，集肤效应越强烈，故高频感应加热用途最广。高频感应加热常用频率为 200 ~ 300Hz，其加热速度极快，通常只有几秒钟，淬硬层深度一般为 0.5 ~ 2mm。该法主要用于要求淬硬层较薄的中、小型零件，如齿轮、轴等。感应加热表面淬火零件宜选用中碳钢和中碳低合金结构钢，如工程机械中的齿轮、轴类等，也可用于高碳钢、低合金钢制造的工具、量具、铸铁冷轧辊等。经感应加热表面淬火的工件，具有表面不易氧化、脱碳，耐磨性好，工件变形小，淬火层深度易控制，生产效率高，适用于批量生产，表面硬度比普通淬火高 2~3HRC 等特点。

（二）化学热处理

化学热处理是将工件置于一定的化学介质中加热和保温，使介质中的活性原子渗入工件表层，以改变工件表层的化学成分和组织，从而获得所需的力学性能或理化性能，如提高工件表面硬度、耐磨性、疲劳强度，增强耐高温、耐腐蚀性能等。

化学热处理的种类很多，依照渗入元素的不同，有渗碳、渗氮、碳氮共渗、渗硼、渗铝、多元共渗等，以适用于不同的场合，其中以渗碳应用最广。

渗碳是向钢的表层渗入碳原子。渗碳时，通常是将钢件放入密闭的渗碳炉中，通入气体渗碳剂（如煤油等），加热到 900~950℃，经较长时间的保温，使工件表层增碳。渗碳件都是低碳钢或低碳合金钢。渗碳后工件表层的含碳量将增到 1%左右，经淬火和低温回火后，表层硬度达 56~64HRC，因而耐磨，而心部因仍然是低碳钢，故保持其良好的塑性和韧性。可以看出，渗碳工艺可使工件具有外硬内韧的性能。

渗碳主要用于既受强烈摩擦又承受冲击或疲劳载荷的工件。

第三章　特种设备焊接技术

第一节　焊接工艺

一、特种设备焊接人员

特种设备焊接人员包括焊接技术人员、焊接施工操作人员及焊后热处理、无损检测、资料管理人员等。其中，焊接施工操作人员必须经过培训考核合格取得"特种设备作业人员证"，持证上岗。

（一）焊接技术人员

1. 忌不明确焊接技术人员要求和职责

原因：由于各种原因未明确对焊接技术人员的要求和职责，导致无法做好本职工作。

措施：应当清楚了解焊接技术人员任职要求和职责。比如，《现场设备、工业管道焊接工程施工规范》（GB 50236—2011）中规定，焊接技术人员应由中专以上专业学历，并有 1 年以上焊接生产实践的人员担任。焊接技术人员应负责焊接工艺评定、编制焊接工艺规程和焊接作业指导书、进行焊接技术和安全交底、指导焊接作业、参与焊接质量管理、处理焊接技术问题，以及整理焊接技术资料等。

2. 忌特种设备生产单位未按要求对焊工建立档案

原因：部分特种设备生产单位未对焊工建立档案，或建立的焊工档案过于简单、流于形式，不利于对焊工的管理和提高焊工技能水平，不能及时掌握并分析焊工情况，导致所生产设备的焊接质量或施工中的焊接质量稳定性得不到保证。

措施：特种设备生产单位必须按照相关标准、规定，建立本单位焊工工作业绩档案。《特种设备焊接操作人员考核细则》（TSG Z6002—2010）要求，用人单位应结合本单位的情况，制定焊工管理办法，建立焊工焊接档案。焊工档案应包括焊工工作业绩、焊缝质量汇总结果、焊接质量事故等内容。同时，《特种设备生产和充装单位许可规则》（TSG 07—2019）中对特种设备生产单位质量保证体系的要求中也明确提出针对焊接人员的管理，包括焊接人员培训、资格考核，以及持证焊接人员的合格项目、持证焊接人员的标识、焊接人员的档案及其考核记录等。

3. 忌特种设备生产单位焊工不按焊接工艺规程施焊

原因：虽然持证焊工操作技能得到发证机关的认可，但在日常的生产过程中不事先对具体产品的焊接工艺要求进行了解，不按焊接工艺规程施焊，仅凭自己的操作经验来焊接产品，接头组织性能与按焊接工艺规程施焊获得的接头存在不一致性，成为产品在服役状况下发生事故的重大隐患。比如，湿硫化氢应力腐蚀环境，按照《石油化工湿硫化氢环境设备设计导则》（SH/T 3193—2017）的规定，当设备主体材料的 CE > 0.40% ，或者 w_{Nb+V} > 0.01% 时，焊接时应对母材进行预热，且预热温度不低于100℃；若母材为12mm厚的Q345R钢，按常规产品来说是不需要预热的，但特殊使用环境就应按规定对其进行预热后再焊接。若焊工不按焊接工艺规程施焊，认为Q345R钢焊接性好，不进行预热就对设备焊接，则将造成严重质量隐患。

措施：特种设备服役时所受的温度、载荷、介质等工况是各种各样的，为了保证特种设备产品质量，焊接技术人员应根据工况、母材、焊材等情况，制定不同的焊接工艺规程或焊接作业指导书。焊接工艺规程或焊接作业指导书是经过焊接工艺评定验证的，能保证所焊接的接头使用性能满足要求，因此焊工在焊接施工过程中，必须严格按既定的焊接工艺规程施焊。

（二）焊工

1. 忌不明确焊工要求和职责

原因：由于各种原因，单位不明确焊工的要求和职责，导致焊工无法做好本职工作。

措施：单位应对焊工进行上岗前的培训和准入考试，使焊工清楚了解个人工作要求和职责。比如，《现场设备、工业管道焊接工程施工规范》（GB 50236—2011）中规定，焊工应持有相应项目的"特种设备安全管理和作业人员证"，且具备相应的能力。焊工应按规定的焊接工艺规程和焊接作业指导书进行施焊，当工况条件不符合焊接工艺规程和焊接作业指导书的要求时，主管技术人员应该禁止施焊，焊工也应该拒绝施焊。

2. 忌焊接施工中无证或超范围焊接

原因：《特种设备安全法》第十四条规定，特种设备安全管理人员、检测人员和作业人员应当按照国家有关规定取得相应资格，方可从事相关工作。

《特种设备安全监察条例》第三十八条规定，锅炉、压力容器、电梯、起重机械、客运索道、大型游乐设施、场（厂）内专用机动车辆的作业人员及其相关管理人员（以下统称特种设备作业人员），应当按照国家有关规定经特种设备安全监督管理部门考核合格，取得国家统一格式的特种作业人员证书，方可从事相应的作业或者管理工作。

《现场设备、工业管道焊接工程施工规范》（GB 50236—2011）规定，焊工应持有相应项目的"特种设备安全管理和作业人员证"，且具备相应的能力。

《特种设备焊接操作人员考核细则》（TSG Z6002—2010）中对焊工考试项目适用范围内的特种设备焊接禁忌进行了规定。

措施：从事特种设备焊接作业的焊工应按照《特种设备焊接操作人员考核细则》（TSG Z600—2010）考核合格，取得"特种设备安全管理和作业人员证"，明确自己持证的合格项目及适用的焊件范围，再从事合格项目适用范围内的特种设备焊接作业。

3. 忌不执行工艺纪律、不按焊接工艺规程施焊

原因：焊接工艺规程是依据合格的焊接工艺评定编制的，不执行工艺纪律，不按焊接工艺规程施焊，极易出现焊接缺陷或接头不满足使用要求，不仅影响产品质量，还容易造成安全隐患，这在焊接施工过程中是不允许的行为。

措施：加强工艺纪律教育和检查，确保焊工在焊接过程中，严格执行工艺纪律，按焊接工艺规程施焊。

（三）焊接检查人员

1. 忌不明确焊接检查人员的要求和职责

原因：由于各种原因，单位不明确焊接检查人员的要求和职责，导致其无法做好本职工作。

措施：通过岗前培训使焊接检查人员清楚了解岗位要求和工作职责。《现场设备、工业管道焊接工程施工规范》（GB 50236—2011）中规定，焊接检查人员

应由相当于中专以上焊接理论知识水平，并有一定的焊接经验的人员担任。焊接检查人员应对现场焊接作业进行全面检查和控制，负责确定焊缝检测部位、评定焊接质量、签发检查文件及参与焊接作业指导书的审定。

2. 忌不明确焊接质量检查依据的标准规范要求

原因：每种产品都是依据相应的标准规范生产的，不同的产品标准对焊接质量的要求不完全相同。不明确不同的产品标准对焊接质量的要求，就不能正确管控产品焊接质量，从而容易造成安全隐患。

措施：根据不同的产品，明确产品生产所依据的标准规范，掌握其中焊接质量要求，对产品的焊接质量检测做到有的放矢。

3. 忌混淆焊前检查、焊接过程中检查、焊后检查项目

原因：焊接质量检查包括焊前检查、焊接过程中检查、焊后检查，其检查项目各不相同，若不掌握和了解各部分检查的要求和重点，就无法有效地开展工作。

措施：学习掌握焊前检查、焊接过程中检查、焊后检查项目内容，确保焊接质量检查工作有效开展。

焊前检查包括：①母材、焊接材料；②焊接设备、仪表、工艺装备；③焊接坡口、接头装配及清理；④焊工资质；⑤焊接工艺文件；⑥预热。

焊接过程中检查包括：①焊接参数；②焊接工艺执行情况；③技术标准执行情况；④设计文件规定执行情况。

焊后检查包括：①实际施焊记录；②焊工钢印代号；③焊缝外观及尺寸；④后热、焊后热处理；⑤产品焊接试件；⑥无损检测。

4. 忌焊接质量检查内容不明确

原因：质量检查人员在现场检查过程中应当对主要工序做专门检查，避免在管理环节因检查不到位而产生焊接缺陷。

措施：

第一步：施焊前正确执行焊接工艺规范，准确做好施工记录。

第二步：焊件的组对，若焊件组对不合格，则焊接人员可以拒绝施焊，必须重新组对直至合格。

第三步：点焊工序，严禁强力组对点焊，非正常情况下组对焊接人员不得点焊。

第四步：检查焊接人员在施焊过程中的焊接参数是否符合工艺指导书要求。

第五步：施焊完成后焊接人员进行自检、互检，在此基础上质量检查人员进行专检。如有问题进行返修，若无问题可提交监理验收。

5. 忌不合格接头及焊接质量事故处置不规范

原因：为了避免焊接过程中出现不合格接头或者出现质量事故，需要严格按照规定施焊。但若出现了不合格接头或质量问题，则需要针对出现的问题或事故采取必要措施，防止出现更大事故和次生灾害。

措施：如某施工现场对不合格接头、焊接质量事故处理要求有四点。①外观不合格的接头。对外观不合格的焊缝应做出明显标记，标明不合格原因、位置，由施焊焊工进行修磨或补焊，外观不合格的接头不得进行无损检测。②无损检测不合格的接头。由具有资格的检验人员出具"返修通知单"，由施焊焊工按相同的焊接工艺采用挖补方式补焊；同一位置上的返修次数不得多于3次（耐热钢材不多于2次），若超出返修次数限制，则必须经过专业技术负责人审批方可补焊。③不合格接头的特殊处理。在施工中遇到特殊部位、特殊结构、特殊材质及返修后仍难保证质量的接头，焊接人员在施焊前经安全技术交底，施焊过程中要留好影像资料。④事故处理原则。在焊接过程中出现事故时，应先果断采取措施，防止不必要损失扩大；同时焊接质量检查人员报本（项目）单位负责人；事后认真分析总结，以便不断完善现场工作内容，提高焊接工作效率。

（四）无损检测人员

1. 忌不明确无损检测人员要求和职责

原因：不明确无损检测人员工作要求和岗位职责，就无法使其做好本职工作。

措施：通过岗前培训，使无损检测人员清楚了解工作要求和岗位职责。《现场设备、工业管道焊接工程施工规范》（GB 50236—2011）中规定，无损检测人员应由国家授权的专业考核机构考核合格的人员担任，并应按考核合格项目及权限从事检测和审核工作。无损检测人员应根据焊接质检人员确定的受检部位进行检测，评定焊缝质量、签发检测报告，当焊缝外观不符合检测要求时应拒绝检测。

2. 忌无证或超范围检测

原因：《特种设备安全法》第十四条规定，特种设备安全管理人员、检测人

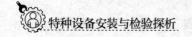

员和作业人员应当按照国家有关规定取得相应资格，方可从事相关工作。

《特种设备安全监察条例》第四十四条规定，从事本条例规定的监督检验、定期检验、型式试验和无损检测的特种设备检验检测人员应当经国务院特种设备安全监督管理部门组织考核合格，取得检验人员证书，方可从事检测工作。

《特种设备无损检测人员考核规则》（TSG Z8001—2019）规定，无损检测人员应当按照本规则的要求，取得相应的"特种设备检验检测人员证（无损检测人员）"（以下简称检测人员证），方可从事相应的无损检测工作。

措施：从事特种设备无损检测的人员应按照《特种设备无损检测人员考核规则》（TSG Z8001—2019）考核合格，取得"检测人员证"，明确自己持证的合格项目，再从事合格项目范围内的特种设备无损检测工作。

（五）焊接热处理人员

1. 忌不明确焊接热处理人员的要求和职责

原因：不明确焊接热处理人员的工作要求和岗位职责，就无法使其做好本职工作。

措施：通过岗前培训，使焊接热处理人员清楚了解工作要求和岗位职责。《现场设备、工业管道焊接工程施工规范》（GB 50236—2011）中规定，焊接热处理人员应经专业培训。焊接热处理人员应按标准规范、热处理作业指导书及设计文件中的有关规定，进行焊缝热处理工作。

2. 忌不严格执行热处理工艺制度

原因：热处理工艺中的加热温度、保温时间、加热速度和冷却速度是主要的工艺参数，不严格按热处理工艺规范执行，不仅会影响热处理效果，严重的还会产生裂纹等缺陷，进而影响接头性能和产品质量。

措施：加强焊接热处理工艺纪律教育和检查，确保焊接热处理作业符合热处理工艺规程要求。

二、金属材料与热处理

各种金属材料是特种设备制造的主要材料，不同谱系的金属材料及相同谱系不同成分的金属材料在经过焊接过程后形成的焊接接头具有不同于母材的性能，一般可通过热处理使接头性能满足使用要求。因此，作为焊接施工相关人员，了解金属材料及其热处理的基本常识，有助于保证焊接结构的制造质量。本节对金属材料选用、储存、牌号、性能、用途，及热处理等方面容易混淆的问题进行说明。

（一）对承压设备金属材料的要求

1. 忌承压设备选用的金属材料与使用工况不匹配

原因：承压设备工况的实际应用条件十分复杂，介质类型、介质温度、介质压力等操作条件组合构成了无数个选材条件。以材料为主体，应用金属理论、腐蚀理论及工程理论综合考虑，首先要求所选金属材料能满足设备要求的主要功能；其次要兼顾经济成本、工程施工与安全等条件来确定承压设备所采用的材料牌号。如果选材不合适，则会导致构件性能不能满足使用要求，造成产品质量不达标，甚至造成产品报废，影响企业的经济效益，严重时甚至会发生事故，造成重大经济损失。

措施：承压设备金属材料的选择应符合国家、行业和企业的标准规范，应熟悉材料性能、用途、特性和工艺方法，了解产品的设计要求和使用要求，使用前要验证材料牌号选择的正确性。承压设备首先要确定材料牌号，再确定材料执行的标准。不同的材料标准，对材料质量的要求不尽相同。

2. 忌金属材料不能满足承压设备使用条件的要求

原因：承压设备因其承受的压力、所盛介质、使用条件的不同，对材料的要求也不相同。承压设备制造所选用的金属材料，如果不能满足承压设备的使用条件要求，设备在运行过程中就会存在较大的安全隐患，甚至会导致发生事故，造成不必要的损失。

措施：选择压力容器受压元件用钢材时，应考虑容器的使用条件（如设计温度、设计压力、介质特性和操作特点等）、材料的性能（力学性能、工艺性能、化学性能和物理性能）、容器的制造工艺及经济合理性。

3. 忌承压设备金属材料不能满足材料加工和工业化生产要求

原因：承压设备金属材料一般具有良好的加工工艺性、焊接性等。例如对于一些腐蚀环境，选用不锈钢复合材料代替纯不锈钢材料制成的压力容器、压力管道无疑是经济适用的。但由于许多制造厂执行标准不统一、不能批量生产，导致研发生产能力有限，复合工艺不过关，所以使用中屡次出现问题，从而给复合材料的应用带来了限制。

将材料标准化、系列化，便于大规模生产，从而可以节约设计、制造、安装

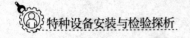

及使用等各环节的成本。

措施：承压设备金属材料应首先选用标准材料，对于必须选用的新材料应有完整的技术评定文件，并经过省级以上管理部门组织技术鉴定，合格后才能使用。对于进口的材料，应提出详细的规格、性能、材料、牌号及材料标准等技术要求，并按国内的有关技术要求对其进行复验，合格以后才能使用。

4. 忌承压设备金属材料不符合既实用又经济的要求

原因：承压设备选用金属材料须符合既实用又经济的要求，一般情况下应从腐蚀、材料标准及制造、新材料、新工艺应用等方面来考虑。

腐蚀方面。应根据腐蚀工况，进行综合的技术经济评定和核算，对于较弱腐蚀环境，应考虑选用低等级材料，并赋予其他防护措施，从而避免选用高耐腐蚀材料造成的高成本。

材料标准及制造方面。许多材料标准和制造标准都有若干供用户确认的选择项。用户可以根据使用条件不同追加若干检验项目，以便更好地控制材料的内在质量。但提出这样特殊要求，就意味着产品价格的上升，有些检验项目如腐蚀试验等的费用是很高的。如何追加这些附加检验项目，应结合使用条件和产品的价格来综合考虑。

新材料、新工艺应用方面。积极采用新材料，支持新材料、新工艺的开发和应用，既可以有效地降低建设投资，又能满足生产工艺要求。对材料的要求，如用不锈钢复合材料代替纯不锈钢材料等。

措施：承压设备选用金属材料符合既实用又经济的要求，但实际操作起来却是很复杂的，须运用工程学、材料学、腐蚀学等方面的知识综合判断。根据有关设计规范要求，在满足设计结构性能的条件下，优先采用成本低的材料。

5. 忌使用牌号缺失或无合格证书和质量证明书的材料

原因：承压设备在制造过程中，有时为了降低成本，采用了低等级材料，使用质量不合格的材料，甚至使用材料牌号缺失或无合格证书和质量证明书的材料；由于不能充分了解材料的来源和材料的各项性能和化学成分，导致特种设备质量得不到保证，造成安全隐患，严重时可能导致重大的人身安全事故，造成巨大的经济损失。

措施：压力容器受压元件用钢材应附有钢材生产单位的钢材质量证明书原件，容器制造单位应按质量证明书对钢材进行验收。

6. 忌特种设备材料代用缺乏充分的技术依据

原因：特种设备的制造有时受到条件的限制，往往会出现材料代用的问题。如果所代用的材料没有充分的技术依据，而进行随意替换，则极易出现代用材料各项性能指标或部分性能指标低于设计要求的现象，从而导致产品质量不合格，造成产品报废或大面积返修，存在重大安全隐患。

措施：《固定式压力容器安全技术监察规程》（TSG 21—2016）规定，压力容器制造、改造、修理单位对受压元件的材料代用，应事先取得设计单位的书面批准，并且在竣工图上做详细记录。

（二）预热与热处理

1. 忌压力管道和压力容器热处理规范混用

原因：不同的压力管道和压力容器的热处理规范也不相同。由于材质、厚度的不同，其热处理温度、保温时间及升温和降温速率都不相同，所以在选用热处理工艺时，错误地将压力管道（压力容器）热处理工艺用于压力容器（压力管道）热处理，不仅达不到热处理效果，严重时还会影响焊接接头质量，造成质量事故。

措施：压力管道和压力容器热处理工艺应依据《承压设备焊后热处理规程》（GB/T 30583—2014）的要求进行选择。对于有特殊要求的热处理工艺，除执行产品技术条件的要求外，还应进行焊接工艺评定予以验证。

2. 忌热处理操作人员未进行培训考核就上岗作业

原因：热处理是焊件获得所需性能的一种金属热加工工艺，其程序相对复杂，涉及材料、热处理工艺、热处理设备、热处理计量器具、热电偶规格型号和补偿导线正负极材料等专业知识。热处理操作人员不经过培训考核就上岗操作，很容易造成热处理设备的损坏，使热处理工艺执行不到位，从而造成整个热处理过程控制不规范，最终达不到对焊件的热处理效果，影响焊接质量。

措施：《承压设备焊后热处理规程》（GB/T 30583—2014）规定，焊后热处理操作人员应经培训与考核方能上岗，熟悉并掌握焊件焊后热处理工艺规程。

3. 忌热处理用仪器仪表没有校准、核查就投入使用

原因：在现场施工中，很多热处理设备只有出厂合格证，而其所用的仪表大多都没有进行校准。在使用过程中，仪表会出现误差，使其测量精确度降低或者

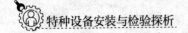

失效，导致热处理数据显示不准确，热处理工艺执行失败。

措施：严格执行《承压设备焊后热处理规程》（GB/T 30583—2014）规定，具体如下：

①绝热材料、控温仪表和测温仪表应符合相应标准，产品应有质量证明书和使用说明书。

②各种计量仪表应按标准规定经计量检验合格，使用前按规定进行校准。

③焊后热处理加热、控温、测温装置及整套系统在每次投入使用前，均应进行检验、调试，使之处于正常状态，符合热处理要求。

4. 忌采用未校准的热电偶

原因：施工现场焊后热处理一般采用镍铬–镍硅 K 形铠装热电偶。热电偶是通过正负极的电动势差来测量温度的，在不同的使用环境和条件下，测量端由于氧化腐蚀和高温下的再结晶等原因，其电阻会发生改变，从而改变两极的电动势差，即产生测量误差，导致实际测量的温度不准确，不符合热处理工艺规程要求，不能满足设计要求，极易使产品的质量下降，严重时可能造成产品报废，导致较大的经济损失或引起安全事故。

措施：《承压设备焊后热处理规程》（GB/T 30583—2014）规定，热电偶、补偿导线的制造厂应具有相应资质，所使用的热电偶、补偿导线应有质量证明书。焊后热处理装置的温度测量系统在正常状态下，要定期进行系统校验。校验应在热处理装置处于热稳定状态下进行，温度测量的系统校验允许偏差为±3℃。

5. 忌热电偶补偿导线破损或与热电偶连接不正确

原因：补偿导线是与所配合使用的热电偶的热电特性相同的一对绝缘导线，用来连接热电偶与显示记录仪表，具有延伸热电极即移动热电偶的冷端，以使热电偶热电势延伸到显示记录仪表上。补偿导线广泛适用于石油、化工、冶金、发电等领域的温度测量，以及操作自动化控制。如果使用没有温度补偿功能的普通导线，则测出的温度不是实际温度，温度误差大，缺少冷端补偿功能。施工现场普遍存在热电偶破旧、热电偶连接导线乱接、连接粗糙，以及裸露等现象，容易造成读取数值失准。

措施：补偿导线和热电偶必须匹配使用，并且与热电偶端子之间不得采用铝线、铜线等异种材质导线中段连接，必须采用相同材质和规格的导线，并处于同一测温环境，同时补偿导线分为导线和补偿线，不得连接错误。补偿导线与热电偶材料连接处的温度要严格控制在可以承受的范围内。

6. 忌选择不适宜的预热规范

原因：金属材料进行焊接时预热的主要目的是减小焊接结构的拘束应力，促进扩散氢逸出，改善接头的应力分布及塑韧性等。若预热规范选择不准确，则达不到要求预热的效果和目的，极易导致焊接接头产生焊接缺陷（尤其是焊接冷裂纹），使焊接接头的组织与性能恶化，造成产品报废或返工。

措施：预热温度的选择应依据材料的焊接性、产品结构形式及焊接条件，通过计算和焊接工艺评定试验，准确选取预热的规范参数。同时，《承压设备焊后热处理规程》（GB/T 30583—2014）、《压力容器焊接规程》（NB/T 47015—2011）、《石油化工钢制管道焊接热处理规范》（SH/T 3554—2013）等对部分材料的预热都有相关规定。

7. 忌选用不合适的预热方式

原因：若焊接预热方式选择不合适，则对焊接质量的影响很大。尤其是一些刚性较大的结构、淬硬倾向较大的材料或大厚度材料，如果选用了不易控制的火焰预热方式，结果在厚度方向上会形成很大的温度梯度，不仅在整个焊接过程中无法保持稳定的预热温度，达不到预热效果，反而容易导致焊接接头应力、焊接结构拘束度较大，产生淬硬组织，易形成裂纹等缺陷，使焊缝的性能不能满足使用要求。

措施：应根据焊接结构形式、拘束应力、组织特性和工况环境，正确地选用预热方式。对于结构复杂、刚性较大、焊接过程无法满足预热目的的焊接结构，宜选用控温效果较好的电阻加热或感应加热等方式。

8. 忌电阻加热时加热器布置和连接不正确、热电偶设置不符合要求

原因：热处理时，加热器布置和连接不正确，易导致加热范围内温度分布不均匀，焊接接头沿焊缝纵向组织和性能不均匀，甚至产生裂纹缺陷。同时，若热电偶设置不符合要求，则不能准确反映炉膛的真实温度，易造成整个焊接接头温度分布不均匀，整体或局部温度偏高或偏低，达不到热处理效果，导致焊接接头性能不能满足设计要求。另外，当2个接头同时热处理时，若布置1个热电偶，则热电偶和补偿导线还会存在铰接的现象。

措施：热处理前，应充分计算焊接结构的热容量，选择合适的加热功率，按照有关标准规程要求，正确布置和连接加热器和热电偶，施工前结合焊接工艺评定进行工艺试验。热处理操作工应培训考核合格上岗，且在热处理过程中加强技

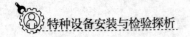

术监督。

9. 忌热处理过程中意外中断时，立即拆卸保温棉和加热器

原因：对于刚性较大的焊接结构和淬硬倾向较高的钢材，易导致焊接接头产生裂纹、变形等缺陷。往往要通过焊前预热及后热来降低焊接过程的脆硬倾向和焊接应力。如果热处理过程中意外中断，则焊缝及近缝区的母材表面会出现淬硬现象，甚至会出现裂纹缺陷，影响焊接质量，存在安全隐患。

措施：热处理前，应制订突然中断的应急方案，对热处理供电系统、控制器、加热器等进行全面检查，消除设备和加热器的故障和缺陷；同时要对热处理操作工进行技术交底，掌握故障排除的程序和步骤。意外中断后应采取特殊措施，尽量保持冷却速度与热处理工艺相一致，冷却后对焊接接头进行无损检测和表面检测。

10. 忌焊接中断后，利用预热替代后热处理

原因：在工程施工中，对大厚度材料、冷裂纹敏感性大的材料焊接，一般需要进行焊接热处理。由于受不确定因素影响中断焊接时，大多数焊接操作人员没有按照工艺对焊缝进行后热处理，而是利用重新焊接预热替代后热处理，导致焊缝中扩散氢不能及时逸出，焊接应力不能及时消除，焊缝和热影响区的晶粒得不到细化，严重时会导致焊接接头产生焊接裂纹。

措施：预热和后热处理对焊接接头的作用是不同的，禁止用预热代替后热处理。《压力容器焊接规程》（NB/T 47015—2011）规定：①对冷裂纹敏感性较大和拘束度较大的大厚度材料，焊后应及时进行后热处理；②后热温度一般为200~350℃，保温时间与后热温度、焊缝金属厚度有关，一般不少于30min。

11. 忌金属构件热处理过程中拆除支撑和加载工具

原因：对于直径较大、长度较长的压力容器和压力管道，在焊后热处理过程中，如果焊接接头附近没有支撑，或者在热处理过程中随意拆除支撑，由于热处理温度较高，所以在重力作用下，会造成焊接结构局部产生变形，严重时会在焊缝或近缝区出现裂纹。

措施：热处理前充分了解热处理过程对焊接结构造成的变化，制定切实可行的热处理防变形措施，加强对热处理过程的监控。在热处理过程中禁止随意拆除防变形临时支撑。

12. 忌焊后热处理完成后不采取措施进行补焊或返修

原因：在特种设备制造过程中，经常会出现焊缝焊接完成后立即进行焊后热

处理，但是经无损检测后发现存在缺陷，需要返修；或者在热处理后发现有的地方须补焊处理的情况。如不采取任何措施进行返修或补焊，就会导致焊接接头或补焊处出现裂纹等缺陷。

措施：①《固定式压力容器安全技术监察规程》（TSG 21—2016）规定，压力容器焊接工作全部结束并且经过检测合格后，方可进行焊后热处理，所有种类的热处理均应在耐压试验前进行；②《压力容器焊接规程》（NB/T 47015—2011）规定，有应力腐蚀的压力容器、盛装毒性为极度或高度危害介质的压力容器、低温压力容器，在焊接返修后要求重新进行热处理。

13. 忌用焊后去应力热处理代替恢复性能热处理

原因：去应力热处理是为了消除因机加工或焊接后工件内部组织发生不均匀变化而产生的内应力，避免给工件的使用留下隐患（包括退火、正火等）。恢复性能热处理是产品在加工完成后，尤其是在热冲压、焊接加工后，其热处理状态受到破坏，力学性能发生变化，因此要对其进行热处理，以恢复其原来热处理状态的性能。去应力热处理和恢复性能热处理的目的、工艺等不同，一般情况下前者无法满足后者的工艺要求。

措施：《压力容器》（GB 150—2011）规定，钢板冷成形受压元件符合下列任意条件之一，且变形率超标，应于成形后进行相应热处理以恢复材料的性能：①盛装毒性为极度或高度危害介质的容器；②图样注明有应力腐蚀的容器；③对碳素钢、低合金钢，成形前厚度>16mm 的容器；④对碳素钢、低合金钢，成形后减薄量>10%的容器；⑤对碳素钢、低合金钢，材料要求做冲击试验的，不能用焊后消除应力热处理代替恢复性能热处理。

三、焊接接头和焊缝形式

因为特种设备的结构形成多样，所以造成其焊接接头有对接、角接（包括十字接头）及搭接等多种形式，且特种设备的不同类型接头具有不同的要求。本节针对特种设备制造中常用的接头形式及其应用范围中容易混淆的问题进行总结归纳。

（一）接头形式及应用

1. 忌压力容器接管与壳体 D 类焊缝未焊透

原因：根据《压力容器》（GB 150—2011），容器主要受压部分焊接接头分

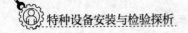

为 A、B、C、D 这 4 类。

圆筒部分的纵向接头、球形封头与圆筒连接的环向接头、各种凸形封头中的所有拼焊接头，以及嵌入式接管与壳体对接连接的接头，均为 A 类焊接接头。容器中受力最大时，一般采用双面焊或保证全焊透的单面焊焊缝。

筒体部分的环向接管，锥形封头小端与接管连接的接头、长颈法兰与接管连接的接头，均属 B 类焊接接头，但已规定为 A、C、D 类的焊接接头除外，B 类焊缝的工作压力一般为 A 类的一半，除采用双面焊的对接焊缝外，还可以采用带衬垫的单面焊。

盖、盖板与圆筒非对接连接的接头，法兰与壳体、接管连接的接头，内封头与圆筒连接的搭接接头，均属 C 类焊接接头，中低压容器中 C 类焊缝受力较小，通常采用角焊缝；高压容器、盛有剧毒介质的容器和低温容器采用全焊透的接头。

压力容器 D 类焊缝是接管与容器的连接焊缝，为交叉焊缝，接管、人孔、凸缘、补强圈等与壳体连接的接头，均属于 D 类焊接接头，其受力条件复杂，且存在较高的应力集中。在厚壁容器中，这种焊缝的拘束度相当大，残余应力也较大，易产生裂纹等缺陷。D 类焊缝焊接过程中如果未全部焊透，不仅会降低焊缝强度，还会引起应力集中，严重降低焊缝的疲劳强度；还可能成为裂纹源，从而影响压力容器的制造质量，严重时会导致事故的发生。

措施：压力容器中，D 类焊缝必须采取全焊透的焊接接头，不允许出现未焊透缺陷，对于低压容器可采用局部焊透的单面或双面角焊。须特别注意的是，压力容器焊接接头的分类原则是根据焊接接头在容器所处的位置，而不是按照焊接接头的结构形式分类的。

2. 忌压力容器采用十字焊缝

原因：第一，压力容器采用十字焊缝时，在焊缝中心产生三向应力，会造成严重的应力集中；第二，焊缝中心焊缝金属容易过热，造成晶粒粗大并且聚集了一些低熔点共晶相，使接头强度大幅降低；第三，在焊缝热影响区重叠部分，增加了裂纹的敏感性，是整个压力容器的强度薄弱区；第四，易使容器筒体产生焊接变形，焊后进行变形矫正较为麻烦。

措施：《固定式压力容器安全技术监察规程》（TSG 21—2016）规定，压力容器组装时，不宜采用十字焊缝。相邻的两筒节间的纵缝和封头拼接焊缝与相邻筒节的纵缝应错开，其焊缝中心线之间的外圆弧长一般应大于筒体厚度的 3 倍，且不小于 100mm。

3. 忌压力管道采用搭接接头

原因：由于搭接接头焊缝及其附近区域与焊缝平行的平面内，垂直于焊缝方向上不均匀分布的固有剪切应变分量引起焊接角变形，因此搭接接头容易引起较大的应力集中，从而导致裂纹的出现，尤其是铬钼钢焊接时尤为明显。

措施：由于对接接头具有受力好、强度大、应力集中相对较小等优点，所以压力管道应采用对接焊缝，特殊情况下的异径压力管道焊接时，也应采用对接焊缝。

4. 忌交叉焊件的焊缝聚集在一起

原因：承压设备的焊缝布置是否合理，直接影响焊接结构的质量和焊接生产率。交叉焊件的焊缝聚集在一起，不仅使焊件的焊接变形增大，更严重的还会使焊件产生较大的焊接应力，致使裂纹倾向增加，降低焊件的强度和刚性。

措施：设计布置焊缝时，应避免密集或交叉，尽量使焊缝对称分布。同时，焊缝布置应避开最大应力区或应力集中区。

（二）坡口

1. 忌压力管道对接焊缝坡口和钝边过大

原因：压力管道一般直径较小，无法实现双面焊接，大多采用单面焊双面成形。如果坡口角度过大，不仅增加了填充金属量，而且增大了焊接变形，影响了焊缝外观成形，降低了焊接效率。若钝边过大，在焊接时则容易出现未焊透或未熔合缺陷，造成焊接返修，影响管道焊接质量，增加了焊接成本。

措施：对于单面焊双面成形的管道对接接头，应使焊缝填充金属尽量少，避免或减少产生缺陷和残余焊接应力变形，有利于焊接防护、方便操作等。据此来设计坡口角度，并严格控制坡口加工质量，对于液态流动性差的焊接材料可适当加大坡口角度。钝边应在保证根部焊透和避免产生根部裂纹前提下选择，并根据坡口角度的大小适当增大或减小钝边的尺寸。

2. 忌厚板压力容器对接接头采用单边 V 形坡口

原因：在开 V 形坡口的对接接头中，由于焊缝截面形状上下不对称，故使焊缝的横向缩短，上下不均匀，引起焊接角变形。特别是压力容器筒节纵焊缝，会造成棱角度超出标准要求，给筒体回圆造成困难，严重时还会导致纵焊缝裂开。

在板厚相同时，V形坡口焊缝截面积比X形、U形、双U形坡口大，因消耗焊材大而增加了焊接成本。

措施：U形坡口具有焊缝金属量最少、焊件产生的变形小、焊缝金属中母材金属所占比例也小的优点；在相同厚度情况下，X形坡口与V形坡口相比，可减少焊缝金属填充量约1/2，焊件焊后变形和内应力也小。对于厚板压力容器对接接头，应尽量采用X形、U形、双U形坡口。

3. 忌特殊要求管板焊接接头采用凸形角焊缝

原因：介质黏度较大的换热设备，若换热管与管板焊接接头采用角焊缝结构，易在管头间造成积液结块，长时间运行会降低换热效果，甚至腐蚀换热管与管板焊缝，造成泄漏。特别是凸形角焊缝会在焊脚处形成较大应力集中，容易产生裂纹。

措施：介质黏度较大的换热设备换热管与管板焊接接头应采用下沉焊缝。设备接管与壳体D类焊缝采用凹形角焊缝，且平滑过渡，使应力分布比较均匀。

4. 忌等离子弧焊对接接头组对间隙偏差过大

原因：小孔型等离子弧焊是利用小孔效应实现等离子弧焊的方法，也称穿透型等离子焊接。等离子弧将会穿透整个工件厚度，形成一个贯穿工件的小孔，焊枪前进时，在小孔前沿的熔化金属沿着等离子弧柱流到小孔后面，并逐渐凝固成焊缝。若组对间隙偏差过大，则穿孔过程不稳定，易造成局部未焊透或气孔缺陷及焊缝下塌，影响焊接质量。

措施：采用等离子弧焊时，坡口宜采用水切割、坡口机等机械加工，保证坡口的直线度和平整度，组对间隙一般控制在0~0.5mm。

5. 忌埋弧焊爬坡焊时的爬坡角度过大

原因：埋弧焊一般适用于平焊缝、横焊缝，当遇到带爬坡角度的平焊缝焊接时，如果爬坡角度太大，焊剂在重力的作用发生向下流失，难以对熔池完全覆盖，容易造成焊缝氧化、焊接气孔、熔池下坠形成焊瘤等缺陷，严重破坏焊缝成形，造成焊缝缺陷，恶化焊接质量。

措施：埋弧焊应尽量采用水平位置焊接，若采用爬坡焊，则爬坡角度不宜超过6°。

（三）焊缝符号

1. 忌结构件焊缝符号的指引线指示不清

原因：结构件焊接时，若焊缝符号指引线指示不清，则可能导致施焊人员不清楚具体焊接哪条焊缝，或焊接了未要求焊接的焊缝，而漏掉了要求焊接的焊缝，造成不必要的返工，增加焊接施工成本，有时还可能导致事故发生。

措施：结构件焊接时，焊缝符号指引线一定要标识清楚具体需要焊接的焊缝。

2. 忌交错断续角焊缝符号的焊缝长度与间距标注混淆

原因：交错断续角焊缝符号标注时，若焊缝长度与间距标注混淆，则会造成实际焊缝总长度与实际要求不符，从而影响焊缝的强度，还会影响焊接构件的变形。

措施：标注交错断续角焊缝符号时，严格按《焊缝符号表示法》（GB/T 324—2008）的规定进行标注，确保焊缝焊接满足实际要求。

3. 忌方形垫板等部件周围焊缝符号标注时漏标圆形符号

原因：方形垫板等部件周围焊缝符号标注时，若漏标圆形符号，则会使施焊人员误解，造成焊缝漏焊。

措施：周围焊缝符号标注时须标注齐全，确保焊缝无漏焊。《焊缝符号表示法》（GB/T 324—2008）规定，当焊缝围绕工件周边时，可采用圆形的符号。

4. 忌漏标现场焊缝符号

原因：在压力容器制造过程中，有些焊缝需要在现场进行施焊，若图样中漏标现场焊缝符号，造成须现场施焊的焊缝提前焊接完成，则会增加现场作业难度，延长施工工期或增加制造成本。

措施：对于须现场施焊的焊缝，一定要标注现场焊缝符号。若漏标，应及时与设计人员进行沟通确认。《焊缝符号表示法》（GB/T 324—2008）规定，用一个小旗符号表示野外或现场焊缝。

四、焊接工艺评定

焊接工艺评定（Welding Procedure Qualification，简称WPQ）为验证所拟定的焊件焊接工艺的正确性而进行的试验过程及结果评价。焊接工艺评定是保证质量的重要措施，通过焊接工艺评定，确认为各种焊接接头编制的焊接工艺指导书的正确性和合理性，检验按拟定的焊接工艺指导书焊制的焊接接头的使用性能是否符合设计要求，并为正式制定焊接工艺指导书或焊接工艺卡提供可靠的依据。焊接工艺评定是国家质量技术监督机构在工程审验中必检的项目，是保证焊接工艺正确和合理的必经途径，也是焊接接头的各项性能符合产品技术条件和相应标准要求的重要保证，还能够在保证焊接接头质量的前提下尽可能提高焊接生产效率，最大限度地降低生产成本，从而获取最大的经济效益。

（一）焊接工艺评定原理

1. 忌借用其他单位焊接工艺评定

原因：焊接工艺评定的目的有两点。①验证某一个焊接工艺是否能够获得符合要求的焊接接头，以判断该工艺的正确性、可行性，而不是评定焊接操作人员的技艺水平。评价施焊单位是否有能力焊出符合国家或行业标准、技术规范所要求的焊接接头。②验证施焊单位所拟定的预焊接工艺规程（pWPS）是否正确。根据焊接工艺评定报告编制的焊接作业指导书与产品特点、制造条件及人员素质有关，每个单位都不完全一样。如果将其他单位的焊接工艺评定直接用于指导自己单位的焊接施工，就验证不了该施焊单位的施焊能力，以及所制定的焊接工艺的正确性。

措施：根据《承压设备焊接工艺评定》（NB/T 47014—2011）有关规定，焊接工艺评定应在本单位进行；焊接工艺评定所用设备、仪表应处于正常工作状态，金属材料、焊接材料应符合相应标准，并由本单位操作技能熟练的焊接人员使用本单位设备焊接试件。不允许"照抄"或"输入"外单位的焊接工艺评定。

2. 忌用焊缝性能代替焊接接头的工艺性能

原因：焊接接头是由两个以上零件用焊接组合或已经焊合的接点，焊接接头分为焊缝区、熔合区、热影响区。焊缝是指焊件经焊接后所形成的结合部分，检测焊接接头性能需要考虑焊缝、熔合区、热影响区甚至母材等不同部位的相互影响。如果用焊缝性能代替焊接接头性能，则只能验证焊缝的性能，而不能验证熔合区（一般是接头性能最薄弱的区域）、热影响区及母材等不同部位的性能，甚至导致出现质量事故。

措施：焊接工艺评定是产品施工焊接前，用试件上焊接接头的各项性能指标来验证所拟定的焊接工艺的正确性，而焊接接头的各项性能则由焊接工艺来决定。

3. 忌现场焊接工艺规程照搬焊接工艺评定

原因：焊接工艺评定是验证所拟定的"预焊接工艺规程"的正确性和合理性，判断接头力学性能是否能够满足设计要求，是在相对较为完善的焊工、焊接材料、设备、焊接环境下完成的。其与实际的施焊环境、施工条件有一定差别，不能够完全重现现场实际生产条件，不是也不能代替现场焊接过程中的实际条件，如现场的施工环境、焊工技能水平、焊件组对状况等。

措施：现场的焊接工艺必须由具有一定专业知识、丰富实践经验的焊接工艺人员，根据材料的焊接性能，结合产品结构特点、制造工艺条件和施工管理情况，并依据焊接工艺评定报告，结合设计文件、标准规范、施工条件等来制定。

4. 忌把焊接工艺评定等同于焊工技能评价

原因：焊接工艺评定是为了验证拟定的"预焊接工艺规程"的正确性和合理性而进行的试验过程和结果评价，同时由该施工单位设备机具、熟练焊工进行焊接，兼顾验证该施工企业的焊接能力。试验项目重要目的之一是验证焊接接头的性能是否符合要求。

特种设备焊工考试取证是行政许可行为，性质是"资格"考试，主要是表明焊工是否具备从事特种设备焊接施工作业要求的技能水平和能力。考试检测项目针对焊工所焊接获得焊缝相关性能和指标是否达到设计要求的水平；焊机操作工同时测定操作焊机机械部分的能力。

焊工技能考试的目的，是要求焊工按照评定合格的焊接工艺焊接出没有超标缺陷的焊缝，而焊接接头的使用性能由评定合格的焊接工艺来保证。焊工操作技能评定试验是在某种已知材料和拥有合格焊接工艺的前提下，让焊工或者焊接操作工按照要求焊接，以检查焊工的技能水平。

措施：焊接工艺评定时，要求焊工技能熟练以排除焊工操作因素干扰进行焊接工艺评定试验操作，重点在于确定焊接接头的使用性能，而不在于评定焊工的操作技能。而进行焊工技能评定时，则要求在焊接工艺正确以排除焊接工艺不当带来干扰的基础上，通过试验来评定焊工的技能水平和能力，重在评定焊工的操作技能水平和能力，二者不能混为一谈。

5. 忌用焊接工艺评定替代材料焊接性能试验

原因：焊接工艺评定的目的是验证"预焊接工艺规程"的正确性和合理性，

验证产品焊接接头是否满足使用要求，验证施焊单位是否具备产品焊接能力。材料焊接性试验只是验证焊接方法对金属材料的适应性、焊接材料的匹配性，从而合理地选择预热温度、层间温度、焊接热输入，以确定材料工艺焊接性及使用焊接性是否达到技术条件的要求。由此可见，焊接工艺评定与焊接性试验的目的、试验方法及各自的作用都不相同，不能互相替代。

材料的焊接性试验是非常重要的，是焊接工艺规范制定的重要基础，也是产品设计、施工准备及拟定焊接工艺的重要依据。没有掌握钢材的焊接性能就很难拟定出合适的焊接工艺并进行评定。由于压力容器、管道等承压设备用途广泛、服役条件复杂，因而焊接接头的使用性能是多种多样的，如果不了解材料的焊接性能，就很难保证材料的焊接质量和接头的使用性能。

措施：根据《承压设备焊接工艺评定》（NB/T 47014—2011）有关规定，焊接工艺评定应以可靠的材料焊接性为依据，材料的焊接性能是焊接工艺评定的基础，只有在焊接工艺评定开始前，掌握了材料的焊接性、材料的匹配情况及焊接参数，才能拟定出较为完整的、切合实际的预焊接工艺规程。

（二）焊接工艺评定试验

1. 忌焊接工艺评定中仅检测焊缝区域

原因：在焊接工艺评定试件制作过程中，不仅是母材和焊接材料在液态下混合形成，整个焊接接头（焊缝区、熔合区、热影响区）性能均发生了改变。特别是热影响区，由于受焊接热循环的影响，所以该区域组织和性能会产生很大的变化。

措施：焊接工艺评定评价的不仅是焊缝区的组织和性能，而是整个焊接接头的组织和性能。因此，焊接工艺评定试验应根据相关的测试标准和规定，测试评定整个接头的组织和性能，切忌仅检测焊缝区域而不关注焊接接头其余部分的组织和性能。

2. 忌忽视焊接工艺评定试件裂纹

原因：在施工现场实际焊接中，通常将焊缝外观成形及无损检测评级作为焊缝质量判定的标准，但在焊接工艺评定试件试验中，根据《承压设备焊接工艺评定》（NB/T 47014—2011）中的有关要求，焊接工艺评定试件只要求"外观检查及无损检测结果不得有裂纹"，对焊缝外观成形及无损检测评级没有要求。

焊接过程中外观成形不良、气孔、夹渣等缺陷，通常因焊工操作技能不高而引起。焊接裂纹产生的原因复杂，涉及母材的焊接性、母材与焊接材料匹配性、结构的刚性及其拘束度，以及焊接工艺等关键因素。

措施：焊接工艺评定试件焊接完成后，在外观检查及无损检测中，如发现有裂纹缺陷，则不允许选择避开缺陷制取焊接工艺评定拉伸、弯曲、冲击等力学性能测试试件。有裂纹缺陷的试件必须全部废弃，并分析裂纹产生的原因，重新进行焊接工艺评定及其试验验证。

3. 忌检验组合焊接工艺仅评定其中一种焊接方法获得接头的性能

原因：组合焊接工艺评定试件焊接接头检验试验过程中，如采用的取样及检验方法不合理，就不容易检测到每一种焊接工艺的焊接部位，特别是在壁厚较大的焊接工艺评定试件检测中尤为常见。例如当采用氩电联焊进行厚度为 50mm 试件的焊接工艺评定时，氩弧焊打底厚度为 3mm，焊条电弧焊焊接厚度为 47mm，如果制取冲击试样时，取样位置靠近焊缝表面，冲击试验只能验证焊条电弧焊接头的冲击性能，无法验证氩弧焊接头的冲击性能。这样容易误认为焊缝的所有部位冲击值合格，就会给产品的焊接质量留下隐患，在产品使用过程中很可能发生开裂。

措施：《承压设备焊接工艺评定》（NB/T 47014—2011）中规定，当试件采用两种以上的焊接方法（或焊接工艺）时，拉伸试样和弯曲试样的受拉面应包括每一种焊接方法（或焊接工艺）的焊缝金属和热影响区；当规定做冲击试验时，对每一种焊接方法（或焊接工艺）的焊缝区和热影响区都要接受冲击试验的检验。

组合焊接工艺评定厚壁试件，弯曲试样应选取侧弯试样，冲击试样可根据每种焊接方法单独制备或与其他焊接方法组合制备。

4. 忌焊接工艺评定试件取样过程中随意使用热加工方法

原因：采用热加工方法直接制取试样时，热加工区域温度远超过焊接接头的相变温度，对其焊接接头周围的组织及性能将产生较大影响。热校平时，也相当于对焊接接头进行了一次短暂的热处理。热加工方法对有些材质的焊接接头组织和性能产生的影响是不可逆的。

措施：焊接工艺评定试件取样过程中不可随意使用热加工方法。《承压设备焊接工艺评定》（NB/T 47014—2011）中规定，取样时，一般采用冷加工方法，当采用热加工方法取样时，则应去除热影响区；另外，"试样去除焊缝余高前允许对试样进行冷校平"。

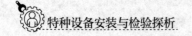

5. 忌混淆钢制母材与有色金属焊接工艺评定合格指标

原因：拉伸试验合格指标为"本标准规定的母材抗拉强度最低值"，并非母材制造标准中的抗拉强度下限值。除钢制母材抗拉强度最低值规定为母材制造标准中的抗拉强度下限值，其余铝、钛、铜、镍等有色金属材料均与母材制造标准中的抗拉强度下限值有所区别。在弯曲试验中，不同材质的弯曲试验条件及参数（弯心直径、支承辊之间的距离等）均有所不同。不同类型材料弯曲试验弯心直径等条件依据《承压设备焊接工艺评定》（NB/T 47014—2011）有所不同。

（三）焊接工艺评定程序

1. 忌承压设备无焊接工艺评定施焊

原因：焊接工艺评定的目的有两点。一是验证所拟定焊接工艺的正确性；二是验证施焊单位是否具有焊接出符合设计要求的焊接接头的能力。承压设备制造过程中如果无焊接工艺评定支持进行施焊，则焊接材料的选择、焊接参数、预热、后热、层间温度的控制、焊后热处理等就会只凭经验或盲目选择确定，严重影响承压设备的焊接质量，存在很大的安全隐患，甚至可能导致事故的发生。

措施：《固定式压力容器安全技术监察规程》（TSG 21—2016）规定，压力容器产品施焊前，受压元件焊缝、与受压元件相焊的焊缝、熔入永久焊缝内的定位焊缝、受压元件母材表面堆焊与补焊，以及上述焊缝的返修焊缝都应当进行焊接工艺评定或具有评定合格的焊接工艺规程（WPS）支撑，必须在焊接产品施焊前完成。

2. 忌焊接工艺评定不按编制、审核、批准程序执行

原因：一份焊接工艺评定报告，可用于本单位符合该报告要求的任一产品的焊接，并不只是针对某一特定产品的焊接或某一特定焊接接头。因此，焊接工艺评定的编制、审核、批准均必须由单位层面执行，而不是由某一产品小组或某一技术小组执行。

例如某单位产品小组负责的某容器焊接施工前须进行焊接工艺评定，焊接工艺评定报告由此产品的小组成员 A 审核、组长 B 批准，这是不合规的。

措施：焊接工艺评定编制、审核、批准人员，应对本单位焊接工艺评定负责。《固定式压力容器安全技术监察规程》（TSG 21—2016）规定，监督检验人员应对焊接工艺评定过程进行监督；焊接工艺评定完成后，焊接工艺评定报告和焊接工艺规程应由制造单位的焊接责任工程师审核、技术负责人批准，经过监督

检验人员签字确认后，存入技术档案。

3. 忌焊接工艺评定超出相关标准规范规定

原因：焊接工艺评定试件焊接，是验证已有的成熟焊接工艺执行的过程，并不是焊接新工艺试验、新材料研发。焊接工艺评定的目的是通过焊接工艺试验及结果评价过程，验证所拟定的焊件焊接工艺的正确性。

例如《承压设备焊接工艺评定》（NB/T 47014—2011）中规定，在冷裂纹敏感性较大的低合金钢焊接时，应采取后热措施。焊接工艺评定试件焊接过程中，一般施焊条件较好，在有些情况下，不采取后热措施，也能获得合格的焊接工艺评定试件。但这种情况下得出的焊接工艺评定，严禁用于指导实际焊接施工。因为在环境条件恶劣或接头组对不良时，这种焊接工艺在实际工程施工中极易出现裂纹缺陷，造成重大质量事故。

措施：焊接工艺评定不得超出标准规范的相关规定。焊接工艺评定试件焊接前，拟定的焊接工艺，即预焊接工艺规程，必须综合考虑焊件焊接执行的各项标准规范和设计要求。

4. 忌混淆焊接工艺评定、预焊接工艺规程和焊接工艺规程

原因：预焊接工艺规程是"为进行焊接工艺评定而拟定的文件"，是焊接工艺评定的基础。焊接工艺规程是"根据合格的焊接工艺评定报告编制的、用于产品施焊的焊接工艺文件"，是焊接工艺评定的结果。两者制定时间不同，预焊接工艺规程必须在焊接工艺评定试件焊接之前，用于指导焊接工艺评定试件焊接，通过焊接工艺评定结果对预焊接工艺规程进行评价。焊接工艺规程在焊接工艺评定试件检测合格并出具焊接工艺评定报告之后，用于指导焊接产品的施焊。

措施：预焊接工艺规程和焊接工艺规程，两者的内容不同，不可混淆。焊接工艺规程是指导本企业焊接生产的必要工艺文件，其内容必须符合企业的生产实际，并依据合格的焊接工艺评定报告进行编制，以证实其正确性和合理性。

5. 忌焊接工艺评定未检测合格，出具预焊接工艺规程

原因：焊接工艺评定试件焊接前必须编制预焊接工艺规程，按预焊接工艺规程中的工艺、要求施焊，并经过相应的检测项目验证合格后，方可证明拟定的预焊接工艺规程的正确性，并成为焊接工艺评定规范制定的依据和基础。未经检测合格的焊接工艺评定试件，其对应的预焊接工艺规程没有任何意义，也无实际指

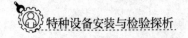

导作用，应做无效处理。

措施：焊接工艺评定试件焊接前，只须完成预焊接工艺规程的编制程序。待焊接工艺评定试件检测合格后，方可与焊接工艺评定报告同时完成审核、批准程序。

(四) 焊接工艺评定制作

1. 忌焊接工艺评定的施焊材料与预焊接工艺规程不符

原因：预焊接工艺规程是依据产品的设计或图样要求而编制的，用于指导进行焊接工艺评定的工艺文件。如果在焊接工艺评定试件焊接过程中，不按照预焊接工艺规程规定的焊接材料施焊，预焊接工艺规程中的焊接材料选择就得不到验证，所做的焊接工艺评定将不能作为焊接工艺规程制定的依据，从而造成实际产品的焊接质量存在很大的隐患，甚至导致产品报废或发生安全事故。

措施：焊接工艺评定试件施焊前，应严格对照预焊接工艺规程中母材、焊材的具体牌号、规格等，焊接过程中必须用预焊接工艺规程中规定的焊接材料进行施焊。预焊接工艺规程、焊接工艺评定报告、焊接工艺规程中的焊接材料型号与规格必须完全一致。

2. 忌焊接工艺评定制作不按照预焊接工艺规程施焊

原因：焊接工艺评定试件的检测结果，可以验证拟定的预焊接工艺规程的正确性。如不按照预焊接工艺规程规定的参数施焊，将无法验证拟定的预焊接工艺规程的正确性，就会导致依照焊接工艺评定报告而编制的焊接工艺规程，应用到实际产品的施焊中，使产品质量得不到保障，留下安全隐患，甚至会发生事故，造成不必要的损失。

措施：预焊接工艺规程是指导进行焊接工艺评定的工艺文件，实际焊接工艺评定试件焊接过程中，应严格按照预焊接工艺规程的参数要求进行施焊，经检测合格后，形成焊接工艺评定报告。可根据焊接工艺评定报告，编制焊接工艺规程；否则，应重新修正预焊接工艺规程的参数，并重新进行焊接工艺评定。

3. 忌焊接工艺评定制作追求最佳工艺性能

原因：焊接工艺评定的主要目的是验证所拟定焊接工艺的正确性，并考核验证焊接施工单位是否具有焊接出符合设计要求的焊接接头的能力，而不是优化焊接参数获得最佳的工艺性能和接头性能。在焊接工艺评定制作过程中，许多单位为了获得优良的焊接接头性能，往往选用较为严格的焊接参数，追求最佳的焊接工艺，将焊接工艺评定中的焊接参数固定在一个较窄的范围内，从而限制住实际产品施焊时焊接参数的选择范围。这样不仅影响焊接效率，而且增加产品制作成本。

措施：在焊接工艺评定制作过程中，一味追求最佳的工艺性能没有太大意义。焊接工艺评定制作时，要综合考虑多种工况，制定更为合理的焊接工艺，在焊接接头工艺性能符合规范要求的情况下，宜选用较大的焊接参数范围。

4. 忌焊接工艺评定制作参数选择、记录不全面

原因：焊接工艺评定制作中，重要因素和补加因素等相关数据的选择及记录，直接影响到焊接工艺评定适用的工艺参数范围。例如奥氏体不锈钢焊接时，道间温度不可超过150℃。奥氏体不锈钢焊接工艺评定制作时，如实际最大道间温度为70℃，按《承压设备焊接工艺评定》（NB/T 47014—2011）要求，道间温度的允许变动范围为实际值±50℃，则选用此焊接工艺评定指导焊接产品施焊时，道间温度不得超过70℃+50℃=120℃，这就限制了焊接产品施焊效率。因此，在焊接工艺评定试件施焊时，尽量使道间温度控制在100~150℃。在实际产品施焊时，道间温度不超过150℃，即可施焊。

措施：焊接工艺评定制作中，在标准规范及设计文件规定值内，考虑焊接工艺评定的覆盖范围进行参数的选择及记录，重要因素和补加因素涉及的工艺参数必须选择恰当、记录完整。

5. 忌焊接工艺评定制作试件数量不足

原因：焊接工艺评定试件在焊接过程中，由于受焊接热循环的影响，故试样不同位置的力学性能也有所差异，如果焊接工艺评定试件数量不足，就会导致不能按照《承压设备焊接工艺评定》（NB/T 47014—2011）的要求进行取样，造成焊接工艺评定试件的性能指标不准确。例如管状对接焊缝试件，要求冲击试样必须在立焊位置（3点位置）上取样，如焊接工艺评定试件管径较小，仅焊接1个管口，则冲击试样取样位置极易违反取样位置规定。

措施：《承压设备焊接工艺评定》（NB/T 47014—2011）中对焊接工艺评定试件的数量和尺寸均有明确规定，焊接工艺评定试件制作时，必须制备尺寸和数量充足的试件。如果设计文件有腐蚀等要求时，还须按照设计文件和相关规范进行腐蚀试验等。

（五）焊接工艺评定的应用

1. 忌将焊接工艺评定等同于焊接产品试件

原因：近年来，要求焊接工艺评定与焊接产品完全相同的情况时有发生，这就是混淆了焊接产品试件与焊接工艺评定的基本概念。

焊接工艺评定是验证所拟定焊接工艺的正确性和施焊单位的焊接能力，可适用于本单位的任一符合焊接工艺评定覆盖要求的焊接接头，具有广泛适用性。执行标准为《承压设备焊接工艺评定》（NB/T 47014—2011）。

焊接产品试件及评定过程体现了产品施焊中的焊接工艺执行情况，与实际产品焊接同时进行，必须由取得相应资质的焊工或操作工进行焊接，即实际产品焊接工艺的模拟件，也是产品实际焊接工艺的再现，只对当次承压设备焊接具有代表性。执行标准为《承压设备产品焊接试件的力学性能检验》（NB/T 47016—2011），如在球罐、长输管道施焊时，《固定式压力容器安全技术监察规程》（TSG 21—2016）和设计文件中常有焊接产品试件的要求。

措施：压力容器施焊前，受压元件焊缝、与受压元件相焊的焊缝、熔入永久焊缝内的定位焊缝、受压元件母材表面堆焊与补焊及上述焊缝的返修焊缝，都应按照《承压设备焊接工艺评定》（NB/T 47014—2011）的规定进行焊接工艺评定或具有经过评定合格的焊接工艺支持。

产品焊接试件的制备规定如下：①A 类容器纵向焊接接头，应逐台制备产品焊接试件；②盛装毒性为极度或高度危害介质的容器；③材料标准抗拉强度 R_m ≥540MPa 的低合金钢制容器；④低温容器；⑤制造过程中，通过热处理改善或者恢复材料性能的钢制容器；⑥设计文件要求制备产品焊接试件的容器。

制备产品焊接试件的要求：①产品焊接试件应当与产品焊缝时段施焊（球形容器除外）；②试件应取自合格的原材料，且与容器用材具有相同的标准、牌号、厚度及相同的热处理状态；③试板应由施焊该容器的焊工，采用与施焊容器相同的条件、过程与焊接工艺（包括施焊及其之后的焊后热处理条件）施焊，有焊后热处理要求的容器，试件一般应当随容器进行热处理，否则应当采取措施保证试件按照与容器相同的工艺进行热处理。

因此，要分清楚焊接工艺评定和焊接产品试件的作用区别对待，不能盲目地将焊接工艺评定和焊接产品试件混为一谈，导致重复使用焊接工艺评定，或者将产品焊接试件的制作过程或执行标准作为焊接工艺评定使用。

2. 忌焊接产品有附加试验要求时，焊接工艺评定随意"代用"

原因：《承压设备焊接工艺评定》（NB/T 47014—2011）中规定的焊接工艺评定试件检测项目，只有拉伸、弯曲、冲击等常规力学性能项目。因此，焊接工艺评定的覆盖范围也仅适用于只有拉伸、弯曲、冲击等常规力学性能要求的焊接接头。但当焊接产品有晶间腐蚀、抗硫试验等其他附加试验要求时，原焊接工艺评定覆盖范围将不适用于有附加试验的焊接工艺评定。

措施：当焊接产品有附加试验要求时，焊接工艺评定切忌随意"代用"，应根据设计技术文件的规定，明确检测标准、合格指标等，补充制作附加试验。附加试验合格后，尚应明确附加试验适用的工艺参数范围。

3. 忌焊接工艺评定热处理保温时间未考虑实际产品厚度

原因：焊后热处理保温时间的长短直接决定了热处理效果，并对焊接接头组织性能具有重要影响。保温时间短，焊缝中的氢来不及逸出，应力得不到释放，使热处理达不到预期效果，焊缝的组织性能调整不到位；保温时间长，容易造成焊缝金属晶粒粗大、碳化物析出、集或脱碳层增加等负面效果，使焊缝的强度、蠕变性能、冲击性能等力学性能指标均下降。

如果按照焊接工艺评定试件的厚度计算保温时间，有时就覆盖不了实际产品的厚度范围，造成焊接工艺评定的热处理保温时间与实际产品的热处理保温时间不一致，不能保证产品的质量、焊缝的性能指标符合标准要求。

措施：《压力容器焊接规程》（NB/T 47015-2023）规定，试件的焊后热处理与焊件在制造过程中的焊后热处理基本相同（是指焊后热处理类别相同，焊后热处理的温度范围和时间范围相同）。焊接工艺评定试件热处理时，不能仅考虑焊接工艺评定试件的厚度，必须将实际焊件的厚度及热处理保温时间考虑在内，防止焊接工艺评定热处理工艺，避免在实际产品热处理中不适用的情况发生。

4. 忌将有焊后热处理的焊接工艺评定应用于无热处理焊件

原因：焊后热处理的作用是消除焊接内应力，降低焊缝硬度，均匀焊缝和热影响区的组织，改善焊缝和热影响区的性能，提高焊缝及热影响区的塑性和韧性，以及使焊缝中的扩散氢充分析出等。焊接工艺评定经过焊后热处理以后，其各项性能指标均优于不进行焊后热处理的焊件，如果代用会影响产品的质量，存在安全隐患。

措施：产品焊接前，在选用已有焊接工艺评定时，焊接及工艺评定报告的所

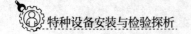

有记录数据，应与产品的设计技术条件相同；否则，不能应用于产品的焊接。

5. 忌承压设备焊接产品有冲击性能要求时，焊接工艺规程超出补加因素范围值

原因：焊接工艺评定中的重要因素主要影响焊接接头的力学性能和弯曲性能，补加因素主要影响焊接接头的冲击性能。焊接热输入的大小，直接影响到焊接接头冲击性能指标。因此，当焊接产品有冲击性能要求时，焊接工艺规程中的参数，不可超出焊接工艺评定中补加因素的范围要求。

措施：一般情况下，采用同一焊接方法时，向上立焊位置焊接热输入较大，冲击性能值较低，对焊缝的现场实际工况具有代表性。当焊接接头有冲击性能指标时，一般采用向上立焊位置进行焊接工艺评定，使焊接工艺评定覆盖更为全面。

第二节　焊接应力与变形

一、焊接残余应力和变形

（一）忌承压设备焊接结构形式选用不合理

原因：焊接结构件一般存在刚性大、截面尺寸突变、结构有不可避免的棱角、应力集中等情况，从而导致焊后结构残余应力及变形量大、易产生裂纹和发生脆性破坏、结构承载力降低、增加矫形成本及降低生产效率等问题的产生。特别是对于特种设备而言，附加弯曲应力还可能诱发重大安全事故。

措施：焊接结构在满足工作应力的条件下，应尽量采用薄壁材料，减少焊缝数量，选用对称截面；合理布置焊缝，减少非对称焊缝的数量。

减小焊接结构的整体刚性，选择传力截面和焊接结构形式时，尽量使应力均匀分布，不同截面的焊接接头应尽可能地平缓过渡；受力较大的管座焊缝采用加强管座；设计并采用应力较小的焊接坡口；T形接头开坡口焊接；少用搭接接头。焊接接头尽可能地避免温差变化较大和腐蚀性较强的部位，焊接接头尽量布置在易于实施消除应力处理的部位。

（二）忌焊缝布置不合理

原因：如果焊缝布置密集或交叉，则焊缝存在较大的应力集中现象；若布置在弯头上，则焊缝位置不易焊接，易产生缺陷，形成应力集中；如果管孔布置在

焊缝、热影响区和热影响区重合的部位，则会导致焊接结构焊后变形大、焊接残余应力大和产生多向应力，易引起焊接裂纹和脆性破坏。对于特种设备而言，焊缝布置不合理引起的附加弯曲应力还有可能引起重大安全事故。

措施：焊缝布置应满足相关标准和规程要求，将焊缝布置在易于焊接、热处理和检测的特种设备焊接禁忌位置。尽可能将焊缝布置在非应力集中或应力集中小的区域以及结构刚性小的区域，避免焊缝布置密集；尽可能避免焊缝交叉尤其是立体交叉的焊缝；避开弯头和封头等区域，管座、仪表管等管孔尽量避开母管上焊接接头。尽量选用对接接头，减少角接接头；尽量采用开坡口的角接接头，选择在薄壁件上加工角接坡口；选用对称的焊缝截面坡口，尽量减小焊缝金属的填充量；选用适中的焊缝长度。

（三）忌坡口形式选择不合理

原因：当焊接结构刚性和厚度较大，坡口形式选择单 V 形坡口时，会使焊缝截面不对称、组对间隙大、焊缝金属填充量大，导致焊接接头存在较大的焊接应力与焊接变形，极易产生裂纹缺陷，影响产品质量，甚至引发安全事故。

措施：为了保证焊件焊透及熔合良好，选择坡口时除应考虑被焊工件的厚度、焊接位置及焊接工艺的影响外，还要保证焊材和焊枪的可达性。同时，还要考虑以下因素：①填充材料尽量少，相同厚度板对接时，由于 X 形坡口比单面 V 形坡口的填充量小，比 U 形或双 U 形坡口的填充量更小，故可节省焊接材料，降低焊接残余应力；②坡口应容易加工，V 形和 X 形坡口加工较为容易，U 形、双 U 形坡口加工相对复杂；③要有利于控制焊接变形，X 形坡口比单面 V 形坡口的焊接变形小、焊接内应力也相对较小，U 形和双 U 形坡口焊接变形更小、焊接内应力也相对较小。

除上述因素外，坡口选择还应考虑方便焊接施工，提高工效，降低成本。

（四）忌装配和焊接顺序选择不合理

原因：焊接结构装配顺序不正确，会造成以下问题。①会导致某些位置的焊缝焊接比较困难，有的甚至完全无法焊接，这样既降低了焊接结构的强度，又会影响焊接结构的气密性。②会导致焊件产生较大的焊接变形或焊接内应力，有时还会产生裂纹等缺陷，不但降低了结构的焊接质量，严重时甚至会导致焊接结构报废。③当焊接结构的材质为奥氏体不锈钢时，如果焊接顺序不正确，就会使与介质直接接触的焊缝在焊接完成后，因受到后焊焊缝热的影响，增大晶间腐蚀倾向，从而降低焊接结构的耐蚀性，影响焊接质量，甚至还会造成事故。

措施：

装配顺序应遵循不造成焊接困难和没有无法焊接的焊缝的原则。

焊接顺序应遵循减小焊接变形及焊接残余应力的原则，一般采用以下措施来控制：①由焊缝中间向两端同时焊接；②采用分段退焊法、分区跳焊法等；③先焊收缩量较大的焊缝，后焊收缩量小的焊缝；④大型焊接结构焊缝数量较多时，先焊短焊缝，再焊长焊缝；⑤不对称焊缝截面先焊焊缝金属填充量小的一侧，再焊填充量大的一侧；⑥筒体焊缝先焊纵向、后焊横向；⑦丁字交叉焊缝先焊纵向焊缝，后焊横向焊缝；⑧平行焊缝尽量同时、同方向焊接。

（五）忌焊接结构装配时采取强力组对

原因：坡口强力组对，增加了结构的焊接残余应力，易引起接头产生裂纹、脆性破坏、应力腐蚀等。另外，坡口强力组对会使焊接结构的形状改变，造成焊接结构产生局部的塑性变形，导致焊接结构返修，甚至报废。

措施：装配前，应精确计算焊接结构中焊缝的收缩量，提高装配和机械加工的精度。除设计要求的冷拉焊接接头外，整个组装过程中禁止强力组对，当任一焊接接头自由组对不能满足标准规范要求时，可按标准规范要求适当增加焊缝。

（六）忌定位焊缝的数量和强度不足

原因：构件装配时的定位焊数量不足，接头的刚性小，焊接过程中无法限制焊接变形；若定位焊缝尺寸小、强度不足时，极易将定位焊缝拉裂，失去定位作用；严重的还会使焊接结构产生变形和焊缝内形成缺陷，造成焊接结构尺寸精度和质量不合格，焊接结构承载能力降低，增加矫形成本，降低生产效率，使焊接结构形成安全隐患。

措施：按《钢结构工程施工规范》（GB 50755—2012）的有关规定执行。①定位焊焊缝的厚度不应小于 3mm，不宜超过设计焊缝厚度的 2/3 且不超过 8mm；长度宜不小于 40mm 和接头中较薄部件厚度的 4 倍；其间距宜为 300～600mm。②定位焊缝与正式焊缝应具有相同的焊接工艺和焊接质量要求。多道定位焊焊缝的端部应为阶梯状。采用钢衬垫的焊接接头，定位焊宜在接头坡口内进行；定位焊焊接预热温度宜高于正式施焊预热温度 20～50℃。

根据《石油化工铬钼钢焊接规范》（SH/T 3520—2015）有关规定，熔入永久焊缝内的定位焊缝应符合以下要求：①定位焊缝应有评定合格的焊接工艺，焊工应按照《特种设备焊接操作人员考核细则》（TSG Z6002—2010）的规定取得相应资质；②定位焊缝的长度、厚度和间距应能保证在正式焊接过程中不开裂；③管道对接定位焊缝每道坡口不少于2处，焊缝的长度以10~15mm为宜，厚度不超过壁厚的2/3；④定位焊缝应平滑过渡到母材，焊缝两端磨削成斜坡并保证焊透及熔合良好，且无气孔、夹渣等缺陷；⑤定位焊缝应均匀分布，正式焊接时，起焊点应在两定位焊缝之间。

（七）忌焊接工艺选择不合理

原因：焊接工艺是指焊接过程中一整套的工艺程序及技术规定，包括焊接方法、焊接设备、焊接材料、焊接顺序、焊前准备、焊前预热、层温控制、焊接操作、焊接参数及焊后热处理等技术规定。如果焊接工艺选择不合理，就会使产品的焊接质量得不到保证，产品的制造质量达不到相关技术标准的要求，轻者造成返工，增加了制造成本，严重时甚至会导致产品报废。

措施：焊接工艺的选择应根据被焊工件的材质、厚度、焊件结构形式及焊接性能进行选择，并经焊接工艺评定验证合格后，最终确定用于产品的焊接工艺。

二、矫正措施

（一）忌去应力处理方法选用不合理

原因：复杂焊接结构的变形，如果选用不合理的局部去应力处理、去应力热处理工艺参数，那么错误地加热"减应区"部位、低温去应力处理加热区，以及奥氏体类钢与铁素体类钢焊接接头去应力热处理等，将导致应力分布更复杂甚至最大应力峰值增加，引起脆性破坏，严重的还会产生裂纹等，导致构件报废、返修和安全隐患，造成重大经济损失与安全事故。

措施：准确分析结构特点、材料特点和焊接残余应力形成与分布，选择合适的去应力处理方法和工艺，严格按照去应力处理工艺措施实施，并加强实施过程中的质量监督。

（二）忌反变形量设定不合理

原因：为了防止结构焊后变形，有时会在焊接前预先进行反变形的设定。但往往由于核算的变形量不精确，反变形量设定过大或者过小，或焊接顺序不合理、热输入过大等原因，所以焊接完成后，反变形未完全消除，使预先设定的反

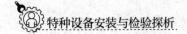

变形没有达到预期的效果。反变形设定失败，不仅增加了焊接结构矫正成本，降低生产效率，严重时还可能导致结构的报废。

措施：焊接结构的反变形量设定应根据焊接结构的形状、尺寸、焊缝填充量、焊接工艺、结构刚性，以及材料的线膨胀系数正确估算并预留反变形量。大型结构件还应考虑自重影响，设定必要的支撑和刚性固定装置；同时，还要考虑焊接过程中断对变形量的影响。

（三）忌加热矫正变形方法火焰选择错误

原因：焊接结构件矫正变形时，没有根据焊接结构形式和焊接变形规律来选择加热方式与加热部位，结果变形矫正目的没达到，甚至造成变形量增大，产生淬硬组织等。严重者，矫正采取了非中性火焰加热还会引起渗碳或氧化腐蚀。

对于加热后性能变化较大的钢材，如冷作硬化、淬硬性较大、控轧控冷、调质处理和再热裂纹倾向大等钢材或厚度大的重要结构，选择火焰加热矫正方法容易引起钢材的性能变差、内应力增大，严重的还会导致焊接接头产生裂纹等缺陷。

以上错误的火焰矫正，容易导致焊接结构件报废，有淬硬组织的结构易引起脆性破坏、引发安全事故。

措施：正确分析焊接结构件的变形规律，准确选择加热部位和范围，并且采用中性火焰加热。总之，要了解不同加热方式（点状、线状和三角形）的特点、适用范围和作用，准确选择加热方式。制定适宜的热矫正工艺时，应根据结构形式、刚性及材料特性，选择水火矫正、力火矫正等方法，必要时预先对矫正工艺进行工艺评定。

（四）忌薄壁容器筒体与接管焊接不采取防变形措施

原因：由于薄壁容器自身的拘束能力较小、刚性小，因此其抗弯曲变形的性能较低，在焊接过程中因受局部重复受热和冷却的影响而产生的焊接应力与变形，矫正起来较为麻烦，增加了制造成本。

措施：焊接前，在后焊接侧采用刚性固定或打支撑等防变形措施，待焊缝焊完且完全冷却后再去除。

（五）忌对具有淬硬倾向钢种的第一层焊缝和盖面焊缝不采取相应的去应力工艺措施

原因：对于具有淬硬倾向的钢种构件的底层焊道一般不推荐用锤击法，否则可能会因其焊道较薄、强度不足，锤击不当而导致根部产生裂纹。若裂纹未及时被发现，则易被下层焊道的焊接所掩盖。也不推荐对完成的表面层焊道进行锤击，否则可能会促成表面层焊道因锤击而产生表面冷作硬化，出现裂纹倾向，同时也影响焊缝表面美观效果。

措施：采取合理的焊接顺序和预热，尽量减小焊接热输入，从而减小焊件的拘束度和刚度。

（六）忌奥氏体不锈钢材料焊接变形选用火焰加热矫正

原因：奥氏体不锈钢焊接时要注意控制层间温度，切忌对焊件重复加热，特别是加热温度在450~850℃的危险温度区或在这个温度区间长时间停留，容易造成475℃的脆化，增大晶间腐蚀倾向，影响焊件的强度和耐蚀性，造成安全隐患。

措施：为了避免产生晶间腐蚀，宜采用机械矫正法（液压千斤顶、矫直机和锤击等方法）进行变形的矫正。

（七）忌非奥氏体不锈钢材料焊缝采用水冷法降温

原因：除奥氏体不锈钢外的其他材质，在焊接过程中用水冷却，就相当于经历了一个淬火过程，会使焊缝硬度增加、韧性减小，导致拉伸时焊缝易发生脆断。

措施：焊接过程中可通过风冷和自然冷却进行降温，达到降低焊接应力和变形的目的。

第三节　焊接安全与防护

一、焊接用电安全

（一）忌焊接人员无绝缘、无防护措施，在潮湿环境进行焊接施工作业

原因：焊接作业人员在潮湿环境施焊时，存在人员触电等风险。

措施：焊接作业人员在潮湿环境施焊时，应按要求穿戴好劳动防护用品，站在干燥的绝缘板或者胶垫上进行焊接操作。

（二）忌焊接施工时，焊接电源二次回路线绝缘套防护不到位

原因：由于焊接电源一次回路电压高，危险性大，所以人们高度注意防护，

而往往忽略了对二次回路的绝缘防护。由于焊接回路的电压较高、焊接电流大，如果绝缘套或绝缘胶皮损坏裸露，则存在人员触电、火灾风险。

措施：焊接电源二次回路线防护胶套恢复到位，绝缘胶皮裸露处用绝缘胶布包扎好，保证铜线电缆绝缘良好。

（三）忌焊接电源带电搬移

原因：如果焊接电源在未切断电源的情况下进行搬移，则存在人员触电、火灾及设备烧损等风险。

措施：搬移焊接电源时，首先应由持证电工切断电源，并对电源端导线做绝缘保护处理。

（四）忌一个开关控制多个焊接电源

原因：未严格执行《建设工程施工现场供用电安全规范》（CB 50194—2014）中有关"一机一闸一保护"相关规定。如果一个开关控制多个焊接电源，则会造成控制开关超负荷使用，易产生火灾、触电、损坏设备等隐患。

措施：根据《建设工程施工现场供用电安全规范》（GB 50194—2014）规定，用电设备特种设备焊接禁忌须执行"一机一闸一保护"规定，不得一个开关同时控制两台（条）以上电气设备（线路）。

（五）忌焊接电源保护接地不规范

原因：焊接电源保护接地不规范，在焊接电源绝缘损坏外壳而带电时，存在人员触电风险。

措施：焊接电源保护接地时应紧固牢靠，电阻不得大于 4Ω，垂直接地体应采取角钢、钢管或圆钢，严禁使用铝合金材料。接地线与垂直接地连接方法可采用焊接、压接或镀锌螺栓连接等方式，接地体引出线的垂直部分和接地装置焊接部位外侧 100mm 范围内应做防腐处理。

（六）忌不带绝缘手套或面部正对开启或关闭电源开关

原因：开关电源时，由于推拉不当会使电闸产生电弧火花，如果不带绝缘手套或面部不侧开时，则会对手和面部造成灼伤，同时还会产生触电危险。

措施：在开关电闸时，必须佩戴好绝缘手套，侧身、侧脸进行操作。开关过程中要一次到位，动作要果断。

（七）忌焊接过程中徒手更换焊条

原因：由于焊机具有较高的空载电压，所以在徒手更换焊条过程中，如果身体某部位接触工件，则人体就会成为导电回路，极易产生触电事故。另外，干燥的焊条药皮容易吸收手上的汗渍，增加药皮中的水分含量，影响焊接质量。

措施：更换焊条必须佩戴干燥、无破损的绝缘手套。

（八）忌私自对焊接设备电源进行拆接

原因：焊接设备电源一次回路大多数属于 380V 的高压电路，焊接作业人员缺乏电气安全知识，对电工的操作技能也不大熟练，因此容易出现误操作现象，导致触电、电弧灼伤和设备损坏等风险。

措施：焊接设备的安装、检修和维护应由持证电工进行，焊接作业人员不得擅自操作。

（九）忌徒手接触施救触电者

原因：人体也是导体，触电者的身体已经成为电流通路的一部分，如果直接徒手拖拽施救触电者，则救援人员将有触电危险。

措施：发现有人触电应立即切断电源。如果不能及时找到或断开电源，可以用干燥的木棍、竹竿或其他绝缘体来挑开电线。

（十）忌焊接过程中将焊机二次线缠绕在身上或踩在脚下

原因：焊工操作时，如果把焊机的二次线缠绕在身上或踩在脚下，当出现二次回路线绝缘层破损或者焊工身体出汗潮湿情况时，则焊接过程中电流就会作用于人体，接触部位轻者出现电流灼伤，重者产生触电、电击等危险。另外，电缆缠绕在身上或踩在脚下，会阻碍身体的灵活移动并容易发生绊倒，从而造成人身意外伤害。

措施：焊机的二次回路线应绝缘良好无破损，同时远离热源，不得碾压，更不得缠绕在身上。

（十一）忌用伤湿膏或透明胶带等非绝缘物品包扎电缆破损处

原因：由于伤湿膏或透明胶带不具有绝缘功能，因此对破损电缆及二次回路线破损处起不到绝缘保护作用，极易造成漏电和人身触电事故。

措施：破损电缆或二次回路线破损处应用绝缘胶布或绝缘防水胶布进行包扎。必要时，更换绝缘良好的导线。

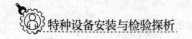

二、焊接火灾、爆炸

（一）忌在运行的发电机、焊接电源和焊割作业场所周围放置易燃易爆等杂物

原因：在运行的发电机、焊接电源和焊割场所周围放置易燃易爆等杂物，会因设备运转发热、设备运转过程中产生电火花，以及焊割时产生的飞溅物、火花而引燃，极易造成火灾和爆炸事故。

措施：发电机、焊接电源应放置在干燥、通风良好的地方；焊接前仔细清除发电机、焊接电源周围的易燃易爆物品，严禁将发电机、焊接电源与易燃易爆品和杂物混合堆放；同时，将焊割现场 10m 范围内所有易燃易爆物品清理干净。

（二）忌将金属、金属构件或易燃易爆管道等作为焊接回路的导体

原因：用钢筋、易燃易爆管道、金属构件等金属物或金属构件作为焊接回路，会因焊接回路裸露漏电而产生触电事故；同时，会由于焊接回路电阻增大或导体接触不良，产生高温导致焊接回路导体发红或产生电火花，造成火灾或爆炸事故的发生。

措施：根据《施工现场临时用电安全技术规范》（JGJ 46—2005）的要求，焊接回路导线应采用具有橡皮绝缘护套的铜芯软电缆，电缆长度一般≤30m；焊接线缆应用整根，中间一般不应有接头，如须加长，接头不应超过 2 个。

（三）忌易燃易爆场所焊接作业前，不进行可燃气体浓度检测

原因：易燃易爆场所焊接作业前，若不进行可燃气体浓度检测，一旦可燃气体浓度过高，则容易引发火灾、爆炸等危险，导致人员伤害和设备受损。

措施：易燃易爆场所焊接作业前，必须有专业人员进行可燃气体浓度检测。经专业人员确认可燃气体浓度在规定要求的范围内，确认安全并取得作业动火许可证后才能动火作业。

（四）忌盛装过易燃、易爆及有害物质的容器在焊接作业前未进行清洗或置换

原因：焊接盛装过易燃、易爆及有害物质的容器，如没有进行彻底清洗或采取置换等安全措施，会存留大量有毒及可燃气体，在焊接施工中会发生燃爆和有毒气体扩散，从而造成安全事故。

措施：盛装过易燃、易爆及有害物质的容器必须根据技术要求，进行彻底清洗或采取置换等安全措施，并进行可燃气体浓度检测合格后才能进行焊割作业。

（五）忌高空焊接、切割时，乱扔焊条头或其他物品

原因：电焊工在施焊过程中刚更换下的焊条头温度非常高，如乱扔容易引发火灾或人员烫伤，还会造成下方人员被砸伤。

措施：更换下来的焊条头要放入焊条头回收桶妥善保管，同时应对焊接切割作业下方进行隔离。作业完毕应进行认真细致的检查，确认无火灾隐患后方可离开现场。

（六）忌撞击或在地面上滚动气瓶

原因：气瓶在运输、搬运过程中，产生撞击或在地面上滚动，极易产生静电或因瓶内气压升高而发生爆炸，同时还容易造成因瓶阀损坏飞出伤人，或引起可燃气体喷出而着火。

措施：根据《气瓶搬运、装卸、储存和使用安全规定》（GB/T 34525—2017）的要求，气瓶在运输或搬运过程中应有瓶帽、防震圈等，并使用专用的移动推车，同时将气瓶固定牢靠。如果乙炔瓶和氧气瓶须放在同一小车上搬运，则必须用非燃材料隔板隔开。

（七）忌瓶阀冻结时用火烤或温度超过 40℃的热水解冻

原因：气瓶瓶阀冻结时，用火烤或温度超过 40℃的热水解冻，会使瓶体内的气体因受热而发生体积膨胀，气瓶存在爆炸的危险；同时，容易对瓶阀造成腐蚀。

措施：根据《气瓶搬运、装卸、储存和使用安全规定》（GB/T 34525—2017）的要求，瓶阀冻结时，应把气瓶移到较温暖的地方，用温水或温度不超过 40℃的热源解冻；严禁敲击或火焰加热。

（八）忌气瓶在夏季使用时长时间在烈日下暴晒

原因：气瓶是一种储存和运输用的高压容器，在盛夏的阳光下直接暴晒时，随瓶温的增高，瓶体受热膨胀，瓶内的气压也剧增，当超过瓶体材料的强度极限时，就会发生爆炸。

措施：根据《气瓶搬运、装卸、储存和使用安全规定》（GB/T 34525—2017）的要求，气瓶在夏季使用时，要采取专用遮阳措施，应防止气瓶在烈日下暴晒。

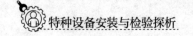

（九）忌氧气瓶与乙炔瓶的距离及两气瓶与明火的距离太近

原因：氧气瓶和乙炔瓶距离太近或者两气瓶距离明火太近，当某一气瓶内的气体泄漏时会引起爆炸。

措施：根据《气瓶搬运、装卸、储存和使用安全规定》（GB/T 34525—2017），不应将气瓶靠近热源；安放气瓶的地点周围 10m 范围内不应进行有明火或可能产生火花的作业（高空作业时，此距离为在地面的垂直投影距离）；两气瓶间距不得小于 5m。

（十）忌乙炔气瓶未直立使用

原因：如乙炔瓶卧倒使用，其中的丙酮会被吸出，导致瓶嘴泄漏，引起燃烧爆炸事故。

措施：乙炔气瓶使用时严禁卧放，必须直立，并应采取措施防止倾倒。对已经卧放的乙炔瓶，不准直接开气使用，使用前必须先立牢，静止 15min 后，再接减压器使用，否则会造成危险。

三、焊接烟尘

（一）忌焊接作业区域无烟尘防护措施

原因：如果焊接作业现场无有效的烟尘防护措施，则焊接过程中作业人员就会吸入大量的有毒、有害气体，长时间在此环境中工作，就会引起尘肺、金属烟热、锰中毒等，特别是在封闭或半封闭的环境中，容易引起人的窒息。

措施：焊接作业过程须在安装通风除尘设备等措施、降低烟尘浓度的环境中进行。严格执行作业场地做到除尘设施完好、通风措施到位，焊接操作人员严格佩戴防尘、防毒口罩，方可进行焊接作业。

（二）忌焊接区域的油漆、油污没有清除

原因：除焊接坡口两侧为保证焊接质量所要求的清理范围外，焊接热影响区周围（受热区域）油漆、油污等杂质如果没有完全清除，则焊接过程也会产生有毒有害气体，存在中毒、尘肺等人身伤害风险。特别是坡口周围的油漆、油污未完全清除而施焊，也会对焊接过程产生影响，如易产生气孔、夹渣等缺陷。

措施：焊接作业前，除清除保证焊接质量所要求清理范围外，热影响区周围油漆、油污等杂质也需要清除干净。

（三）忌在密闭或受限空间焊割作业时无通风措施

原因：密闭或受限空间由于空气流动性差，焊接烟尘无法排出，因此即使焊接作业人员佩戴防尘、防毒口罩，长时间工作也容易造成作业人员窒息。

措施：在密闭或受限空间进行焊割作业时，必须办理受限空间作业审批手续、加强通风和排烟措施，并做好个人防护，同时要有专人监护。

（四）忌铝合金 MIG 焊时未采用有效的防尘、防毒措施

原因：铝合金在大电流 MIG 焊时，因为容易产生颗粒细小的 Al_2O_3 烟尘，颗粒直径较小，呈絮状结构，其在空气中能长时间悬浮，所以一般的防护工具很难避免其对焊接作业人员造成的危害。

措施：铝合金 MIG 焊接时，可以采取整体式通风设备与佩戴过滤式防毒口罩的措施进行防护。

四、焊接弧光

（一）忌焊接作业不佩戴防护面罩

原因：焊接过程中若不佩戴防护面罩，焊接产生的弧光就会灼伤眼睛和皮肤，引起电光性眼炎和皮肤疾病。

措施：焊接过程中要按规定佩戴好防护面罩和眼镜等防护用品。

（二）忌焊接作业不穿戴焊接专用防护服

原因：焊接过程中若不穿戴焊接专用防护服，则焊接产生的弧光就会灼伤皮肤，导致皮肤发黑蜕皮；如长期暴露，则会使皮肤失去弹性而萎缩、老化。

措施：焊接过程中要严格按照规定穿戴好焊接专用防护服等劳动防护用品。

（三）忌在同一空间内多人进行焊接作业时无有效防护措施

原因：多人在一起不加防护进行焊接时，产生的弧光会灼伤其他人的眼睛、皮肤；同时，焊接的熔渣、飞溅物还容易烫伤他人，极易造成相互的人身伤害。

措施：为了保护焊接区域其他人员的眼睛、皮肤等不受到伤害，应在焊接现场设屏障隔开；焊接人员应经常提醒其他人员注意避开，并加强防护。

（四）忌使用的防护面罩、护目镜片遮光性不达标

原因：焊工防护面罩破损或镜片选择不当，在焊接作业时产生漏光或遮光效

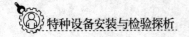

果不佳，存在引起电光性眼炎、皮肤损害、视力下降等风险。

措施：使用合格的焊工专用防护面罩，选择合适的护目镜片。如发生面罩损坏要及时更换，在保证遮光性完好的情况下方可进行焊接作业。

（五）忌选择的护目镜片与焊接方法不匹配

原因：由于不同的焊接方法在焊接过程中所产生的弧光强弱不同（如等离子弧焊的弧光辐射要大于其他焊接方法），如采用相同的护目镜片，则会对人体造成不同程度的伤害。

措施：应根据不同的焊接方法所产生的弧光强弱选择不同型号的护目镜片，弧光较强的焊接选择的护目镜片颜色要深一些。

五、高空作业

（一）忌高空作业不系挂安全带

原因：焊接作业人员高空作业未系挂安全带，会导致作业人员高空坠落伤害事故。如焊接作业区下方及周围存有可燃物，则会导致飞溅物坠落其上而引发火灾，造成高空作业人员慌乱，引发坠落事故。

措施：在高空焊接作业前，应清除下方易燃易爆物、设备等。高空作业时必须系挂安全带。

（二）忌身上缠绕焊接电缆登高作业

原因：现场焊接作业人员蹲在钢梁上，操作平台无防护栏杆，安全带低挂高用，存在高处坠落风险。特别是电缆缠身容易引发触电、勒身等危险。

措施：作业平台设置防护栏杆，安全带应系挂在施工作业处上方牢固的构件上，高挂低用。不具备安全带系挂条件时，应增设生命绳、安全网等安全设施。

（三）忌焊接登高作业脚手架搭设不合格

原因：在高空焊接作业时，若脚手架搭设不合格，则存在脚手架坍塌、高空坠落风险。

措施：应根据《建筑施工脚手架安全技术统一标准》（CB 51210—2016）的要求，规范搭设脚手架，并验收合格后方可登高焊接作业。

（四）忌登高作业梯子工作角度太大或太小

原因：登高作业时，梯子的工作角度过大或过小，都极易因梯子发生倾斜而跌倒，对人身造成伤害。

措施：使用梯子时，梯脚底部要坚实，并且要采取加包扎或钉胶皮等防滑措施。立梯的工作角度以 75°±5° 为宜，梯底宽度不低于 50cm，并要安排专人扶梯。

（五）忌高空作业的安全带低挂高用

原因：安全带拴挂高度低于腰部，在发生坠落时，实际冲击的距离加大，人和绳索都会承受到较大的冲击负荷。同时，人坠落高度变高，安全带下落高度变高，下落时安全带摆动剧烈，都增加了碰伤和摔伤的危险。

措施：安全带要高挂低用，挂点在自己工作位置的正上方，挂点必须选择相对封闭、牢靠的位置固定。

（六）忌登高作业时，人随吊物一起上下

原因：在起吊过程中，吊物会来回晃动，如果人员随吊物一起将随之晃动，如吊物脱落，人即随之坠落，造成伤害，严重时危及生命。

措施：登高时，人与吊物分开上下，人从专门的梯子或其他安全的地方进入施工位置。吊物未放稳时不得攀爬。

（七）忌高空无安全防护措施进行立体交叉作业

原因：在无防护措施进行立体交叉作业的情况下，很容易发生物体坠落、火花飞溅下落等，对下方人员造成砸伤、烫伤等危害。

措施：高空立体交叉作业时，应对危险作业范围予以明确，并做出必要的安全警示标志。不仅要做好对参加施工作业人员进行安全技术交底，还要做好隔离防护，采取专人负责制等措施，确保人身安全。

第四章　常见特种设备及其安装

第一节　锅炉及其安装

一、锅炉的工作原理、用途及特点

（一）锅炉的工作原理

输入能量为燃料中的化学能且工质为水、汽的锅炉，其工作原理可用下述工作过程和工作系统来说明：

1. 锅炉工作过程

锅炉产生热水或蒸汽需要以下 3 个过程：①燃料的燃烧过程，燃料在炉膛内燃烧放出热量的过程；②传热过程，燃料燃烧后产生的热量通过受热面传递给锅内的水或蒸汽的过程；③水的加热、汽化过程，锅内的水吸收热量转变成具有一定温度和压力的热水或蒸汽的过程。

2. 锅炉工作系统

锅炉的工作过程是通过 2 个工作系统来实现的：一个系统是介质系统，在蒸汽锅炉中称为汽水系统；另一个系统是燃烧系统。

（1）汽水系统。

它的任务是使进入锅炉的给水吸热升温、汽化、过热，最后成为具有一定温度和压力的热水或蒸汽。

（2）燃烧系统。

它的任务是将燃料和空气送入锅炉炉膛内进行燃烧放热，将热量以辐射方式传给炉膛四周的水冷壁等辐射受热面；燃烧生成的高温烟气主要以对流传热方式把热量传递给对流管、烟管或者过热器、省煤器等对流受热面。在传热过程中，烟气温度不断降低，最后由引风机送进烟囱，排入大气；燃烧生成的灰渣由排渣设备排出锅炉。

（二）锅炉的主要用途

锅炉设备在国民经济中占有重要地位，其用途主要是为工业生产、交通运输、人民生活提供动力和热源。自 1776 年第一台蒸汽机发明带来第一次工业革命以来，作为热能动力，锅炉被广泛地应用于电力、化工、冶金、纺织、机械、轻工、军工等各个行业，对工业生产和经济发展发挥了不可取代的重大作用。在火力发电中，锅炉是核心设备，它提供高压高温蒸汽驱动汽轮机发电。在工业生产中，常用锅炉提供蒸汽或有机热载体用于加热；在生活中，常用锅炉提供热水进行采暖。另外，医疗消毒、洗浴等也离不开锅炉。由于锅炉在工业生产中的重要作用，人们称其为工业生产的"心脏"。

（三）锅炉的一般特点

一般来说，锅炉具有下列特点：①承受一定的压力，因而具有爆炸的危险性；②投入运行后，一般要求连续运行；③工作条件较恶劣，受热面内外受火、烟、灰、水、汽等侵蚀。

二、锅炉的分类与组成

（一）锅炉的不同分类

锅炉的种类有很多，分类的方法也不尽相同。

第一，按用途分为电站锅炉、工业锅炉、生活锅炉、机车锅炉、船舶锅炉等。

第二，按容量可分为大型锅炉（额定蒸发量≥100t/h）、中型锅炉（额定蒸发量为 20~100t/h）和小型锅炉（额定蒸发量≤20t/h）。

第三，按出口工质压力分为低压锅炉（额定蒸汽压力≤2.45MPa）、中压锅炉（额定蒸汽压力为 3.83MPa）、高压锅炉（额定蒸汽压力为 9.81MPa）、超高压锅炉（额定蒸汽压力为 13.7MPa）、亚临界压力锅炉（额定蒸汽压力为 16.7MPa）、超临界压力锅炉（额定蒸汽压力≥22.1MPa，一般为 25.5MPa）和超超临界压力锅炉（额定蒸汽压力为 30.0MPa）。对于电站锅炉来说，随着蒸汽温度和压力的升高，电厂的效率在大幅度提高，供电煤耗大幅度下降，而提高蒸汽参数遇到的主要技术难题是金属材料耐高温、高压问题。

第四，按燃料种类分为燃煤锅炉、燃油锅炉、燃气锅炉、原子能锅炉、余热锅炉、废料锅炉，以及利用地热、太阳能等能源的蒸汽发生器。

第五，按燃烧方式分为层燃炉、室燃炉、旋风炉和流化床燃烧锅炉。

层燃炉采用火床燃烧，主要用于工业锅炉。火床燃烧是固体燃料以一定厚度分布在炉排上进行燃烧的方式。常见的炉排为固定排炉（代号 G）、链条炉排（代号 L）、往复炉排（代号 W）。固定排炉用于手烧炉，链条炉排、往复炉排属于机械炉排。

室燃炉采用火室燃烧，电站锅炉和部分容量较大的工业锅炉采用室燃方式，燃料为油、气和煤粉。火室燃烧（悬浮燃烧）是燃料以粉状、雾状或气态随同空气喷入炉膛中，然后进行燃烧的方式。

旋风炉采用旋风燃烧，炉型有卧式和立式两种，燃用粗煤粉或煤屑。旋风燃烧是燃料和空气在高温的旋风筒内高速旋转，部分燃料颗粒被甩向筒壁液态渣膜上进行燃烧的方式。

流化床燃烧锅炉送入炉排的空气流速较高，使大粒燃煤在炉排上面的流化床中翻腾燃烧，小粒燃煤随空气上升并燃烧。宜用于燃用劣质燃料，主要用于工业锅炉。现已经开发了大型循环流化床燃烧锅炉。

第六，按出口工质分为蒸汽锅炉、热水锅炉和有机热载体锅炉。

第七，按结构型式分为锅壳锅炉和水管锅炉。

第八，按锅炉出厂型式分为快装锅炉、整装锅炉、组装锅炉和散装锅炉。

快装锅炉是按照运输条件所允许的范围，在制造厂完成总装整台发运的锅炉。

整装锅炉在制造厂内已经完成受压部分的制造，将承压部分整体出厂的锅炉。

组装锅炉是在制造厂内将整台锅炉分成几个装配齐全的大件，运到工地后可将诸大件方便地组合而成的锅炉。

散装锅炉是安装工作主要在工地进行的锅炉。

第九，按工质循环方式分类，常见的有自然循环锅炉、强制循环锅炉和直流锅炉。

自然循环锅炉是工质依靠下降管中的水与上升管中汽水混合物之间的重度差进行循环的锅炉。

强制循环锅炉是主要靠锅炉水循环泵的压头进行循环的锅炉。

直流锅炉是给水靠给水泵压头在受热面中一次通过产生蒸汽的锅炉。

蒸汽锅炉大多采用自然循环。热水锅炉大多采用强制循环。直流锅炉一般没有锅筒，主要用于电站锅炉。近年来，在小型锅炉上也有应用（这种型式一般称为贯流锅炉）。

各种分类方法是从不同角度考虑的。例如一台锅炉可以是工业锅炉，同时也可为蒸汽锅炉、水管锅炉、低压锅炉等。锅炉安装标准基本上是以锅炉用途划分的；锅炉受压元件强度计算标准、锅炉制造专业标准则是以锅炉结构型式划分的。

（二）锅炉的设备组成与结构特点

1. 锅炉的设备组成

从整体上可以将锅炉视为一个系统，这个系统包括锅炉机组、锅炉房，以及热水锅炉的热水系统、有机热载体锅炉的管网系统。作为整个系统中的主要组成部分的锅炉机组包括锅炉本体，锅炉范围内管道、烟、风和燃料的管道及其附属设备，测量仪表和其他锅炉附属机械等。而锅炉本体是由锅筒、受热面及其集箱和连接管道、炉膛、燃烧设备和空气预热器（包括烟道和风道）、构架（包括平台和扶梯）、炉墙和除渣设备等组成的整体。

顾名思义，锅炉是由"锅"和"炉"，保证"锅"和"炉"安全正常运行所必需的锅炉安全附件、仪表，以及锅炉辅助设备及系统等三大部分组成的。

"锅"是指锅炉中盛放水和蒸汽的部分，是锅炉的吸热部分，其中的水和蒸汽被加热。主要包括锅筒、对流管束、水冷壁管、集箱（联箱）、过热器、再热器和省煤器等受压部件。这些受压部件通常就是锅炉受热面（从放热介质中吸收热量并传递给受热介质的表面）。

"炉"是指锅炉中使燃料进行燃烧产生热量的部分，也就是把燃料中的化学能，经过燃烧过程转化为热能的部分，是锅炉的放热部分。主要包括燃烧设备、燃烧室（炉膛）、炉墙、烟道等。

锅炉安全附件和仪表包括安全阀、压力测量装置、水（液位）测量与示控装置、温度测量装置、排污和放水装置等安全附件，以及安全保护装置和相关的仪表等。

锅炉辅助设备及系统包括燃料制备，以及汽水、水处理等设备及系统等。相对于锅炉本体，也可以把锅炉分为锅炉本体和辅助设备及系统两大部分。

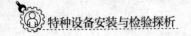

2. 典型的锅炉结构型式

锅炉结构型式分为两大类：锅壳锅炉和水管锅炉。锅炉从原始的圆筒形锅炉发展到现代各种复杂结构的锅炉已有近百年的历史，锅炉的形式和结构基本上是沿着锅壳锅炉和水管锅炉这两个方向发展的。

（1）锅壳锅炉。

锅壳锅炉是在圆筒形锅炉的基础上，在圆筒（锅壳）内部增加受热面，如炉胆、火管（烟管）等，其特点是锅炉主要部件都在锅壳之内，高温烟气在炉胆或火管（烟管）中流动，水在炉胆或火管（烟管）外侧吸热和汽化，这类锅炉称为锅壳锅炉。其承压部分主要由锅壳、炉胆、管板、弯（直）水管、火管、下脚圈、炉门圈、喉管、水冷壁、省煤器等组成。

根据锅壳放置方式的不同，分为立式锅壳锅炉和卧式锅壳锅炉。立式锅壳锅炉的锅壳轴线垂直于地面，其燃烧室（炉胆）和火管（烟管）等都在锅壳内，目前常见的主要有立式弯水管锅炉、立式直水管锅炉等。卧式锅壳锅炉的锅壳轴线平行于地面，根据炉排布置在炉胆内或锅壳外的不同，又分为卧式内燃锅炉和卧式外燃锅炉。

（2）水管锅炉。

水管锅炉突破了筒体的限制，在圆筒的外部增加受热面和燃烧室，如水冷壁、过热器、省煤器等，其特点是水或蒸汽在管内流动吸热和汽化，高温烟气在管外侧冲刷流动。其承压部分主要由锅筒、集箱、水冷壁、对流管束、省煤器、过热器、减温器、再热器等组成。工业锅炉没有再热器；电站锅炉一般没有对流管束，但都配置减温器，有的还配置再热器。

水管锅炉有单锅筒、双锅筒、无锅筒等形式。

现以 SHL35-3.82/450-AU 型锅炉为例来说明锅炉的组成和工作过程。锅炉由锅筒、下降管、联箱、炉膛四周的水冷壁及过热器等组成。尾部受热面配有省煤器和空气预热器，燃烧设备为齿轮传动链条炉排。该锅炉所用的燃料是煤。首先将煤在煤场经过筛选、破碎后，由皮带运输机送至锅炉前煤仓，煤仓内的煤通过煤闸板，落到链条炉排上，随着链条的移动，炉排上的煤被送到炉膛燃烧。燃烧所需的空气由送风机抽取锅炉房内温度较高的空气，经过空气预热器吸收一部分烟气余热，提高温度后再分段送到炉排下面，穿过炉排缝隙进入煤层助燃。炉排上的煤经过一定时间即被燃尽而成为灰渣，再通过老鹰铁刮入灰坑，并由出渣机将灰坑内的灰渣除去。燃烧所产生的高温烟气先将一部分热量传给水冷壁，然后烟气从炉膛上部经过立式过热器，再进入后烟道，经省煤器和空气预热器进一步放出热量，最后经除尘后被引风机送至烟囱并排入大气。

原水经水处理设备后，水中的杂质及钙、镁离子被除去，变成软水。软水经水泵注入除氧器除去水中的氧气，经过除氧的水被送到省煤器，吸收部分烟气热量，提高水温后进入锅筒。锅筒内的水通过数根下降管流入炉膛四周水冷壁的下联箱，每个下联箱上接出一排水冷壁管，水在水冷壁管内受热不断汽化，汽水混合物上升至上联箱或直接进入锅筒。蒸汽经过汽水分离装置由锅筒离开，经导汽管进入过热器继续受热，变成过热蒸汽，并由出口联箱汇集后，经出汽总管输送给用户。

锅壳锅炉和水管锅炉各有特点。锅壳锅炉结构紧凑、压力低、整装出厂、运输安装方便、占地面积小、便于使用管理，缺点是热效率低、受热面积少、出力小、易发生爆炸事故。水管锅炉受热面布置比较自由，锅炉的出力和介质参数可以很大（高参数、大容量的锅炉都是水管锅炉），自动控制程度高、热效率高，但是其对水质要求更严格，必须进行水质处理，以保证给水品质良好。

（三）锅炉的常见受压部件

锅炉受压部件是承受内部或外部介质压力作用的锅炉部件。以下简单介绍12种锅炉受压部件：

1. 锅筒（或锅壳）

锅筒（锅壳）是水管锅炉（锅壳锅炉）用以净化蒸汽、组成水循环回路和蓄汽蓄水的筒形受压部件，由筒体和封头（管板）组成。

锅筒内部一般装有汽水分离器、给水分配管和连续排污装置。外部装有主汽阀、副汽阀、安全阀、排空阀、压力表和水位表连接管及连续排污管等。锅筒（锅壳）一端或顶部还装有人孔装置。锅壳内部还装有多根火管，作为锅壳锅炉的对流受热面。有两个锅筒的水管锅炉，通常在下锅筒封头上安装人孔装置，下锅筒底部还装有定期排污装置，上下锅筒之间可以安装对流管束，组成水管锅炉对流受热面。

2. 水冷壁

水冷壁是沿着炉膛内壁并排布置的管子，内部通水，相对炉墙来说，形成水冷的屏壁，所以称为水冷壁。水冷壁是锅炉的辐射受热面，其主要作用是吸收炉膛高温辐射热量、降低炉膛温度，保护炉墙、防止燃烧层结焦。

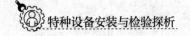

3. 对流管束

对流管束是在高温烟气通过的区域内布置的管群，管内工质与高温烟气以对流传热方式吸收高温烟气的热量。对流管束是锅炉的对流受热面。工业用水管锅炉上通常设置对流管束。

4. 集箱（又称联箱）

集箱（又称联箱）由筒体、端盖组成，上面焊有多根管子，其作用是汇集管子中工质（水、汽水混合物、蒸汽）或者向管子分配锅水。置于锅炉上部的集箱称为上集箱，置于锅炉下部的则称为下集箱。

5. 下降管

下降管的作用是把上锅筒的锅水输送到下集箱或下锅筒，使受热面的管子得到足够循环水量。下降管不应受热，一般放置在炉墙体外面，否则应对其采取绝热措施。

6. 过热器

过热器是由多根无缝钢管弯制成的蛇形管，两端与集箱连接。其主要作用是将锅筒内送出来的湿饱和蒸汽加热到规定的过热温度。按换热方式可将过热器分为辐射式、半辐射式和对流式三种。辐射式过热器放在炉膛内顶或炉墙上，其吸收炉膛里火焰和烟气的辐射热。半辐射式过热器放在炉膛上部出口附近，既吸收炉膛中火焰的辐射热，又以对流方式吸收流过它的烟气的热量。对流过热器放在炉膛外对流烟道里，主要是以对流传热方式吸收流过它的烟气的热量。过热器也可按放置方式分为立式过热器和卧式过热器。

7. 省煤器

省煤器是利用锅炉尾部排烟的热量而加热锅炉给水的一种换热装置，作用是回收烟气中的热量，减少排烟热损失，以提高锅炉的热效率。省煤器一般设置在锅炉对流受热面的尾部烟气出口处。

设置有省煤器的锅炉，应当设置旁通水路、再循环管或者其他省煤器保护措施。

8. 减温器

减温器的作用是调节过热蒸汽的温度，将过热蒸汽的温度控制在规定的范围内，以确保安全和满足生产需要。减温器分表面式和喷水式两类。表面式减温器是一种在圆柱形的筒体内装有 U 形管或盘管的热交换器，适用于低、中压锅炉。喷水式减温器结构与联箱相似，其内部有喷水装置和内筒，适用于高压以上锅炉。

9. 再热器

再热器的作用是将汽轮机高压缸排出的蒸汽再加热到与过热蒸汽相同或相近的温度后，再回到中低压缸去做功，以提高电站的热效率。再热器一般只用于额定蒸发量>400t/h 的电站锅炉。

10. 炉胆

炉胆是锅壳式锅炉包围燃料燃烧空间的壳体，只有立式锅炉和卧式内燃锅炉中有炉胆。炉胆有直圆筒形和锥形两种。当炉胆长度超过 3m 时，要采用波纹形结构。炉胆承受外压。

11. 下脚圈

下脚圈是立式锅炉中连接炉胆和锅壳的部件，现在锅炉基本上都采用 U 形下脚圈。

12. 炉门圈、喉管、冲天管

炉门圈、喉管、冲天管是立式锅炉中才有的部件。炉门圈是连接锅壳和炉胆之间燃料进入燃烧室的一根管子，一般由锅炉钢板压制成椭圆形后焊接而成。喉管和冲天管均为连接锅壳和炉胆之间烟气排出时所经过的一根管子，一般由无缝钢管制成。以上三个部件均受外压。

三、锅炉的生产过程

（一）锅炉设计

简单地讲，锅炉产品设计就是根据国家有关法规、规程、标准的规定，设计出满足客户所要求性能的锅炉产品。设计是决定产品质量、技术水平的先决条件，只有保障了锅炉产品的设计质量和水平，才能制造出优质、高效、环保、科技含量高的产品。锅炉产品设计一般由锅炉制造单位进行。锅炉设计单位根据市场需求、科技进步等，设计符合市场需求的产品，称为自行开发产品。根据客户的具体要求设计某种特定的锅炉产品，称为合同产品。

锅炉设计的输出产物是锅炉设计文件，锅炉设计文件应经有资格的检验检测

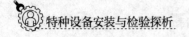

机构鉴定方可用于制造。

(二) 锅炉制造

锅炉制造就是按照产品的设计要求，把合格的材料，经冷热成型、机加工等工艺手段，以焊接为连接零部件的主要方法，制作成符合设计要求的成品。锅炉成品一般分两种情况：一种是整装锅炉或快装锅炉；另一种是散装锅炉，即将各零部件制作合格，运到锅炉安装现场再进行组合安装后达到锅炉设计要求。

除必须执行锅炉安全技术监察规程外，锅炉制造主要执行专业标准。

(三) 锅炉安装

1. 锅炉安装的过程分析

锅炉安装要按照有关规程、标准及设计的规定，在安装现场将锅炉制造厂制造的合格锅炉产品进行组合安装，使其能够达到设计要求。安装过程是制造过程的继续，尤其是对散装锅炉，不同之处在于安装是在现场进行，条件比较差，容易出现不安全因素。与锅炉制造相对应，锅炉安装一般分两种情况：一种是整装锅炉（快装锅炉）安装；另一种是散装锅炉安装。

2. 锅炉安装的技术资料

安装技术资料一般包括锅炉安装质量证明书、安装验收资料、锅炉安装监督检验证书等资料。对于工业锅炉的散装锅炉，其安装验收资料应当包括开工报告，锅炉技术文件清查记录（包括设计修改的有关文件），设备缺损件清单及修复记录，基础检查记录，钢架安装记录，钢架柱腿底板下的垫铁及灌浆层质量检查记录，锅炉本体受热面管子通球试验记录，阀门水压试验记录，锅筒、集箱、省煤器、过热器及空气预热器安装记录，管端退火记录，胀接管孔及管端实测记录，锅筒胀接记录，受热面管子焊接质量检查记录和检验报告，水压试验记录及签证，锅筒密封检查记录，炉排安装及冷态试运行记录，炉墙施工记录，风机、除尘器、烟囱安装记录，给水设备安装记录，安全附件安装记录，仪表试验记录，烘炉、煮炉和严密性试验记录，安全阀调整试验记录，带负荷连续48h时试运行记录及签证。

对于工业锅炉中的整装锅炉，其安装验收资料应当包括开工报告，锅炉技术文件清查记录（包括设计修改的有关文件），设备缺损件清单及修复记录，基础检查记录，锅炉本体安装记录，风机、除尘器、烟囱安装记录，给水设备安装记录，阀门水压试验记录，炉排冷态时试运行记录，水压试验记录及签证，安全附件安装记录，烘炉、煮炉记录，带负荷连续 4~24h 试运行记录。

(四) 锅炉改造

《锅炉安全技术监察规程》（TSG G0001—2012）的所说的锅炉改造是指锅炉受压部件发生结构变化或者燃烧方式发生变化的改造。因改变循环方式（指介质流动方式的改变），如蒸汽锅炉自然循环改为控制循环，热水锅炉自然循环改为强制循环等，蒸汽锅炉提高锅炉额定蒸发量，或者热水锅炉提高额定热功率，蒸汽锅炉改为热水锅炉等导致的锅炉结构的改变，包括锅炉受压部件锅筒（壳）、封头、炉胆、炉胆顶、集箱及受热面管子等受压部件、元件及其连接方式的改变，胀接改焊接等。另外，改变燃烧方式，如燃煤固定炉排改机械炉排、层燃改室燃、燃煤改燃油、燃气等统称为改造。

20 世纪 80 年代之前的锅炉改造主要以增加受热面或在改变燃烧方式时涉及受热面的改造。近年来的改造主要是蒸汽锅炉改热水锅炉、燃油锅炉改燃煤锅炉或燃煤锅炉改燃油、燃气锅炉及层燃锅炉改室燃锅炉等。

第二节　压力容器与管道及其安装

一、压力容器的压力来源、用途与特点

(一) 压力容器压力的来源

压力容器的压力来源分为来自容器外部和来自容器内部（在容器内产生或增大）两种情况。

1. 来自容器外部的压力

由各类气体、液化气体压缩机泵供给压力，工作压力取决于压缩机出口和泵出口的压力。

由蒸汽锅炉、废热锅炉供给的压力，工作压力取决于锅炉出口的蒸汽压力或经减压后的蒸汽压力。

2. 来自容器内部的压力

（1）气态介质由于温度升高导致体积膨胀受限，产生压力或使压力增大。

（2）液体介质受热气化，压力即为该温度下的饱和蒸汽压。以水为例，当

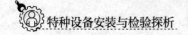

工作温度为 120℃ 时，饱和蒸汽压约为 0.20MPa；当工作温度为 200℃ 时，饱和蒸汽压约为 1.56MPa。

（3）液化气体介质，以气液两相共存，压力就是随温度变化的饱和蒸汽压。各种不同液体在不同温度下有不同饱和蒸气压，如液氨 20℃ 时的饱和蒸气压是 0.75MPa，50℃ 时的饱和蒸气压是 1.93MPa；丙烷 50℃ 时的饱和蒸气压是 1.704MPa。

（4）充满液态介质，由于温度升高导致液体体积膨胀，容器的压力取决于液体的体积膨胀系数。例如，液化石油气的体积膨胀系数是水的 10~16 倍，当液化石油气以液态充满整个容器时，压力随温度上升十分迅速。温度每上升 1℃，压力将上升 2.18~3.18MPa，因此在容器内过量充装液化石油气是十分危险的。

（5）由于化学反应产生压力或压力增大。

（二）压力容器的主要用途

压力容器的用途极为广泛，它在基本建设、医疗卫生、地质勘探、石油化工、能源工业、科研、民用及军事工业等领域都起着重要的作用。其主要应用有用于盛装工业生产中所使用的各种气体的压力容器，最常见的有压缩气体和液化气体储罐、气瓶、铁路罐车和汽车罐车。制冷装置中的多数设备是压力容器，如冷凝器、蒸发器、液体冷冻剂储罐等。工业生产中用来对物料进行加热的蒸气夹套、蒸压釜、蒸煮锅、消毒器等也都是压力容器。在石化工业中，许多化学反应过程需要在有压力的条件下进行，或者用增高压力的方法来加快反应速度。有时压力容器必须和某些工艺装置（内件）共同发挥作用才能构成完整的设备，如石油化工工业中普遍应用的各类反应器、换热器、塔器、分离器等，化肥工业中的氨合成塔、尿素合成塔、二氧化碳吸收塔、氨分离器等，在石油精炼装置中的加氢脱硫反应器、加氢裂化反应器等，在乙烯装置中的各种低温压力容器，在聚乙烯装置中的各种超高压容器。压力容器在能源工业及其他领域也有广泛的应用。

压力容器中的医用氧舱，则是一种特殊的载人压力容器，属于医疗设备。气瓶主要用于盛装气体，在工业、国防、医疗、生活等领域均有广泛应用，是数量最多的特种设备。

（三）不同压力容器的特点

1. 固定式压力容器

（1）具有爆炸的危险性。

（2）介质种类繁多，千差万别。易燃、易爆介质一旦泄漏，可引起爆燃。

有毒介质泄漏，能引起中毒。一些腐蚀性强的介质，会使容器很快发生腐蚀失效。

（3）不同容器的工作条件差别大。有的容器能承受高温高压，有的容器在低温环境下工作，有的容器投入运行后要求连续运行。

（4）材料种类多。

2. 移动式压力容器

（1）活动范围大，运行环境条件复杂，在运输和装卸过程中易受冲击、震动，有时还可能发生碰撞、倾翻。

（2）介质绝大多数是易燃、易爆及有毒等液化气体，一旦发生事故，造成的损失大、社会影响大。

（3）活动场所不固定，监督管理难度大。

3. 气瓶

（1）容积小，结构相对简单，数量多，流动性大。

（2）事故多发生在充装环节。

（3）充装单位、检验机构数量多，使用单位也多，还涉及千家万户，监督管理难度大。

4. 医用氧舱

（1）是载人压力容器，运行时患者在医舱中，一旦发生事故，就会有人员伤亡。

（2）内部为高压氧，氧气浓度高，易发生火灾事故。

二、压力容器的分类与结构

（一）压力容器的分类方法

压力容器的分类方法很多，举例如下：

1. 固定式压力容器与移动式压力容器

压力容器按与地面固定或相对移动分成固定式压力容器和移动式压力容器。固定式压力容器有固定的安装和使用地点，工艺条件和使用操作人员也比较固定。移动式压力容器的主要用途是装运气体或液化气体。这类容器使用时不仅承受内压或外压载荷，在搬运过程中还会受到内部介质晃动引起的冲击力，以及运

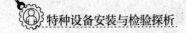

输过程带来的外部撞击和震动载荷；而且没有固定的使用地点，一般也没有专门的操作人员，使用环境经常变化，管理比较难，因此比较容易发生事故。常见的移动式压力容器有汽车罐车、铁路罐车、长管拖车、罐式集装箱、管束式集装箱，以及气瓶等。

2. 按照压力分类

压力是压力容器的一个最主要的工作参数。从安全技术方面来看，一般情况下，容器的工作压力越大，发生爆炸后的危害也越大。压力容器按设计压力分为低压、中压、高压、超高压 4 种压力等级。压力等级的具体划分如下：低压（代号 L），$0.1MPa \leqslant p < 1.6MPa$；中压（代号 M），$1.6MPa \leqslant p < 10MPa$；高压（代号 H），$10MPa \leqslant p < 100MPa$；超高压（代号 U），$p \geqslant 100MPa$。

依照承压方式的不同，压力容器可分为内压容器和外压容器两大类。这两类容器有很大区别。内压容器的壁厚是根据强度计算确定的；而外压容器的设计则主要考虑失稳问题。

3. 按照壁温分类

根据容器的设计温度分为常温容器、高温容器和低温容器。在温度低于或等于−20℃条件下工作的容器为低温容器。

4. 按照在生产工艺过程中的作用原理来分类

按压力容器在生产工艺过程中的作用原理可以将压力容器分为反应压力容器（代号 R）、换热压力容器（代号 E）、分离压力容器（代号 S）、储存压力容器（代号 C，其中球罐代号为 B）。

5.《固定式压力容器安全技术监察规程》中的分类方法

《固定式压力容器安全技术监察规程》根据压力、压力与容积的乘积、介质特性，以及设计、制造特点对其管辖的压力容器进行综合分类。受监察的压力容器划分为三类，即第 I 类压力容器、第 II 类压力容器和第 III 类压力容器。

（1）基本分类

压力容器分类。应当先根据介质特性，按照以下要求选择类别划分图，再根据设计压力 p（单位 MPa）和容积 V（单位 L），标出坐标点，确定容器类别：①第一组介质，毒性程度为极度危害、高度危害的化学介质、易爆介质、液化气体；②第二组介质，除第一组外的介质。

（2）多腔压力容器类别划分。

多腔压力容器（如换热器的管程和壳程、夹套容器等）按照类别高的压力腔作为该容器的类别，并且按照该类别进行使用管理。对各压力腔进行类别划分时，设计压力取本压力腔的设计压力，容积取本压力腔的几何容积。

（3）同腔多种介质压力容器类别划分。

一个压力腔内有多种介质时，按照级别高的介质划分类别。

6. 从压力容器中分出简单压力容器

简单压力容器是指结构简单、危险性较小的压力容器，是一个新概念。纳入简单压力容器管理的压力容器，其材料、设计、制造、检验检测和使用均应符合相关要求。

简单压力容器应同时具备以下条件：①容器由筒体和平封头、凸形封头（不包括球冠形封头），或者由 2 个凸形封头组成；②筒体、封头、接管等主要受压元件的材料为碳素钢、奥氏体不锈钢；③设计压力小于或者等于 1.6MPa；④容积小于或者等于 1000L；⑤工作压力与容积的乘积大于或等于 2.5MPa·L，并且小于或等于 1000MPa·L；⑥介质为空气、氮气和医用蒸馏水蒸发而成的水蒸气；⑦设计温度大于或者等于 -20℃，最高工作温度小于或者等于 150℃；⑧非直接火焰的焊接容器。

军事装备、核设施、航空航天器、海上设施和船舶使用的压力容器，机器上非独立的承压部件（如压缩机缸体等），危险化学品包装物，灭火器，快开门式压力容器，移动式压力容器不适用简单压力容器的概念。

7. 医用氧舱的类型

医用氧舱按规格分为大型舱、中型舱、小型舱和单（双）人舱；按结构型式分为卧式加压舱、立式加压舱、卧式+卧式加压舱群和卧式+立式加压舱群；按治疗人数分为多人氧舱、双人氧舱和单人氧舱；按加压介质分为空气加压舱和氧气加压舱；按舱体材料分为金属材料壳体、有机玻璃材料壳体、帆布材料壳体等氧舱；按氧舱用途分为治疗舱、手术抢救舱和过渡舱等。

8. 气瓶的类型

（1）按结构分类。

从结构上可将气瓶分为无缝气瓶、焊接气瓶和缠绕气瓶。氧、氮、氢等永久气体或二氧化碳、乙烷、氧化亚氮等高压液化气体，均使用无缝气瓶进行充

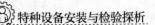

装。而氨、氯、氟氯烷、LPG 等低压液化气体和溶解乙炔均使用焊接气瓶进行充装。缠绕气瓶是在气瓶筒体外部缠绕一层或多层高强度纤维或钢丝作为加强层，借以提高筒体强度的气瓶，缠绕气瓶筒体内胆可以是钢质、铝合金、玻璃钢等材料。

（2）按材质分类。

如果以制造气瓶用的材料来分类，可分为钢质气瓶、铝合金气瓶、复合材料气瓶和其他材料气瓶。其中，钢质气瓶又分为碳钢气瓶、锰钢气瓶、铬钼钢气瓶和不锈钢气瓶。复合材料气瓶是指气瓶瓶体由两种以上材料制成的气瓶，如缠绕气瓶等。

（3）按充装介质分类。

按气体充装时的状态，可以分成永久气体气瓶、液化气体气瓶和溶解气体气瓶。

（4）按压力分类。

按公称工作压力或水压试验压力可将气瓶分为高压气瓶、低压气瓶。

（二）压力容器的结构

压力容器一般由壳体、接管和法兰、支座、内件和安全附件等几部分组成。除这几部分外，容器部件采用可拆连接时，如设备法兰的连接、螺纹连接等，还须有密封件。

压力容器的零部件可分为受压元件和非受压元件。其中，受压元件又分为主要受压元件和非主要受压元件。《固定式压力容器安全技术监察规程》定义的主要受压元件，包括壳体、封头（端盖）、膨胀节、设备法兰，球罐的球壳板，换热器的管板和换热管，M36 以上（含 M36）的设备主螺柱及公称直径大于或者等于 250mm 的接管和管法兰。

1. 壳体

对于球形容器，壳体即球体。对于数量最大的圆筒形容器，壳体主要由筒体和封头组成。有设备法兰的容器，设备法兰也属于壳体的组成部分。

（1）筒体。

压力容器的筒体，按其结构形式可分为整体式和组合式两大类。整体式分成单层卷焊、整体锻造、锻焊、铸–锻–焊及电渣重熔等几种。其中，单层卷焊式是应用最为广泛的整体式筒体结构。它是由卷板机将钢板卷成圆筒或用水压机将钢板压制成两个半圆，然后焊上纵焊缝制成筒节，最后通过焊接环焊缝将若干筒节与筒节及封头组合起来，形成压力容器的外壳。一般中、低压容器和器壁不太厚的高压容器，大多采用这种形式。组合式筒体结构分为多层结构和绕制结构两大类。多层结构包括多层包扎、多层热套、多层绕板、螺旋包扎等。

（2）封头。

封头分为凸形封头、锥形封头和平盖。凸形封头包括椭圆形封头、碟形封头、球冠形封头和半球形封头。其中，椭圆形封头使用最为广泛。

（3）设备法兰。

根据生产工艺的需要和制造、安装、运输、检修等方面的要求，有些容器，如反应容器、换热容器、分离容器及塔器的筒体大多采用部分可拆连接结构。容器的可拆连接结构一般都是采用法兰连接。这种法兰与接管法兰有所区别，通常称为设备法兰。

2. 开孔补强、接管与法兰

压力容器开孔之后，由于截面的削减和结构连续性被破坏，再加上接管的因素，会产生较大的应力集中，使得开孔接管处成为压力容器的薄弱环节。为消除这个薄弱环节，开孔处经常采用补强结构。常用的补强结构有补强圈、厚壁管补强和整体补强三种。

压力容器的接管主要是起将容器与工艺管道、仪表附件相连的作用。

3. 支座

压力容器的支座一般分为直立设备支座、卧式设备支座和球形容器支座。直立设备支座又分为耳式支座、支承式支座和裙式支座。球形容器支座在国内比较常见的有柱式支座和裙式支座两大类。卧式设备支座分为鞍座、圈座和支承式支座。

4. 压力容器的密封

压力容器密封性能的好坏是压力容器的重要指标。密封口的流体泄漏有两种情况：一是密封垫的泄漏；二是密封面的泄漏。密封结构分成强制密封、半自紧密封和自紧密封。常见的法兰连接就是一种强制密封。

三、压力容器的安装

压力容器的安装主要分两种情况：一种是将零部件运至现场进行组焊，如大

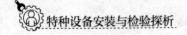

型压力容器的现场组焊和球形储罐的组焊；另一种是指将完整压力容器产品运至现场就位，安装到装置系统中。安装后，压力容器成为系统装置的一部分，而对于须现场组焊的压力容器，安装还是其制造的继续。

压力容器的安装实行资格许可制度，实施安装的单位应当已取得相应的制造许可证或者取得特种设备安装改造维修许可证。安装单位在施工前，应将安装情况书面告知施工所在地的地、市级质量技术监督部门。安装单位在施工结束后，应向使用单位提供相应压力容器技术资料和施工质量证明文件。

大多数压力容器是整机出厂的，在安装现场不再进行焊接工作。这些压力容器的安装施工的基本过程为：设备验收—基础施工—安装前准备—就位—内件安装—清洗、封闭—压力试验—气密性试验—交工验收。

现场组焊的压力容器一般按照制造过程进行控制。

四、压力管道的工作原理、用途及其特点

(一) 压力管道的工作原理和用途

对单条压力管道而言，其工作原理就是依靠外界的动力或介质本身的驱动力将该条压力管道源头的介质输送到该条压力管道的终点。

压力管道的主要用途就是输送流体介质，包括气体、液化气体、蒸汽或者可燃、易爆、有毒、有腐蚀性、最高工作温度高于或者等于标准沸点的液体。除此用途外，还可以延伸出以下一些功能，如储存功能（主要用于长输管道）和热交换（主要用于工业管道）等。

(二) 压力管道的主要特点

应用范围广泛，工艺参数复杂。各行各业均有大量应用，而各个领域所使用的压力管道又各有其特点，如化工、石化系统有大量的压力管道，它们的工作条件各种各样，工作压力由真空、负压到300MPa以上的高压、超高压。而工作温度由-200℃到1000℃以上，所输送的介质又多是有毒、易燃、易爆的。

管道体系庞大。管道由多个组成件、支承件组成，任何一个环节出现问题都会造成整条管线的失效。

管道的空间变化大。要么是长距离却经过复杂多变的地质条件、地形地貌、人文环境、天气环境；要么是在一个环境里，但是其立体空间变幻莫测。

腐蚀机理与材料损伤的复杂性。易受周围介质或设施的影响，容易受诸如腐

蚀介质、杂散电流影响，而且容易遭受第三方破坏。

失效的模式多样。

载荷的多样性，除介质的压力外，还有重力载荷及位移载荷等。

材质的多样性，可能一条管道上就需要用几种材质。

安装方式多样，有的架空安装，有的埋地敷设。

实施检验的难度大，如对于高空和埋地管道的检验始终是难点。

压力管道元件数量多、标准多。

五、压力管道的类别与组成

（一）压力管道的类别划分

压力管道的用途广泛，品种繁多。不同领域内使用的管道，其分类方法也不同，可以按主体材料、敷设位置、输送介质特性、用途安全监督管理的需要进行分类。

按主体材料划分，可分为金属管道和非金属管道。金属管道又可分为铸铁管道、碳钢管道、低合金钢管道、不锈钢管道、有色金属管道等。非金属管道包括塑料管道、玻璃钢管道、金属复合管道、非金属复合管道。

按敷设位置划分，可分为架空管道、埋地管道、地沟敷设管道。

按介质压力分类，通常可分为超高压管道（>42MPa）、高压管道（10~42MPa）、中压管道（1.6~10MPa）、低压管道（<1.6MPa）。

按介质温度分类，一般可分为高温管道（>200℃）、常温管道（-29~200℃）、低温管道（<-29℃）。

按介质毒性分类，可分为剧毒管道（极度危害）、有毒管道（非极度危害）、无毒管道。

按介质燃烧特性分类，分为可燃介质管道、非可燃介质管道。

以介质腐蚀性分类，分为强腐蚀性介质管道、腐蚀性介质管道、非腐蚀性介质管道。

按毒性、燃烧特性等特征对流体进行分类，分为A1类流体、A2类流体、B类流体、C类流体、D类流体。然后，根据流体分类方便地提出内部为相应介质管道的要求。

A1类流体指剧毒流体，在输送过程中如有极少量的流体泄漏到环境中，被

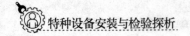

人吸入或与人体接触时，会造成严重中毒，脱离接触后，不能治愈。相当于《职业性接触毒物危害程度分级》（GBZ/T 230—2010）中 I 级（极度危害）的毒物。

A2 类流体指有毒流体，接触此类流体后，会有不同程度的中毒，脱离接触后可治愈。相当于《职业性接触毒物危害程度分级》（GBZ/T 230—2010）中 II 级（高度、中度、轻度危害）的毒物。

B 类流体指该类流体在环境或操作条件下是一种气体或可闪蒸产生气体的液体，这些液体能点燃并在空气中连续燃烧。

D 类流体指不可燃、无毒、设计压力小于或等于 1.0MPa 和设计温度介于 −20℃ ~ 186℃之间的流体。

C 类流体指不包括 D 类流体的不可燃、无毒的流体。

按管道用途分类，分为长输油气管道、城镇燃气管道、热力管道、工业管道（包括工艺管道、公用工程管道）、动力管道、制冷管道、油气田集输管道。

（二）压力管道的组成

压力管道由管子、管件、阀门、法兰、补偿器等压力管道元件，以及安全保护装置（安全附件）、附属设施等组成。

安全保护装置包括紧急切断装置（紧急切断阀等）、安全泄压装置（安全阀、爆破片等）、测漏装置、测温测压装置（温度表、压力表）、静电接地装置、阻火器、液位测试装置（液位计）和泄漏气体安全报警装置（声、光报警装置）。

附属设施指阴极保护装置、压气站、泵站、阀站、调压站、监控系统等。

1. 长输（油气）管道

长输（油气）管道的输送距离长，常穿越多个行政区划，甚至国界；大多设有中途加压泵站；一般有穿跨越工程；绝大部分埋地敷设，管线常经过不良土壤区域（沙漠、沼泽、湿陷性黄土）及丘陵、山区、平原；管线常须经过村庄、市郊居住区、厂矿、危险性仓库、自然保护区等区域。

我国的长输（油气）管道主要集中在石油、石化、燃气系统中，按输送介质的不同分为输油管道、输气管道、油气混输管道，其中输油管道又分为原油和成品油两类。输油管道和输气管道的敷设方式基本相同，管道组成结构也基本相似。

（1）输油管道。

输油管道分为原油管道与成品油管道。

原油管道是将油田生产的原油输送至炼厂、港口、铁路运转站的长距离输油管道，它由各类型输油站、管线及有关辅助设施构成。原油管道分为等温输送与加热输送管道。

成品油管道是将炼油厂生产的油品送至各分输站、运转站或油库，向市场直接供应商品油。

原油管道与成品油管道均由输油站、线路及附属设施组成。两者具有分输功能，区别是后者起点或中途加油站场是与炼油厂相连接。

（2）输气管道。

输气管道是由站场、线路、辅助工程设施组成。输气管道是连接气田净化气处理厂与城市门站之间的干线输气管道，它具有输量大、压力高、距离远的特点。

2. 公用管道

公用管道包括城镇燃气管道（天然气、人工燃气、液化石油气等）和城镇热力管道（热水与蒸汽），多为地下敷设。由于城镇人口与建、构筑物稠密，各种地下管线和设施较多，为安全起见，一般公用管道压力比较低，以尽量避免介质泄漏而发生安全事故。在城镇由于各类用户繁多，道路纵横交错，楼房鳞次栉比，公用管道要通向每一个用户，因此管道密集，选线十分困难，做好各种公用管道的布线，十分重要。

（1）城镇燃气管道。

①城镇燃气管道的分类。

城镇燃气管道可分为输气管道（由气源厂或门站、储配站至各级调压站输送燃气的主干管线）、分配管道（在供气地区将燃气分配给工业企业用户、商业用户和居民用户。分配管道包括街区的和庭院的分配管道）、用户引入管和室内燃气管道。

城镇燃气管道根据输气压力户分为：高压 A（$2.5MPa<p\leq4.0MPa$）、高压 B（$1.6MPa<p\leq2.5MPa$）、次高压 A（$0.8MPa<p\leq1.6MPa$）、次高压 B（$0.4MPa<p\leq0.8MPa$）、中压 A（$0.2MPa<p\leq0.4MPa$）、中压 B（$0.012MPa$）、低压（$p<0.01MPa$）。

②城镇燃气输配系统的构成。

现代化的城镇燃气输配系统是复杂的综合设施，主要由下列四部分构成：低压、中压、次高压与高压等不同压力的燃气管网；门站、储配站；分配站、压送站、调压计量站、区域调压站；信息与电子计算机中心。

③城镇燃气管网系统。

城镇燃气输配系统的主要部分是燃气管网，根据所采用的管网压力级制不同可分为四种。一级系统：仅用低压管网来分配和供给燃气，一般只适用于小城镇的供气系统。两级系统：由低压和中压或低压和次高压两级管网组成。低压-高压两级管网系统气源为天然气，用长输管线的末段储气。低压-中压两级管网系统的气源是人工燃气，用低压储气罐储气。三级系统：包括低压、中压（或次高压）和高压的三级管网。气源是来自长输管线的天然气（也可以是高压的人工燃气），用高压储气罐储气。多级系统：由低压、中压、次高压和高压的管网组成。气源是天然气，供气系统则用地下储气库、高压储配站与长输管线储气。

（2）热力管道。

城镇供热系统分为分散供热和集中供热两种类型，目前以后者为主。集中供热系统是指一个或多个集中的热源通过供热管网向多个热用户供应热能的系统，它主要由热源、热网和热用户组成。热网是指由热源向热用户输送和分配供热介质的管线系统，即热力管道。

供热管网是连接供热热源与热用户的纽带，是集中供热系统的重要组成部分。城市供热管网一般供热参数如下：蒸汽管网压力≤2.5MPa，温度≤350℃；热水管网压力≤1.6MPa，温度≤150℃。

供热管网按其平面布置形式可分为枝状管网、环状管网和多管制管网。枝状管网是目前我国城市供热中普遍采用的形式。

3. 工业管道

工业管道是由管道组成件和支承件组成。

管道组成件是指用于连接或装配管道的元件。它包括管子、管件、法兰、垫片、紧固件、阀门、膨胀接头、挠性接头、耐压软管、疏水器、过滤器和分离器等。

管道支承件是指管道安装件和附着件的总称。其中，安装件是指将负荷从管子或管道附着件上传递至支承结构或设备上的元件。它包括吊杆、弹簧支吊架、斜拉杆、平衡锤、松紧螺栓、支撑杆、链条、导轨、锚固件、鞍座、垫板、滚柱、托座和滑动支架等。附着件是指用焊接、螺栓连接或夹紧等方法附装在管子上的零件，它包括管吊、吊（支）耳、圆环、夹子、吊夹、紧固夹板和裙式管座等。

工业管道的构成并非千篇一律，由于它所处的位置不同，功能有差异，所需要的元器件就不同。最简单的就是一段管子。

六、压力管道安装

安装资质及安装常用标准规范。从事压力管道安装的单位必须具有安装相应类别级别压力管道的资格。如何取得相应的安装资格按照《压力管道安装单位资格认可实施细则》的有关规定执行。

进行压力管道安装所需配置的资源。压力管道安装所需配置的资源主要有质量管理体系、工程施工人员、施工用设备、施工程序和检查手段等。

压力管道的施工一般采用工程项目管理法，按照工程项目建立质量管理体系、配置相应的人员、设备等。

第三节 起重机械及其安装

一、起重机械的工作原理、用途及其特点

（一）起重机械的工作原理

起重机械通过起重吊钩或其他取物装置起升或起升加移动重物。起重机械的工作过程一般包括起升、运行、下降及返回原位等步骤。起升机构通过取物装置从取物地点把重物提起；运移、回转或变幅机构把重物移位，在指定地点下放重物后返回到原位。

（二）起重机械的主要用途

起重机械是一种空间运输设备，主要作用是完成重物的位移。它可以减轻劳动强度，提高劳动生产率。起重机械是现代化生产不可缺少的组成部分，有些起重机械还能在生产过程中进行某些特殊的工艺操作，使生产过程实现机械化和自动化。

桥式、门式起重机广泛用于工业企业、港口码头和铁路车站、仓库物流、电站。

塔式起重机主要用于房屋建筑、市政建设、水电和道路建设及设备安装等场

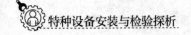

所，特别是在工业和民用建筑施工中，它能安装在靠近建筑物的地方，充分发挥其起重能力，并能随建筑物的升高而升高，满足高层或超高层建筑施工的需要。

流动式起重机特点是机动灵活，是能在带载或空载情况下，沿无轨道路行驶，依靠重力保持稳定的臂架型起重机，被广泛地用于港口、车站、货场、物流中心和工厂等地的货物装卸，也用于建筑施工和设备安装。

门座起重机主要用于港口、码头货物的装卸，造船企业的船舶制造、安装及修理，以及大型水电、火电工地的施工。

施工升降机主要应用于建筑施工与维修，也可作为仓库、码头、船坞、高塔、高烟囱等处的运输机械。

轻小型起重设备体积小、重量轻，安装搬运方便，还能安装外形尺寸大、重量较重的特殊构件（如网架结构），特别适用于维修工作，以及场地狭小不能使用其他起重设备的作业场所。

（三）起重机械的工作特点

通过综合分析，起重机械工作特点可概括如下：

通常结构庞大，机构复杂，能完成一个起升运动、一个或几个水平运动。在作业过程中，常常是几个不同方向的运动同时操作，技术难度较大。

所吊运的重物多种多样，有的重物重达几百吨乃至上千吨，有的物体长达几十米，形状也很不规则，有散粒、热熔状态、易燃易爆危险物品等，吊运过程复杂而危险。

大多数起重机械，需要在较大的空间范围内运行，有的要装设轨道和车轮（如塔式、桥式起重机等）；有的要装上轮胎或履带在地面上行走（如汽车、履带起重机等）；有的需要重物在钢丝绳上行走（如缆索起重机），活动空间较大，一旦造成事故影响范围也较大。

有的起重机械载运人员，在轨道、平台或钢丝绳上做升降运动（如升降平台等），其可靠性直接影响人身安全。

暴露的、活动的零件比较多，且常与起重作业人员直接接触（如吊钩、钢丝绳等），潜在许多偶发的危险因素。

作业环境复杂。作业场所常会存在高温、高压、易燃易爆、输电线路、强磁等危险因素，对设备和作业人员构成威胁。

一些起重作业常需要指挥、捆扎、驾驶等作业人员共同实施，要求配合熟练、动作协调、互相照应。

二、起重机械的分类与组成

（一）起重机械的分类

按功能和结构特点，起重机械可分为轻小型起重设备、起重机、升降机、工作平台、机械式停车设备5类起重设备。简介如下：

1. 轻小型起重设备

轻小型起重设备构造紧凑，动作简单，作业范围投影以点、线为主。分为千斤顶、滑车、电动葫芦、卷扬机等。

2. 起重机

起重机是用吊钩或其他取物装置吊挂重物，在空间进行升降与运移等循环性作业的机械。

（1）按构造分为：①桥架型起重机，取物装置悬挂在可沿桥架运行的起重小车、葫芦或臂架式起重机上的起重机，比如，桥式起重机、门式起重机等；②臂架型起重机，取物装置悬挂在臂架上或沿臂架运行的小车上的起重机。比如，门座起重机、塔式起重机、流动式起重机等；③缆索型起重机，挂有取物装置的起重小车沿架空承载绳索运行的起重机，比如，缆索起重机、门式缆索起重机等。

（2）按取物装置和用途分为吊钩起重机、抓斗起重机、电磁起重机、电磁料箱起重机、抓斗料箱起重机、平炉加料起重机、电极棒起重机、桥式堆垛起重机、铸造起重机、加热炉装取料起重机、锻造起重机脱锭起重机、均热炉夹钳起重机、挂梁起重机、集装箱起重机等。

（3）按移动方式分为固定式起重机、爬升式起重机、便移式起重机、径向回转式起重机、行走式起重机、自行式起重机、拖行式起重机等。

（4）按驱动方式分为手动起重机、电动起重机、液压起重机等。

（5）按回转能力分为回转起重机、非回转起重机。

3. 升降机

升降机是重物或取物装置只能沿导轨升降的起重机械，如施工升降机、简易升降机等。

（1）施工升降机按构造方式分为：①齿轮齿条式升降机，采用驱动齿轮带

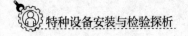

动吊笼沿导轨架上的齿条上下运动的升降机；②钢丝绳式升降机，采用卷扬机牵引钢丝绳带动吊笼在导轨架上做上下运动的升降机；③混合式升降机，一个吊笼采用齿轮齿条传动；另一个吊笼采用钢丝绳提升的升降机。

（2）简易升降机常见的形式为井字架（井架、竖井架）和门式架（门架、龙门架）。

4. 工作平台

按构造分为桅杆爬升式升降工作平台、移动式升降工作平台。

5. 机械式停车设备

机械式停车设备是近年发展起来的一种特种设备，主要用于停放机动车辆，节省宝贵的土地资源。按照特种设备目录，机械式停车设备属于起重机械。

（二）起重机械的组成和结构特点

起重机械种类繁多，结构各异，但通常均由金属结构、主要零部件、工作机构、电气设备等组成。轻小型起重设备结构较为简单，不进行具体介绍。下面主要介绍起重机、升降机和机械式停车设备的组成及结构特点。

1. 金属结构

金属结构一般由若干杆件组成，杆件由钢板和型钢等构成，各杆件之间及组成杆件的各钢板和型钢之间以某种方式加以连接，常用的连接方法有铆接、焊接、螺栓连接和销轴连接等。

经事故统计分析发现，有相当数量的起重机失效是发生在其金属结构的连接处。金属结构的分类如下：

（1）金属结构中最常用的结构形式可分为杆系结构和板结构。杆系结构由许多杆件焊接而成，板结构由薄板焊接而成。

（2）按金属结构的外形不同，分为门架结构、臂架结构、车架结构、转柱结构、塔架结构等。这些结构可以是杆系结构，也可以是板结构。

（3）按组成起重机金属结构的连接方式不同，可分为铰接结构、刚接结构和混合结构。

（4）起重机金属结构按照作用载荷与结构在空间的相互位置不同，分为平面结构和空间结构。

（5）按起重机金属结构的几何构造和计算方法来分，可分为静定结构和超静定结构。

2. 主要零部件

主要零部件有取物装置、钢丝绳、制动器、滑轮、卷筒等，下面主要介绍取物装置、钢丝绳、制动器。

（1）取物装置。

取物装置分为吊钩、抓斗、电磁吸盘等形式，其中应用最广泛的是吊钩。

吊钩是最常见的取物装置。其端部做成钩状，可分为单钩和双钩两种，截面形状有圆形、方形、梯形和 T 字形等。单钩的制造与使用比较方便，常用于较小的起重量；双钩的受力比较有利，常用于较大的起重量。

（2）钢丝绳。

钢丝绳是起重机的重要零件之一。钢丝绳具有强度高、挠性好、自重轻、运行平稳、极少突然断裂等优点，因而广泛用于起重机的起升机构、变幅机构、牵引机构。钢丝绳由一定数量的钢丝和绳芯经过捻制而成。首先将钢丝捻成股，然后将若干绳股围绕着绳芯制成绳。绳芯是被绳股所缠绕的挠性芯棒，起到支撑和固定绳股的作用，并可以储存润滑油，增加钢丝绳的挠性。

按钢丝绳中股的数目分，有 4 股、6 股、8 股和 18 股钢丝绳等，目前起重机上多采用 6 股的钢丝绳；按钢丝绳的钢丝和绳股之间捻挠的方向分为顺绕绳、交绕绳、混绕绳；按股的接触状态分为点接触钢丝绳、线接触钢丝绳、面接触钢丝绳；按钢丝绳的绕向分为右绕绳和左绕绳。

钢丝绳的损坏主要是在长期使用中，钢丝绳的钢丝或绳芯由于磨损与疲劳，逐步折断。有关项目包括断丝的性质和数量，绳股的折断情况，绳芯损坏而引起的绳径减小、弹性降低的程度，外部及内部磨损情况，外部及内部腐蚀情况，变形情况，由热或电弧造成的损坏情况。

（3）制动器。

制动器是使机构停止运转或防止机构运转的装置，是保证起重机安全正常工作的重要部件。制动器分为常闭式、常开式和综合式三种型式。起重机上多采用常闭式制动器，即机构不工作期间，制动器处于抱闸制动状态。欲使机构工作，须通过外力使制动器松闸，机构即可运转。按构造形式可分为短行程块式制动器、长行程块式制动器、液压推杆块式制动器、液压电磁铁块式制动器、圆盘式制动器、锥盘式制动器、带式制动器等几种。其中，块式制动器因其构造简单、制造安装调整方便而应用最广。短行程块式制动器主要用于轻级或中级工作制的起重机上；长行程块式制动器只适用于起升机构；液压推杆块式制动器用于运行机构和回转机构较好,缺点是制动较慢,用在起升机构时有"溜钩"现象;液压电磁铁块式制动器适用于各种机构;圆盘式制动器一般装在低速轴或者卷筒轴上;锥盘式制动器目前被电动葫芦广泛使用,一些制动力矩小的轻小型起重设备也会使用;带式制动器在流动式起重机上使用较多,作为安全制动器还常装在低速轴或卷筒上。

3. 工作机构

因起重作业的需要,起重机要做起升、下降、移动、回(旋)转、变幅、爬升和伸缩等动作,而这些动作要由起升机构、运行机构、回转机构、变幅机构等相应的机构来完成。

(1)起升机构。

①起升机构工作原理。

起升机构是升降重物的机构,是起重机最重要、最基本的机构。电动机通过联轴器与减速器的高速轴连接,减速器的低速轴带动卷筒,钢丝绳卷上或放出,经过滑轮组系统使吊钩起升或下降;通过制动器动作能使吊钩连同重物悬停在空中。起重机一般只有一个起升机构,桥门式起重机当有主、副钩时,有两个起升机构;门座起重机起重量较大时,除主起升机构外,还有副起升机构。

常见的电动葫芦实际上是把上述起升机构和控制装置一体化。

②起升机构的组成。

起升机构主要由驱动装置、传动装置、卷绕系统、取物装置、制动装置和安全防护装置等组成。此外,根据起重作业需要可以增设各种辅助装置,如重量计量装置等。

驱动装置:驱动装置是实现重物升降的动力源。其形式可分为集中驱动和分别驱动两类。集中驱动采用一台原动机带动各个机构,其传动装置与操作系统复杂。采用分别驱动时,每个机构分别由各自的电动机驱动,其特点是布置方便、安装和检修容易。分别驱动是现代起重机的主要形式。

传动装置:传动装置包括传动轴、联轴器、减速器等。

卷绕系统:起升钢丝绳从卷筒上绕进绕出,经过滑轮组,把取物装置(吊钩、抓斗、电磁吸盘等)连接起来。卷绕系统对起重作业安全影响很大。根据有关事故统计,由卷绕系统造成的人身伤害事故占起重伤害事故的30%~40%。

制动装置:起重机起升机构必须采用常闭式制动器。在起重作业中,制动器可以停止卷筒运转,防止起吊的重物下落,也可使被吊重物悬停在空中。

（2）运行机构。

起重机的运行机构就是使起重机或起重小车做水平运动，分为工作性的运行机构和非工作性的运行机构。工作性的运行机构用来吊运重物，非工作性的运行机构只是用来调整起重机的工作位置。对不同类型的起重机，其运行机构的设备组成及结构特点是各不相同的。

运行机构按有无轨道分为有轨和无轨两种。一般起重机采用有轨运行机构，有轨运行机构通常可分为大车运行机构和小车运行机构，其工作时车轮在钢轨上行驶，通过大车运行机构和小车运行机构的复合运动来实现吊点定位；无轨运行机构采用轮胎或履带，在普通道路上行驶。汽车起重机、轮胎起重机和履带起重机的运行机构属于无轨运行机构。

运行机构按驱动方式又分为自行式和牵引式两种。自行式运行机构的驱动装置安装在运行部分上，其驱动力是靠主动轮与轨道间的摩擦力（附着力）；牵引式运行机构是由运行部分以外的驱动装置驱动，一般是由钢丝绳牵引，运行部分质量较小，用于大跨度的悬臂起重机，由于不受附着力的限制，可以采用较大的运行速度及较大的坡度运行。

①大车运行机构：桥式起重机、门式起重机、门座起重机、岸边集装箱起重机都设有大车运行机构。起重机大车运行机构主要由运行支承装置和运行驱动装置两部分组成，运行支承装置由车轮和轨道构成；运行驱动装置由电动机或内燃机、减速器与制动器构成。驱动形式有分别驱动和集中驱动两种。

大车运行机构主要由电动机、减速器、制动器、传动轴、联轴器和车轮等零部件组成。

②小车运行机构：一是桥架型起重机小车运行机构，常见的有电动葫芦运行机构、车架式运行机构等。取物装置通常装设在小车运行机构上，小车运行机构主要由电动机、减速器、制动器、传动轴、联轴器和车轮等零部件组成。二是回转型起重机小车运行机构，用于工作性变幅，幅度的改变是通过起重小车沿着水平的臂架运行来实现的，如水平变幅的塔式起重机。起重小车主要由车架、行走滚轮、导向轮、起升绳等组成。

③塔式起重机运行（行走）机构。轨道行走式塔式起重机运行在枕木或混凝土轨枕铺设的轨道上。其行走机构由电动机、减速器、制动器、台车、车轮、夹轨器、行程限位器和缓冲器等组成。

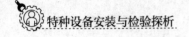

（3）变幅机构。

变幅机构是使臂架倾角变化而改变起重机幅度的机构，装设在回转类型起重机上，如门座起重机、流动式起重机和部分塔式起重机等。其组成大多数与卷扬机的结构类似，包括电动机、制动器、联轴器、减速器和卷筒等。在带载条件下进行变幅称为工作性变幅；在空载条件下变幅称为非工作性变幅。由于整个变幅结构及重物是由变幅绳承受，须特别关注变幅机构的安全。

（4）回转机构。

回转机构（有时也称旋转机构）作用是使起重机实现回转运动，达到在水平面内吊运重物的目的。塔式起重机、流动式起重机、门座起重机一般装有回转机构。塔式起重机和门座起重机的回转机构主要由回转支承装置、驱动装置和制动装置组成；流动式起重机的回转机构主要由回转驱动装置、回转支承、缓冲装置和制动装置组成。当采用制动器作为制动装置时，必须使用常开式制动器。

（5）其他工作机构。

起重机上常用的工作机构还有顶升机构、架设机构、支腿及起重臂伸缩机构和悬臂俯仰机构等。顶升机构主要用于自升式塔式起重机加装、拆卸塔身标准节和在建筑物内部爬升；架设机构主要用于快速安装型塔式起重机的自行架设；支腿机构和起重臂伸缩机构主要用于流动式起重机支腿和起重臂的伸缩；悬臂俯仰机构是岸边集装箱起重机所特有的机构，主要用于不工作时可以升起（两侧）前臂梁，使船舶有自由活动的空间。

4. 电气设备

起重机的电气设备主要由供电系统、电动机、各种控制电器（控制器、各种开关和断路器、接触器、继电器、电阻器等）组成，分为电力拖动和电气控制等部分。电力拖动部分的作用是为起重机各机构的运行提供动力和速度控制；电气控制部分的作用是对起重机进行操纵和控制。

（1）供电系统。

起重机一般使用交流电，采用软电缆供电和滑线供电。采用软电缆供电时，应备有一根专用芯线作为接地线；采用滑线供电时，对安全要求高的场合也应备有专用接地滑线。

滑线固定在大车轨道承轨梁侧和大车主梁走台上，集电器则固定在起重机电源导电架上和小车导电架上，依靠两者互相滑动或滚动摩擦来供电。

（2）电动机。

电动机为起重机提供动力。由于在运行中需要承受频繁的起动、正反转、制动及机械振动和冲击，还要适应各种工作环境和温度变化，选用电动机时应优先选用起重冶金专用电动机。

（3）控制器。

控制器用于控制起重机各机构的电动机起动、制动和正反转，它是起重机重要操作设备之一。控制器对电动机的控制，根据切断电路型式不同分为直接控制、半直接控制、间接控制等方式。控制器由机械部分、电气部分、防护部分三部分组成。常用的控制器有鼓形控制器、凸轮控制器、主令控制器和联动控制台等类型。目前在用起重机大部分采用凸轮控制器和主令控制器，发展趋势是采用联动控制台。

（4）过电流继电器。

目前在起重机上采用的过电流继电器有两种类型：一种是瞬时动作的过电流继电器，如 JL5 系列，它可作为起重机的过载保护；另一种是反时限动作的过电流继电器，如 JL12 系列，它可作为起重机的过载和短路保护。

（5）熔断器。

在起重机主回路、控制回路、照明回路中均设有熔断器。熔断器起短路保护作用。当回路中发生短路或机构被卡住而造成电动机严重过载时，熔断器在瞬间熔化而切断供电线路。

（6）主电源开关。

主电源开关用于接通或者切断起重机电源。

（7）电气保护设施。

零位保护。其作用是当控制器不在零位时，按下启动按钮总接触器不能吸合。凡是用控制器控制的起重机各机构，都必须有零位保护。

失压保护。其作用是当电源电路停电时，确保电路能自动分断，失压保护常用总接触器来实现。

短路保护。其作用是电气电路中发生短路故障时，能自动切断故障回路的电源。短路保护常用熔断器及自动开关或过电流继电器来实现。

过电流保护。其作用是当电动机超载运行，回路工作电流超过额定工作电流时，能自动切断电源。过电流保护常用过电流继电器来实现。

错断相保护。其作用是供电电源发生错相、断相时，总电源接触器不应接通。

超速保护。其作用是防止可调速电动机超速。

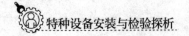

三、起重机械的生产过程

（一）起重机械的设计

起重机械的设计必须符合国家有关法律、法规、安全技术规范和标准的规定。起重机械制造单位和专业设计单位对所设计的起重机械安全性能负责。

（二）起重机械的制造

制造单位应当采用符合安全技术规范要求的起重机械设计文件。起重机制造过程，以某起重机制造单位的桥式起重机为例，通常包括设计、材料采购与检验、主梁制作、大车制作（主梁与大车组合）、走道制作、小车轨道安装、端梁制作、固定式钢直梯制造、安装设备铭牌、起重量标志等环节。

起重机械制造过程应当按照安全技术规范等规定的范围、项目和要求，由制造所在地的检验检测机构进行监督检验。

起重机械一般分为整机出厂和部件出厂。起重机械出厂时，应当附有设计文件（包括总图，主要受力结构件图，机械传动图和电气、液压系统原理图）、产品质量合格证明、安装及使用维修说明、监督检验证明、有关型式试验合格证明等文件。

（三）起重机械的安装、改造与维修

起重机械安装、改造、维修应当由依法取得安装、改造、维修许可的单位进行，在安装、改造、维修前应当按照规定向施工所在地的特种设备安全监督管理部门报告；在施工前向施工所在地的检验检测机构申请监督检验；安装、改造、维修单位应当在施工验收后 30 日内，将安装、改造、维修的技术资料移交使用单位。除流动式起重机和某些起重机外，其他类起重机械须通过现场安装完成后才能实现其运行功能。

第四节　电梯及其安装

一、电梯的用途和工作原理

（一）电梯的主要用途

电梯的主要用途是垂直或倾斜、水平地输送人和物。

在高层建筑中，电梯是不可缺少的运输设备，每天都有大量的人流和物流需要由电梯来输送。除了超高层建筑以外，在高层和多层的宾馆饭店、办公和住宅楼，电梯也是不可缺少的输送工具，特别是近几年建设的各类住宅小区，大量使用电梯，电梯已成为居民生活中不可缺少的生活设施。在服务性和生产性部门，如医院、商场、仓库、车站、机场等，也需要大量的病床电梯、载客电梯、载货电梯、自动扶梯和自动人行道。随着经济、技术和社会的不断发展，电梯将得到越来越广泛的应用，涉及人们生产和生活的方方面面。

（二）电梯的工作原理及特点

电梯实质上属于起重运输机械范畴，但电梯通常需要运送人员，必须十分安全，并且乘坐舒适、快捷。电梯是一种高度自动化的设备，使用者不需要训练都能自行操纵和使用，使乘客和货物安全地到达希望到达的楼层。下面以较为常见的曳引驱动电梯、自动扶梯和自动人行道为例，简要介绍电梯的工作原理及特点。

曳引驱动电梯是目前使用最广泛的一种垂直升降电梯。电梯的工作原理非常简单，电动机驱动曳引轮旋转，通过曳引轮绳槽与曳引钢丝绳的摩擦传动，实现钢丝绳两端的电梯轿厢和对重上升或下降运行。为了确保安全、舒适、高效，电梯还须配备各种安全保护装置、门系统、电力拖动系统、电气控制系统等。

曳引驱动电梯的特点是轿厢与对重做相反运动，一升一降，钢丝绳不需要缠绕（相对于强制驱动电梯），因而设计时可以通过调节其长度和根数来满足电梯的提升高度和载重量的要求。由于靠摩擦传动，当电梯失控冲顶时，对重会被底坑中的缓冲器阻挡，钢丝绳与曳引轮槽间将打滑，从而避免发生撞击楼板的事故。由于曳引驱动电梯具有这些优点，因此一直沿用至今。

强制驱动电梯是采用链或钢丝绳悬吊的非摩擦方式驱动的电梯。此类电梯结构较简单，但因卷筒容绳量有限而使电梯的行程较短，且发生过卷扬时钢丝绳被拉断的事故，故现在较少使用。

液压驱动电梯是依靠液压驱动的电梯，包括直接顶升液压电梯、间接顶升液压电梯。直接顶升液压电梯是油缸柱塞直接顶升轿厢底部或侧面的液压电梯，又可分为单缸底置直顶、单缸侧置直顶、双缸侧置直顶等几种。间接顶升液压电梯是将油缸柱塞设置在井道侧面，借助钢丝绳通过滑轮组与轿厢连接，使轿厢升降的液压电梯。

自动扶梯类似一台特殊结构的链式输送机，其扶手带则类似于两台带式输送机。自动扶梯的每个梯级像一个四轮小车，梯级两边的主轮与主牵引链条铰接在一起，牵引链条拖动梯级的主轮，使梯级沿着主轮轨道运行，从而将站立在梯级踏板上的人员自一个楼层运送到另一个楼层。梯级两边的辅轮则沿着另外两条辅轮轨道运行，使梯级在工作区域上保持踏板的水平状态。自动扶梯工作区分为下水平段、倾斜段和上水平段，每一段之间的连接有一曲线段过渡。自动扶梯的扶手装置是供站立在自动扶梯上的乘客扶手用的，它由扶手胶带、驱动系统、栏杆等组成。

自动人行道是采用水平或微倾斜（<12°）方式输送人员的设备。现在一些大型商场也在楼层之间安装使用倾斜自动人行道，以便于运送顾客和具有防滑行功能的特殊购物小车。自动人行道有踏板式和带式等结构。踏板式自动人行道类似自动扶梯，踏板水平或微倾斜运行；带式自动人行道则类似于平面皮带运输机。自动人行道的扶手带与自动扶梯完全一致。

与垂直升降的电梯相比，自动扶梯和自动人行道具有以下特点：输送能力大，每小时可输送 4500~13 500 人；能连续运送人员；不须设置井道。但其也具有速度慢、造价高等缺点。

二、电梯的分类与结构组成

（一）电梯分类的方法

1. 载人（货）电梯

（1）按驱动方式可将电梯分为如下四类：

曳引驱动电梯：依靠摩擦力驱动的电梯。目前大部分电力驱动的电梯采用该种驱动方式。

强制驱动电梯：用链或钢丝绳悬吊的非摩擦方式驱动的电梯。

液压驱动电梯：依靠液压驱动的电梯，包括直接顶升液压电梯、间接顶升液压电梯。

感应式电梯：又称直线电机驱动的电梯，它的理论依据是将导轨当成一个直径无限大的电机定子，将轿厢当成电机转子，当电磁场沿着导轨（定子）运动时，轿厢（转子）就会跟着电磁场的方向而升降。这种电梯目前仍处于试验阶段。

（2）按用途可分为乘客电梯、载货电梯、病床电梯、杂物电梯、观光电梯、非商用汽车电梯等几类。

乘客电梯：为运送乘客而设计的电梯。其特点是运行安全舒适，装饰新颖美观，为便于乘客进出轿厢，迅速疏散，一般轿厢宽度比深度大，其比例在 $10:7\sim10:9$。

载货电梯：主要运送货物的电梯，同时允许有人员伴随。其特点是结构牢固，为节约投资和保证良好的平层精度，通常额定速度较低。轿厢容积比较大，一般轿厢深度大于宽度或两者相等。

病床电梯：运送病床（包括病人）及相关医疗设备的电梯，又称医用电梯。其特点是对运行稳定性和平层准确度要求高，一般由专职司机操纵，轿厢窄而深，以便于病床出入。

杂物电梯：服务于规定层站的固定式提升装置。杂物电梯不仅严禁运载人员，且在平层时也不允许人员进入轿厢装卸货物。为满足人员不能进入的条件，轿厢底板面积不得超过 $1.00m^2$，深度不得超过 $1.00m$，高度不得超过 $1.20m$。

观光电梯：井道和轿厢壁至少有同一侧透明，乘客可观看轿厢外景物的电梯。

非商用汽车电梯：其轿厢适用于运载小型乘客汽车的电梯。其特点是轿厢面积较大，要求与所装小型汽车相匹配，构造牢固、速度较低，主要用于高层或多层车库或仓库。

此外，还有客货电梯和住宅电梯等。客货电梯是以运送乘客为主，可同时兼顾运送非集中载荷货物的电梯。与乘客电梯相比，客货电梯的轿厢装饰通常较为简单。而住宅电梯则是供住宅楼使用的电梯，主要运送乘客，也可运送家用物件或生活用品，更注重电梯的实用性。这两类电梯本质上属于乘客电梯。

（3）按速度分类：目前对电梯还没有按速度分类的严格定义。一般将电梯分为以下 4 类：①低速电梯，小于或等于 $100m/s$ 的电梯；②中速电梯，速度大于 $1.00m/s$，小于或等于 $2.50m/s$ 的电梯；③高速电梯，速度大于 $2.50m/s$，小于或等于 $6.00m/s$ 的电梯；④超高速电梯，速度大于 $6.00m/s$ 的电梯。

除上述分类方法外，电梯还可按是否采用减速器分为有齿轮电梯和无齿轮电梯；按机房型式分为有机房电梯、小机房电梯和无机房电梯。无机房电梯将曳引机、控制屏等设置在井道里，取消了机房，从而少占用建筑物面积，并采用了无齿轮曳引机等技术。相对于有机房电梯，无机房电梯的维修量有所减少。

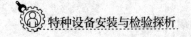

2. 自动扶梯

按使用载荷条件分类，可分为普通型和公共交通型自动扶梯。

按使用的气候条件分类，可分为室内、半室内和露天三种。

按驱动方式分类，分为端部驱动和中间驱动自动扶梯，后者适用于多级驱动的超高自动扶梯。

按控制方式分类，自动扶梯分为不间断运合、自动起动、自动变速起动等几种。自动扶梯通常为直线型，也有部分为圆弧型自动扶梯。

3. 自动人行道

按结构分类，自动人行道可分为踏板式、带式和双线式。

按控制方式分类，自动人行道可分为不间断运行、自动启动等几种。最近国外还研制出利用螺杆加速进入和减速离去的高速自动人行道，输送速度达 2.00m/s。

（二）电梯的组成及其结构特点

电梯是机械、电气、电子技术一体化的产品。机械部分如同人的躯体，是执行机构；各种电气线路如同人的神经，是信号传感系统；控制部分则如同人的大脑，分析外来信号和自身状态，并发出指令让机械部分执行。各部分密切协同，电梯才能可靠运行。

1. 曳引和强制驱动电梯

载人（货）电梯和自动扶梯及自动人行道的组成和结构特点各有不同。下面以常见的电力驱动的曳引式载人（货）电梯及自动扶梯和自动人行道为例，简要介绍电梯的组成和结构特点。

自 1852 年第一台电梯在德国诞生以来，电梯技术有了很大的发展，尤其是美国人奥的斯发明了电梯防坠落安全装置，使电梯安全有了保证，开创了电梯新纪元。从 1857 年 3 月 23 日世界上第一台采用蒸汽驱动的乘客电梯在纽约百老汇的一家商店投入使用起，随着制造电梯技术的成熟，人类建设高层、超高层建筑物的梦想才成为现实。1903 年奥的斯电梯公司推出的现代曳引电梯，几乎可以适用于任何高度的建筑物。现代电梯的原理很简单，但要实现安全、高效、舒适却不是一件容易的事情。

现代曳引电梯由曳引驱动系统、悬挂（含轿厢和对重）系统、导向及支撑土建系统、门系统、电力拖动系统、信号控制系统和安全保护系统七部分组成。

（1）曳引驱动系统。

曳引驱动系统包括电动机、制动器、减速器、曳引轮、导向轮等部件。电动机为电梯提供动力，通过电动机的旋转，带动曳引轮旋转。

制动器的作用是使轿厢停止和保持停止状态。现代许多电梯已经实现零速停车，即电动机能够使电梯轿厢完全停止后，制动器才动作，这样能保证平层准确度和减速时的舒适性。为确保安全，制动器必须具有当电梯轿厢载有125%额定载荷和全速运行时不依赖其他装置将电梯停止的能力。电梯的制动器是一个机电式制动器，制动器的制动力应由压缩弹簧或重锤提供，当电梯主回路或控制电路断电时，制动器必须动作。

有齿轮电梯多采用蜗轮蜗杆减速器，电动机轴通过联轴器与蜗杆连接，通过蜗杆与蜗轮啮合将电动机较高的旋转速度减小到合适的程度。20世纪70年代开始在电梯上采用斜齿轮减速器，近年来也有电梯采用行星齿轮减速器。无齿轮电梯不需要中间减速器，电动机直接带曳引轮旋转。

有齿轮电梯的曳引轮安装在减速器的输出轴上，无齿电梯的曳引轮是直接安装在电动机轴上。曳引轮是钢丝绳的驱动元件，曳引轮绳槽的形状和尺寸对曳引力大小和钢丝绳寿命有很大影响。导向轮的作用是增大轿厢与对重距离。

（2）悬挂（含轿厢、对重）系统。

悬挂系统包括曳引钢丝绳、绳头组合、轿厢和对重等。

钢丝绳是电梯轿厢和对重的悬挂和驱动元件。电梯运行时，曳引钢丝绳在曳引轮上弯曲，其弯曲半径就是曳引轮的节圆半径。为了提高钢丝绳寿命，要求曳引轮节圆的直径必须是钢丝绳公称直径的40倍以上。为了使曳引轮直径较小，电梯多采用多根较细的钢丝绳。采用多根独立的钢丝绳做电梯的悬挂系统，还有利于提高悬挂系统的安全可靠性。

绳头组合是固定钢丝绳头的部件。常用的绳头组合有巴氏合金锥套绳头组合和楔块式绳头组合。绳头组合含有一段较长的螺杆，用来调整钢丝绳的张力。绳头组合中还设有压缩弹簧，以吸收震动冲击能量。

轿厢是装载乘客或货物的厢体，其上装有导靴、轿门及安全钳等装置。

对重由对重架和对重块组成，其作用是平衡轿厢及载荷，并为钢丝绳在曳引轮上产生摩擦曳引驱动力而提供正压力。

（3）导向及土建支撑系统。

导向及土建支撑系统由导靴及导轨（包括连接板、支架、压板、螺栓）和井道等组成。导靴分为滑动式和滚动式两种。轿厢和对重上通常分别装有四组导靴，导靴沿着导轨上下运行。

导轨的作用有三个：一是为电梯轿厢和对重运行提供一个精确的导向；二是承受轿厢通过导靴施加的水平作用力；三是当电梯超速或坠落安全钳动作时，在导轨上夹紧钢丝绳。导轨是用连接板一段一段地连接的，并用压板固定在支架上，压板固定的目的是在导轨热胀冷缩或建筑物下沉情况下能使导轨相对移动，防止导轨弯曲。导轨的精确度对电梯的平稳运行影响很大，尤其是对于高速电梯更是如此。

电梯的土建部分主要包括井道、机房及各层门门框、地坎等。井道为导轨支架提供支撑，井道下部是安装相关设备的底坑。而机房主要用于装设驱动主机和控制装置等设备。

（4）门系统。

门系统由轿厢门、层门、开门机、联动机构、门锁等组成。轿厢门是轿厢的组成部分，设在轿厢入口，由门扇、门导轨架、门靴和门刀等组成。层门设置在各层站入口，由门扇、门导轨架、门靴、门轮、门锁装置、防撞击装置和应急开锁装置等组成。轿厢门、层门分为水平滑动开启式和垂直滑动开启式两种，以水平开启式较为常见。水平开启式门又分为中分式和旁开式两种。水平滑动门的开门机设在轿厢上，开门机首先驱动轿门，再由门刀和门轮组成的联动机构驱动层门，实现开关门动作。

门系统是电梯事故多发点，由于层门没有关闭妥当，很容易发生层门口的人员坠落井道或被轿厢剪切、挤压的事故。门锁是防止这类事故的主要安全装置，其作用是在轿厢离开层站时，确保层门不被意外打开。每一层门上都装有门锁，有些中分式层门每扇门各装一把门锁。由于电梯运行时门锁动作频繁，其可靠性要求特别高，因此锁紧元件及其附件应用金属制造或加固，并且制造时要对门锁进行型式试验（包括 100 万次的完全循环耐久试验）。此外，层门是否锁紧还须由电气安全装置来验证，只有当锁紧元件啮合情况符合要求时，电气安全装置才能接通，电梯方可启动。保持门锁的锁紧动作应由重力、永久磁铁或压缩下作用的弹簧提供，当永久磁铁或弹簧失效时，重力不应导致开锁。

门控制系统还应保证层门或轿门（或多扇门中的任何一扇）打开时，应不能启动电梯，也不能保持电梯的运行。为此，层门需要装设机械电气联锁装置，而轿门及所有非直接机械连接的门扇需要安装电气安全装置。

每层的层门上都应设有一个紧急开锁装置（通常用三角钥匙开启），以满足救援和维修保养的需要。使用紧急开锁装置开锁后，门锁不应保持在开锁的状态，且层门应在轿门离开后自动关闭。紧急开锁装置的误用容易导致人员坠落井道的事故。紧急开锁的三角钥匙应由专人保管，如何使用、保管钥匙应当有书面说明。

为了防止关门时夹伤乘客，对动力关闭的门要限制关门力和门的动能，并设置防止门扇撞击的保护装置。

（5）电力拖动系统。

电力拖动系统由电动机、供电系统、速度反馈装置和调速装置等组成。在电力拖动系统中，供电系统提供电能，驱动电动机；调速系统根据速度反馈装置提供的信号控制运行速度。电梯的运行包括起动加速、稳速运行和制动减速三个过程。电梯的调速方式有交流变极调速、交流变压调速、直流调速和交流变压变频调速四种类型。交流变极调速是通过改变交流电动机的磁极对数来改变电动机的转速；交流变压调速是通过控制交流电动机定子电压来改变转差率，从而实现电动机的调速；直流调速是通过调节发电机的励磁来改变发电机的输出电压，或者用三相可控硅整流器把交流电变成可控的直流电来实现电动机的调速；交流变压变频调速则是通过均匀地改变交流电动机定子的电源频率来平滑地改变电动机的转速，同时为了保证调速时电动机的最大转矩不变，还要对电动机定子电压做相应的调节。目前使用最多的是交流变压变频调速系统，即 VVVF 系统（Variable Voltage Variable Frequency）。VVVF 系统驱动的电梯具有节能、效率高、驱动控制设备体积小和重量轻等优点，已成为电梯的主流调速系统。

（6）信号控制系统。

电梯信号控制系统由控制柜和各种信号传感装置等组成。控制系统根据轿厢内的指令信号、层站召唤信号和安全保护装置信号，经逻辑分析判断向电力拖动系统、制动器、开门机等装置和机构发出向上或向下起动、运行、减速、制动、停站、开关门等操纵指令。电梯可以按照信号控制的特点分为信号控制电梯、集选控制电梯、并联控制电梯和群控电梯等。

①信号控制电梯。

信号控制电梯具有自动平层、自动开门、轿厢指令登记、层站召唤登记、自动停层、顺向截停和自动换向等功能。司机只要将需要停站的层楼按钮逐一按下，再按启动按钮，电梯就自动关门运行。在这期间，司机只须操纵启动按钮，一直到预先登记的指令全部执行完毕。在运行中，电梯就能被符合运行方向的层

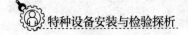

站召唤信号截停。

②集选控制电梯。

集选控制电梯是一种在信号控制基础上发展起来的全自动控制的电梯。集选控制电梯与信号控制的主要区别在于能实现无司机操纵。其主要特点是把轿内选层信号和各层外呼信号集合起来，自动决定上、下运行方向，顺序应答。这类电梯须在轿厢上设置称重装置，以免电梯超载。轿门上须设有保护装置，防止乘客出入轿厢时被夹伤。

集选控制又分为双向（全向）集选控制和单向（上或下）集选控制。全集选控制的电梯，无论是在上行还是在下行时，全部应答层站的召唤按钮指令。而单向的，只能应答层站一个方向（上或下）的召唤信号。一般下集选控制方式用得较多，如住宅楼内。

③并联控制电梯。

并联控制时，两台电梯共同处理层站呼梯信号。并联的各部电梯相互通信、相互协调，根据各自所处的层楼位置和其他相关的信息，确定一部最适合的电梯去应答每一个层站呼梯信号，从而提高电梯的运行效率。

④群控电梯。

群控是指将两部以上电梯组成一组，由一个专门的群控系统负责处理群内电梯的所有层站呼梯信号。群控系统既可以是独立的，也可以隐含在每一个电梯控制系统中。群控系统和每一部电梯控制系统之间都有通信联系。群控系统根据群内每部电梯的楼层位置、已登记的指令信号、运行方向、电梯状态、轿内载荷等信息，实时将每一个层站呼梯信号分配给最适合的电梯去应答，从而最大限度地提高群内电梯的运行效率。群控系统中，通常还可选配上高峰服务、下班服务、分散服务等多种满足特殊场合使用要求的操作功能。

群控采用微机控制和统一调度多部电梯。群控分为梯群程序控制、梯群智能控制。梯群程序控制按照预先编制好的交通模式程序，根据客流情况、轿厢负载、层站的召唤频繁程度、运行一周的时间间隔等来集中调度和控制多部电梯。梯群智能控制可显示出所有电梯的运行状态，通过专用程序分析电梯的工作效率、评价电梯的服务水平，根据客流情况，自动选择最佳的运行控制程序。

（7）安全保护系统。

安全保护系统由限速器、安全钳、缓冲器、端站保护装置、超速保护、供电断错相保护、层门与轿门连锁等装置组成。其能保证电梯的安全使用，防止事故的发生。

2. 液压电梯

液压电梯比曳引式电梯出现更早。在 1845 年，威廉·汤姆逊制造了世界上第一部水力液压电梯，利用井道顶部水箱中的水压将水注入液压缸使液压电梯工作，电梯的速度很慢，机械结构比较简单，用于码头运输和库房运输。到 19 世纪末，液压电梯的工作压力增大，速度也有所加快。对于大载荷和较高速度的电梯，液压系统的工作压力高于 55bar，最高速度已经达到 3.5m/s，占据了绝大部分的市场份额，应用已经十分广泛。

进入 20 世纪，随着电力传输和实用技术的发展，以电机带动曳引轮，靠钢丝绳和曳引轮的摩擦力带动电梯运动的曳引式电梯开始快速发展起来。在此期间，液压电梯技术停滞不前，没有创新，乘客液压电梯的市场几乎完全被电力驱动曳引式电梯所占据。

20 世纪 50 年代后，以油为介质的具有独立液压传动系统的液压电梯开始出现。欧洲和美国的各大液压公司均进入液压电梯控制系统制造领域，从事液压电梯专用控制阀、集成阀组及动力系统的开发与研究，液压电梯技术得到了快速的发展，而且造价也开始低于曳引式电梯，使得液压电梯在电梯市场中所占的比重越来越大，成为一个不可缺少的电梯品种。

（1）液压电梯主要应用场所。

在许多旧房改造的工程中，由于受原建筑结构的限制，不太可能做出较多的适应电梯安装的改动，所以对建筑要求低的液压电梯往往是最佳选择。

立体车库、停车场是典型的大载重量电梯应用场合，液压电梯占有较大的优势。

商场、餐厅、中低层豪华建筑中的观光电梯，由于在速度、美观、舒适感、井道结构等方面的特殊要求而较多采用液压电梯。

跳水台、石油站钻台、船舶等工业装置一般不能设置顶层机房，而且载重量大，使用液压电梯是较好的选择。

（2）液压电梯的组成及结构特点。

液压电梯是机、电、电子、液压一体化的产品，由以下相对独立但又相互联系配合的系统组成。

①泵站系统：由电机、油泵、油箱及附属元件组成。其功能是为油缸提供稳定的动力源和储存油液。目前，一般都采用潜油泵，即电机和油泵都设在油箱的

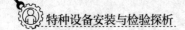

油内。油泵一般采用螺杆泵，输出压力在 0~10MPa，油泵的功率与油的压力和流量成正比。油箱除了储油以外，还有过滤油液、冷却电机和油泵及隔音消音（对潜油泵）等功能。

②液压系统：由集成阀块（组）、截止阀、破裂阀（限速切断阀）和油缸等组成。

集成阀块（组）是液压控制的主要装置，其将流量控制阀（比例流量阀）、单向阀、安全阀、溢流阀等组合在一起，控制输出流量，并有超压保护、锁定、压力显示等功能。

截止阀：一般为球阀，是油路的总阀，用来停机后锁定系统。

破裂阀（限速切断阀）：安装在油缸上，在油管破裂时，迅速切断油路，防止柱塞和轿厢下落。

油缸：将液压系统输出的压力能转化为机械能，推动柱塞带动轿厢运动的执行机构。

③导向系统：与曳引电梯相同。

④轿厢：与曳引电梯相同。

⑤门系统：与曳引电梯相同。

⑥电气控制系统：包括控制柜、操纵召唤装置和层楼显示。其中，控制柜中除处理各种召唤指令、位置信号、安全信号外，还有液压系统控制电路。

⑦安全保护系统：与曳引电梯一样，有防止端站越层、超速、断绳、人员坠落、剪切等保护装置。

3. 杂物电梯

杂物电梯是一种专供垂直运送小型货物的电梯，通常安装在饭店、食堂、图书馆等场所，用于少量食物和书籍的垂直运输，如俗称的"餐梯""食梯""传菜梯"等。

《杂物电梯制造与安装安全规范》（GB 25194—2010）定义的杂物电梯为服务于指定层站的固定式提升装置。它具有一个轿厢，轿厢的结构形式和尺寸不允许人员进入。轿厢在两列铅垂的或与铅垂线的倾斜度不大于15°的刚性导轨上运行。

为了满足不能进入的要求，轿厢轿底面积不应大于 $1.0m^2$，深度不应大于 1.0m，高度不应大于 1.20m。但是，如果轿厢由几个固定的间隔组成，且每一个间隔都能满足上述要求，则轿厢总高度允许大于 1.20m。

杂物电梯由驱动系统、悬挂（含轿厢、对重）系统、导向及土建支撑系统、电气控制系统和安全保护系统。其安全保护系统主要有限速器安全钳装置、缓冲器、极限开关、下行障碍保护装置、停止开关等。

4. 自动扶梯、自动人行道

自动扶梯由梯级、牵引链条、梯路导轨系统、驱动装置、张紧装置、扶手装置和桁架（金属结构）等若干部件组成。自动扶梯上所配置的梯级与两根牵引链条（梯级链条）、梯级轴连接在一起，在按一定线路布置的导轨上运行即形成自动扶梯的梯路。牵引链条绕过上牵引轮、下张紧装置并通过上、下分支的若干直线、曲线区段构成闭合环路。这一环路的上分支中的各个梯级应严格保持水平，以供乘客站立。扶梯两旁装有与梯路同步运行的扶手装置，供乘客扶手用。

自动人行道也是一种运载人员的连续输送机械，它与自动扶梯的不同之处在于运动路面不是梯级，而是平坦的踏板或胶带。因此，自动人行道主要用于水平和微倾斜（<12°）输送，且平坦的踏板或胶带适用于有行李或购物小车伴随的人员输送。踏板式自动人行道结构与自动扶梯基本相同，由踏板、牵引链条（或输送带）、梯路导轨系统、驱动装置、张紧装置、扶手装置和金属结构组成。

5. 其他电梯

（1）消防员电梯简介。

①消防员电梯。

消防员电梯是主要预定为乘客使用的电梯。它有附加的保护、控制和信号，这些使它能在消防服务直接控制下使用。

②消防员电梯开关。

在井道外面，设置在消防服务通道层的一个开关，用来优先为消防员提供服务。消防服务通道层的防火前室内应设置消防员电梯开关，该开关应设置在距消防员电梯水平距离2m之内，高度在地面以上1.8~2.1m的位置，并应用"消防员电梯象形图"做出标记；该开关应由三角钥匙来操作，且应是双稳态的，并应清楚地用"I"和"O"标示出。位置"I"是消防员服务有效状态；该开关启动后，井道和机房照明应自动被点亮；该开关不应取消检修控制装置、停止装置或紧急电动运行装置的功能；电梯开关启动后，电梯所有安全装置仍然有效（受烟雾等影响的轿厢重新开门装置除外）。

③消防服务通道层。预定用于使消防员得以接近消防员电梯的建筑物的入

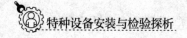

口层。

④防火前室。提供从建筑物的使用区域到消防员电梯的防护通道的防火环境。每个电梯层门（在消防服务状态下不使用的层门除外）前都应设置防火前室。

⑤对消防员电梯的基本要求：电梯应服务于建筑物的每一楼层；电梯的额定载荷不能小于800kg；轿厢净尺寸不能小于1350mm宽乘以1400mm深，轿厢的最小净入口宽度应为800mm；从电梯门关闭以后起，消防员电梯应能在60s内从消防服务通道层到达最远的层站。

（2）防爆电梯知识简介。

①电气设备防爆。

电气设备防爆一般可采取外壳限制爆炸、用介质隔离点火源和限制火花能量等方法。用外壳限制爆炸是比较传统的方法，是将电气设备发生火花的导电部分放在坚固的与外部只有很小间隙的外壳内。这个间隙在壳内温度变化时可以平衡内外的气压，在爆炸性混合气体进入壳内被火花点燃时，由于间隙小于最大试验安全间隙，也不会引燃外部的混合气体，将爆炸限制在外壳内。这种防爆电气设备称为隔爆型电气设备。

用介质隔离点火源是将电气设备的导电部分放置在安全介质内。根据介质的不同，有正压型、充油型、充砂型、浇封型等防爆电气设备。

限制电气设备的电流，将其可能释放出的能量限制在很低的水平，使其可能产生的电火花的能量限制在最小点燃能量，也就是最小点燃电流比以下，从而达到防爆的目的。这种电路和设备称为本质安全型电路和电气设备，简称本安型电路和电气设备。

②增安型电气设备。

对正常运行时不产生火花电弧和危险高温的设备，采取附加的安全措施以防止过载时出现火花和高温的可能，这种防爆电气设备称为增安型电气设备。

③防爆电气设备的防爆型式的划分。

防爆电气设备的防爆型式按危险区域不同（0区、1区和2区）来划分，并且有不同的标志。

④防爆电气设备的防爆标志的组成和设置。

防爆电气设备的防爆标志由防爆型式、类别、级别、温度组别等组成。

防爆电气设备外壳的明显处必须有清晰的永久性凸纹标志"Ex"，小型设备也可采用标志牌焊在外壳上或用凹纹标志。

设备外壳的明显处必须设置铭牌并固定牢固，铭牌应有以下主要内容：右上方有明显的"Ex"标志，有依次标明防爆型式、类别、级别、温度级别等的防爆标志；有防爆合格证编号和其他需要标出的特殊条件，以及产品出厂日期或产品出厂编号。

⑤防爆电梯适用范围。

适用于安装或使用在爆炸危险区域为1区、2区、21区、22区的防爆电梯，它们的有关规定分别为：1区，在正常运行时，可能出现爆炸性气体环境的场所；2区，在正常运行时，不可能出现爆炸性气体环境，如果出现也是偶尔发生，并且仅是短时间存在的场所；21区，在正常运行过程中，可能出现粉尘数量足以形成可燃性粉尘与空气混合物的场所；22区，在异常条件下，可燃性粉尘云偶尔出现，同时只是短时间存在或可燃性粉尘偶尔出现堆积或可能存在粉尘，并且产生可燃性粉尘空气混合物的场所。

⑥防爆电梯种类。

防爆电梯包括曳引式防爆电梯、液压式防爆电梯、曳引式杂物防爆电梯，其适用的电梯速度不大于1m/s（含1m/s）。

⑦防爆电气部件的防爆等级。

防爆电气部件的铭牌上应至少标明型号、出厂日期、防爆标志、防爆合格证号、制造厂名称或者商标和相关技术参数等，其防爆合格证号应在有效期内；防爆电气部件的防爆类型、级别、组别应符合现场相应防爆等级要求。

⑧防爆电气部件的外壳要求。

防爆电气部件外壳应光滑无损伤，透明件应无裂纹；接合面应紧固严密，相对运动的间隙防尘密封应严密；紧固件应无锈蚀、缺损；密封垫圈应完好；防爆电气部件外壳表面最高温度应低于整机防爆标志中温度组别要求。

⑨隔爆型电气部件。

隔爆型电气部件应符合相应防爆要求。隔爆型电气部件其电气联锁装置必须可靠，当电源接通时壳盖不应打开，而壳打开后电源不应接通。如无联锁装置则外壳上应有"断电后开盖"警告标志。隔爆型电气部件的隔爆面不得有锈蚀层、机械伤痕，严禁刷漆。

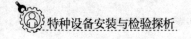

三、电梯安装

(一) 载人 (货) 电梯的安装过程

电梯的安装主要包括驱动主机、导轨、层门、控制系统的固定，轿厢部件组装，悬挂装置与轿厢、对重的连接，以及电气、机械调试等环节。电梯的安装质量对运行性能和寿命有很大的影响。

电梯的安装包括准备工作（包括施工现场检查、人员组织、熟悉资料、工具准备、土建检查、开箱清点等）、脚手架架设、样板制作与架设、机械零部件安装（包括导轨支架与导轨安装、驱动主机安装、限速器安装、轿厢与安全钳及导靴安装、缓冲器安装、对重安装、钢丝绳及补偿装置安装、轿门和开门机安装、层门安装等）、电气装置安装（包括机房的控制柜、电缆、主电源开关等的安装，井道内的电线管槽、接线盒、各种限位开关、停止开关、信号装置、固定照明等的安装，轿厢的轿内操纵箱及信号指示装置、轿顶检修装置、减速与平层感应装置等的安装，层站的楼层信号装置、呼梯按钮箱的安装，以及电梯的供电和控制线路的安装，等等）、调试（包括调试条件的检查确认、调试准备、不挂曳引绳的通电试验、悬挂曳引绳的慢速运行调试、快速运行及整机性能调试等）、交付前的检验与试验等环节。

(二) 自动扶梯与自动人行道的安装过程

自动扶梯的提升高度不大于 6m 时，通常是整机出厂，在出厂前已经装配调试完毕，整机运送到安装现场后，直接安装在预定的建筑物支撑体上。但由于运输及空间的影响，再加上扶手装置的强度等，通常自动扶梯的扶手系统是拆下另行包装运输，到现场后再安装的。提升高度超过 6m 或者由于安装现场限制而不能使整机通过时，可分段运送到现场后组装。

自动扶梯的安装过程包括安装前的准备（包括施工现场检查、人员组织、熟悉资料、工具准备、土建检查、开箱清点等）、整体吊装就位（对于整机出厂的）或者进行整体连接、梯级安装、扶手系统的安装、电气设备及线路和安全装置的安装、内外盖板的安装、其余梯级的安装、调试、交付前的检验与试验等环节。

第五节 客运索道及其安装

一、客运索道的用途与类型

(一)客运索道的用途

客运索道由于乘坐安全快捷、舒适方便,并有利于环境保护,已成为人们喜爱的交通工具,特别是在复杂地形条件下,客运架空索道能适应复杂的地形、跨越山川、克服地面障碍物,因而在风景旅游区得到了广泛应用。近年来,蓬勃发展的滑雪产业,也对各类客运索道提出了新的需求;在城市和山地交通方面,客运索道也以其独特优势成为集观光与交通于一身的独特交通工具。

目前我国的客运索道的运行安全性已达到较高的水平。设计制造水平不断进步,安全管理逐渐规范,整个索道行业正处在良好的发展环境之中。客运索道的稳定发展也进一步促进了索道的技术进步。

(二)客运索道的类别划分

客运索道分为客运架空索道、客运缆车、客运拖牵索道三种类型,根据运行方式、运行速度、吊具承载方式等方面的差别,三种类型的客运索道还可以进一步细分为以下几种。

1. 客运架空索道

客运架空索道按照运行方式可分为单线循环式客运架空索道和往复式客运架空索道。

(1)单线循环式客运架空索道分类。

循环式索道中,按照运行速度可分为连续循环式、脉动循环式(快速运行-慢速运行)和脱挂抱索器式三种。

此外,还可按照使用抱索器形式和运载工具的形式进行分类。按使用的抱索器型式可分为固定式抱索器和脱挂式抱索器循环客运索道;按运输工具型式分为吊厢、吊椅、吊篮式循环客运索道。

(2)往复式客运架空索道的分类。

根据承载索和牵引索的数量可以分为单承载单牵引往复式索道(双线)、双

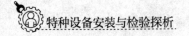

承载单牵引往复式索道（三线）、单承载双牵引往复式索道（三线）、双承载双牵引往复式索道（四线）。

单承载单牵引往复式索道简称双线往复式索道；双承载单牵引往复式索道简称三线往复式索道；单承载双牵引往复式索道简称三线往复式索道；双承载双牵引往复式索道简称四线往复式索道。

往复式索道又可分为承重与牵引分开的往复式单客厢索道、承重和牵引分开的车组往复式索道、承重和牵引合一的单线车组往复式索道三种。

2. 客运缆车

客运缆车按运行方式可分为循环式和往复式缆车。往复式缆车又可分为单往复式、有会车段往复式和双线往复式三种。目前我国的运缆车多为往复式。

3. 拖牵式索道

根据钢丝绳的位置，拖牵索道分为高位和低位拖牵索道。按照抱索器与运载索的连接方式，拖牵索道分为固定抱索器式拖牵索道和脱挂抱索器式拖牵索道。

二、各类客运索道的工作原理及特点

（一）架空索道

1. 循环式架空索道

（1）循环式架空索道工作原理。

循环式客运架空索道是用一根首尾相接的环形钢丝绳（又称运载索）绕于驱动轮和迂回轮，中间支撑在各支架的托压索轮组上，并用张紧装置张紧，保证运载索具有一定的初张力，利用钢丝绳与轮体之间的摩擦带动运载索做循环运动的机械设备。吊具通过抱索器按照等间距挂结在运载索上，当运载索运动时，带动吊具一起运动，从而达到输送乘客的目的。

（2）循环式架空索道的特点。

循环式架空索道与其他地面运输工具相比具有如下特点：一是对自然地形适应性强，爬坡能力大，能够适应险峻陡坡，最大坡度可达100%；两端站距离最短，尤其在地势险峻条件下，索道线路长度仅为公路的1/30~1/10，可大大节省乘客行程时间。二是站房配置紧凑支架占地少。三是可按实际地形随坡就势架设，无须修筑桥梁、涵洞，不需要开挖大量土石方，占地面积小，对地形、地貌及自然环境的破坏小。四是索道一般都采用电力驱动，不污染环境。五是运行安全可靠，维护简单，容易实现机械化、自动化操作，劳动定员少。六是能耗低，一般仅为汽车能耗的 1/20～1/10。七是客运索道是空中载人运输工具，因此它的安全级别等同于飞机，对设计、制造、安装、使用和管理的要求较高。

2. 往复式索道

（1）往复式架空索道工作原理。

往复式架空索道的布置形式是两侧各用一根或两根钢丝绳（称作承载索）作为运载工具的轨道，由牵引索牵引客车沿承载索做往复运动。牵引索经过驱动轮的部分称为首绳，位于客车尾部用于拉紧用的平衡索叫作尾绳，牵引索和平衡索分别固定在运载工具两侧上。

（2）往复式架空索道的特点。

优点包括以下方面：爬坡能力大，可跨越大跨度，客车距地高度允许超过100m；客车数量少；支架少（有的索道没有支架），便于检查维护；运行效率高，耗电少；可运送大件重物；救护简单方便。

缺点：运输能力与索道的长度成反比，受到限制；候车时间长；索系比较复杂，站房受水平力大，造价较高，吊厢和支架受力极大，一旦发生故障，易产生大的影响和损失。

（二）客运缆车

1. 客运缆车工作原理

客运缆车是利用钢丝绳作为牵引动力，带动车厢在两站之间轨道上做往复运动或循环移动的运送乘客的设施。客运缆车的钢丝绳包括牵引车厢移动的牵引索和尾部的平衡索。

2. 客运缆车的特点

由于线路在地面，运行安全性强，便于营救。

（三）客运拖牵索道

1. 客运拖牵索道的工作原理

钢丝绳（运载索）绕过驱动轮和迂回轮，中间支撑在线路支架托压轮组上，拖牵器通过抱索器联于运载索上，乘坐者站在地上，拖牵器的托座托住滑雪者的

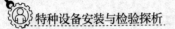

臀部向山上引，实现拖载乘客的目的。拖牵索道专门用于滑雪场或滑草场，与吊椅索道类似，结构更简单。

2. 客运拖牵索道的特点

①投资成本低，结构简单，操作人员少；②操作方便，便于维护；③中途可随时上下；④不能与滑雪道交叉，对地形要求较高；⑤乘客必须穿戴滑雪板等用具。

三、客运索道建设的安装

安装工程施工前，安装单位应根据设计和设备的技术条件，编制安装施工方案，并持有关资质证书到设备安装所在地的质监局履行安装告知手续。到达安装工地后要进行索道设备验收交接（一般索道设备是按安装顺序分期分批运到安装地点的），并对索道基础按规范标准进行复验，检查索道线路纵横中心线、基础顶面标高、地角螺栓中心等。安装前，要将索道支架、设备等运到安装地点，若索道安装现场地形险要、交通不便，还须架设临时架空索道（或称施工索道）缆索起重机等施工措施，从空中将数吨重的支架、设备运至安装地点。准备工作完成后，即可进行下列安装作业：

（一）线路支架安装

支架安装前应对索道线路中心线、基础标高进行全面的校验，检查地脚螺栓孔和地脚螺栓的实际尺寸，若偏差超出允许值时，应重新开孔或校正地脚螺栓的位置。

第一步清理基础顶面；第二步安装塔柱和塔头，支架底板要离开基础平面50mm以便调整，支架安装过程中，测量技术人员应随时定向定位进行塔柱调整，控制纵向中心线、垂直度、横向中心线，横担扭转量，可利用底板下的螺栓来调整支架垂直度，调整后用垫铁垫实；第三步安装托压索轮组，并调整直线性与横担的垂直度、轮槽对中性和索距等；第四步将支架底板垫实，并进行二次灌浆；第五步全线综合调整，调整轮组在整个线路长度上的直线性、对中性等。托压索轮组的调整是一项烦琐、细致、重要的工作，若其制造安装质量有问题，不能及时检查发现和改正，将会给索道的安全运营和维护、保养留下无穷隐患。

（二）站内设备安装

在安装支架的同时可进行站内机械设备的安装。

安装前应对设备进行检查，若在运输及存放过程中有杂物、灰尘进入运动部位，应将该组件解体检查和清洗，并更换润滑油，所有运动部位应加足润滑油或润滑脂。

对设备基础放线校正，检查其标高，各部分的尺寸，每个地脚螺栓的位置及其深度。若有横梁，先安装前后横梁，并校正纵横中心线、对角线、标高，再安装纵横梁并校正水平度、对角线、垂直度、左右尺寸。

安装驱动装置、迂回装置、张紧装置等设备。基础顶面应留出大约50mm的二次灌浆厚度，按要求放置垫铁，用经纬仪、水准仪校正中心线和找平。安装时必须保证各输入轴和输出轴的直线精度以及开式齿轮的正确啮合。驱动轮、迂回轮吊装完毕后，应在固定的方位上测量其水平度。

安装附属设备，如平台、梯子、栏杆、地面导向轨等。

（三）安装电气设备

支架安装完后，即可施放通信电缆，以及为脱索保护装置接线。通信电缆施放后，检查其线芯及外套是否有破损和断芯情况。脱索保护装置在支架上要接成串联电路。接线完毕后，上、下站及线路应再校验一次，最后将上、下站屏蔽层可靠接地。

电气控制室建好，室内潮气散净后，安装电气柜。先将配电柜、开关柜、操作台（这些都是在电气加工厂组装好的）摆放到位，按设计接线图接线。

从配电柜通过电缆沟将电缆引到驱动装置上，通过驱动平台上的电缆滑车将电线分别连接到各用电设备上。电机接线前要先测接地电阻，确认无误后才可接线。

所有电气接线完成后要分别进行调试，确保接线正确无误。

（四）运载索的铺放与架设

铺放和架设钢丝绳是架空索道安装的重要内容，操作不当会损坏钢丝绳，缩短使用寿命，甚至造成重大安全事故。

钢丝绳铺放时要特别注意，不能使钢丝绳受到磨损、擦伤、弯折、打结、露芯、松散等损伤，不能在硬物上拖曳，不能长时间浸水。在放绳时一定要使钢丝绳保持一定的张力。

钢丝绳铺放好后，在编接之前必须在规定的张力下至少张紧 48h（进口钢丝绳可以张紧 24h），以减小钢丝绳的残余伸长。

循环式客运索道运载索是将钢丝绳两端编接起来的无极钢丝绳。钢丝绳接头是运载索的薄弱环节，编接处的钢绳破断强度比正常钢绳低，编接效率最多为 95%。若固定抱索器索道钢丝绳接头直径增粗过大，在过托压索轮时跳动较大，特别是运行速度高的索道，容易产生脱索事故。同时直径大的接头磨损较大，容易产生断丝，抱索器在编接处夹紧，直径过大将严重影响夹紧力。另外，接头是靠钢绳的拉力产生挤压力将断头相互夹紧，如果编接得不好，会使一股或多股抽动而松弛，严重影响接头强度。钢丝绳编接是一个重要环节，必须由专业从业人员进行编接。

钢丝绳编接完毕后，用手拉葫芦将钢丝绳吊起放到托压索轮组上并张紧。根据钢丝绳在托压索轮组上的位置情况还要对托压索轮组进行全面精细的调整，以确保钢丝绳位于托压索轮绳槽中心内。

试车前要将所有的连接螺栓都检查紧固一遍。

索道安装完成后必须进行竣工测量，确定各控制参数的最终数值。

第五章 射线与超声波检测技术

第一节 射线检测

一、透照工艺条件的选择

（一）射线源和能量的选择

1. 穿透力

选择射线源的首要因素是射线源所发出的射线对被检试件具有足够的穿透力。对于 X 射线来说，穿透力取决于管电压。管电压越高则射线的质越硬，在试件中的衰减系数越小，穿透厚度越大。

对于 γ 射线来说，穿透力取决于放射源种类，由于放射性同位素发出的射线能量不可改变，而用高能 X 射线透照薄工件时会出现灵敏度下降的情况，因此，表中的透照厚度不仅规定了上限，而且规定了下限。

2. 灵敏度差异

选择射线源时，还必须注意 X 射线和 γ 射线的照相灵敏度差异。由有关理论可知，对比度、不清晰度和颗粒度是左右射线照相影像质量的三大基本参数。实验表明，在 40mm 以下的钢厚度，用 Ir192 透照所得射线底片的对比度不如 X 射线底片。以 25mm 钢厚度为例，前者的对比度大约比后者要低 40%，对比度自然影响到像质计灵敏度。但对 40mm 以上钢厚度，则两者的像质计灵敏度值大致相同。

另外，Ir192 的固有不清晰度比 400kV 的 X 射线还大，分别是 100kV、200kV、300kV、350kV 射线 D 的 3.4 倍、1.8 倍、1.4 倍、1.3 倍。此外，还有颗粒性，即噪声问题。由于 Ir192 有效能量较高，由此引起的底片噪声也会明显增大，从而干扰射线照相底片上小缺陷，尤其小裂纹的影像显示。因此，如果就

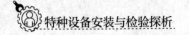

小缺陷检出灵敏度来比较 γ 射线与 X 射线，则两者的差距更明显。

3. 射线检测设备的特点

除穿透力和灵敏度外，两类设备的其他不同特点也是需要考虑的因素。

（1）X 射线机的特点。

体积较大，按便携式、移动式、固定式依次增大。

基本费用和维修费用均较大。

能检查 40mm 以上钢厚度的大型 X 射线机成本很高，其发展倾向为移动式而非便携式。

X 射线能量可改变，因此，对各种厚度的试件均可使用最适宜的能量。

X 射线机可用开关切断，故较易实施射线防护。

曝光时间一般为几分钟。

所有 X 射线机均需电源，有些还须有水源。

（2）γ 射线源的特点。

射源曝光头尺寸小，可用于 X 射线机管头无法接近的现场。

不需电源或水源。

运行费用低。

曝光时间长，通常需几十分钟，甚至几小时。

对薄钢试件（如 5mm 以下），只有选择合适的放射性同位素（如 Yb169、Tm170）才能获得较高的探伤灵敏度。

综合上述各个因素，可列举出一些选择射线源的原则。

①对轻质合金和低密度材料，国内很少使用 Yb169、Tm170 射线源，最常用的射线源实际上是 X 射线。

②同样要透照厚度小于 5mm 的钢（铁素体钢或高合金钢），除非允许较低的探伤灵敏度，也要选用 X 射线。

③如要对大批量的工件实施射线照相，还是用 X 射线为好，因为曝光时间较短。

④对厚度大于 150mm 的钢，即使用最大的 γ 射源，曝光时间也是很长的，如工件批量大，宜用兆伏级高能 X 射线。

⑤对厚度为 50~150mm 的钢，如果使用正确的方法，用 X 射线和 γ 射线可得到几乎相同的像质计灵敏度，但裂纹检出率还是有差异的。

⑥对厚度为 5~50mm 的钢，用 X 射线总可获得较高的灵敏度，γ 射线源的选

用则应根据具体厚度和所要求的探伤灵敏度，选择 Ir192 或 Se75，并应考虑配合适当的胶片类别。

⑦对某些条件困难的现场透照工作，体积庞大的 X 射线机使用不方便可能成为主要问题。

⑧只要与容器直径有关的焦距能满足几何不清晰度要求，环形焊缝的透照应尽量选用圆锥靶周向 X 射线机做内透中心法垂直全周向曝光，以提高工效和影像质量。对直径较小的锅炉联箱管或其他管道焊缝，也可选用小焦点（0.5mm）的棒阳极 X 射线管或小焦点（0.5~1.5mm）γ 射线源做 360°周向曝光。

⑨选用平面靶周向 X 射线机对环焊缝做内透中心法倾斜全周向曝光时，必须考虑射线倾斜角度对焊缝中纵向面状缺陷的检出影响。

（3）X 射线能量的选择。

X 射线机的管电压可以根据需要调节，因此，用 X 射线对试件透照、射线能量有多种选择。

选择 X 射线能量的首要条件应是具有足够的穿透力。随着管电压的升高，X 射线的平均波长变短，有效能量增大，线质变硬，在物质中的衰减系数变小，穿透能力增强。如果选择的射线能量过低，穿透力不够，结果是到达胶片的透射射线强度过小，造成底片黑度不足、灰雾增大、曝光时间过分延长，以至无法操作等一系列现象。

但是，过高的射线能量对射线照相灵敏度有不利影响，随着管电压的升高，衰减系数也减小，对比度降低，固有不清晰度增大，底片颗粒度也将增大，其结果是射线照相灵敏度下降。因此，从灵敏度角度考虑 X 射线能量的选择原则是：在保证穿透力的前提下，选择能量较低的 X 射线。

选择能量较低的射线可以获得较高的对比度，但较高的对比度却较高意味着较小的透照厚度宽容度，很小的透照厚度差将产生很大的底片黑度差，使得底片黑度值超出允许范围；或是厚度大的部位底片黑度太小；或是厚度小的部位底片黑度太大。因此，在有透照厚度差的情况下，选择射线能量还必须考虑能够得到合适的透照厚度宽容度。

在底片黑度不变的前提下，提高管电压便可以缩短曝光时间，从而可以提高工作效率，但其代价是灵敏度降低。为保证透照质量，标准对透照不同厚度允许使用的最高管电压都有一定限制，并要求有适当的曝光量。

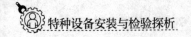

（二）焦距的选择

焦距对射线照相灵敏度的影响主要表现在几何不清晰度上。焦距与几何不清晰度 Ug 的计算关系如下：

$$Ug = d_f b/(F - b)$$

从此式可以推导使用焦距最小值的公式：

$$F_{min} = b(1 + d_f/Ug)$$

式中：F_{min}——焦距最小值；

d_f——射线源焦点尺寸；

b——工件至胶片的距离；

Ug——几何不清晰度。

由上计算式可知，焦距 F 越大，几何不清晰度 Ug 越小，底片上的影像越清晰。另外，选择较小焦点尺寸 df，可以得到与增大焦距 F 相同的效果，因此在实际透照中选择焦距时，焦点尺寸是同时考虑的相关因素。

透照距离 f 与焦点尺寸 df 和透照厚度 b 应满足以下关系：

A 级射线检测技术：$f \geqslant 7.5 df \cdot b2/3$

AB 级射线检测技术：$f \geqslant 10 df \cdot b2/3$

B 级射线检测技术：$f \geqslant 15 df \cdot b2/3$

由于焦距 $F = f + b$，故上述关系也就限制了 F 的最小值。

（三）曝光量的选择和修正

1. 曝光量的推荐值

曝光量可定义为射线源发出的射线强度与照射时间的乘积。对于 X 射线来说，曝光量是指管电流与照射时间 t 的乘积（$E = it$）；对于 γ 射线来说，曝光量是指放射源活度 A 与照射时间 t 的乘积（$E = At$）。

曝光量是射线透照工艺中的一项重要参数。射线照相影像的黑度取决于胶片感光乳剂吸收的射线量。在透照时，如果固定各项透照条件（试件尺寸、源、试件、胶片的相对位置、胶片和增感屏、给定的放射源或管电压），则底片黑度与曝光量有很好的对应关系，因此，可以通过改变曝光量来控制底片黑度。

曝光量不只影响影像的黑度，也影响影像的对比度、颗粒度与信噪比，从而影响底片上可记录的最小细节尺寸。为保证射线照相质量，曝光量应不小于某一最小值。X 射线照相，当焦距为 700mm 时，曝光量的推荐值为：A 级和 AB 级射线检测技术不小于 15mA·min；B 级射线检测技术不小于 20mA·min。当焦距改变时可按平方反比定律对曝光量的推荐值进行换算。采用 γ 射线源透照时，总的曝光时间应不少于输送源往返所需时间的 10 倍。采用 Co60γ 射线源透照时，曝光时间不应超过 12h；采用 Ir192γ 射线源透照时，曝光时间不应超过 8h，且不得采用多个射线源捆绑方式进行透照。

2. 互易律、平方反比定律和曝光因子

（1）互易律。

互易律是光化学反应的一条基本定律，它指出，决定光化学反应产生物质量的条件，只与总的曝光量相关，即取决于辐射强度和时间的乘积，而与这两个因素的单独作用无关。如果不考虑光解银对感光乳剂显影的引发作用的差异，互易律可引申为底片黑度只与总的曝光量相关，而与辐射强度和时间分别作用无关。

在射线照相中，当采用铅箔增感或无增感的条件时，遵守互易定律。设产生一定显影黑度的曝光量 $E = It$，当射线强度 I 和时间 t 相应变化时，只要两者乘积 E 值不变，则底片黑度不变。而当采用荧光增感条件时，不遵守互易定律，如果 I 和 t 发生变化，尽管 I 与 t 的乘积不变，底片的黑度仍会改变，这种现象称为互易律失效。

（2）平方反比定律。

平方反比定律是物理光学的一条基本定律。它指出，从一点源发出的辐射，强度 I 与距离 F 的平方成反比，即存在以下关系：

$$I_1/I_2 = (F_1/F_2)^2$$

其原理是：在点源的照射方向上任意立体角内取任意垂直截面，单位时间内通过的光量子总数是不变的，但由于截面积与到点源的距离平方成正比，所以单位面积的光量子密度，即辐射强度与距离平方成反比。

（3）曝光因子。

互易律给出了在底片黑度不变的前提下，射线强度与曝光时间相互变化的关系；平方反比定律给出了射线强度与距离之间的变化关系。将以上两个定律结合起来，可以得到曝光因子的表达式。

已知 X 射线管的辐射强度为：

$$It = K_i Z_i V^2$$

在给定 X 射线管，给定管电压的条件下，K_i、Z_i 和 V 成为常数，上式可改写为：

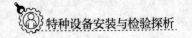

$$It = K_i Z_i V^2 = \varepsilon i$$

式中：$\varepsilon = K_i Z V^2$，为常数。

即射线强度 I 仅与管电流 i 成正比。引入平方反比定律，则辐射场中任意一点处的强度为：

$$I = \varepsilon i / F^2$$

由互易律可知，欲保持底片黑度不变，只须满足：

$$E = It = I_1 t_1 = I_2 t_2 = I_3 t_3 = I_4 t_4 = \cdots\cdots$$

综上可得 X 射线照相曝光因子 Ψ_x：

令 $\varepsilon i t / F^2 = \psi$（$\psi$ 为常数），则 $Iit/F^2 = \psi/\varepsilon$，令 $\Psi = \psi/\varepsilon$（Ψ 为常数）

则有 X 射线的曝光因子：

$$\Psi = it/F^2 = i_1 t_1 / F_1{}^2 = i_2 t_2 / F_2^2 = i_3 t_3 / F_3^2 \cdots = i_n t_n / F_n{}^2$$

同理可推导出 γ 源的曝光因子：

$$\Psi = At/F^2 = A_1 t_1 / F_1^2 = A_2 t_2 / F_2^2 = A_3 t_3 / F_3^2 \cdots = A_n t_n / F_n{}^2$$

曝光因子清楚地表达了射线强度、曝光时间和焦距之间的关系，通过曝光因子公式可以方便地确定上述三个参量中的一个或两个发生改变时，如何修正其他参量。

3. 利用胶片特性曲线的曝光量修正计算

利用胶片特性曲线可进行一些其他类型的曝光量修正计算。现介绍如下：

（1）底片黑度改变的曝光量修正。

在其他条件保持一定的情况下，如须改变底片黑度，可根据胶片特性曲线上黑度的变化与曝光量的对应关系，对原曝光量进行修正。

（2）胶片类型改变的曝光量修正。

当使用不同类型胶片进行透照而须达到与原胶片一样的黑度时，可利用这两种胶片的特性曲线按达到同一黑度时的曝光量之比来修正原曝光量。

二、透照方式的选择和一次透照长度的计算

（一）透照方式的选择

选择透照方式时，应综合考虑各方面的因素，权衡择优。有关因素包括以下六个：

1. 透照灵敏度

在透照灵敏度存在明显差异的情况下，应选择有利于提高灵敏度的透照方式。例如单壁透照的灵敏度明显高于双壁透照，在两种方式都能使用的情况下无疑应选择前者。

2. 缺陷检出特点

有些透照方式特别适合于检出某些种类的缺陷，可根据检出缺陷的要求的实际情况选择。例如源在外的透照方式与源在内的透照方式相比，前者对容器内壁表面裂纹有更高的检出率；双壁透照的直透法比斜透法更容易检出未焊透或根部未熔合缺陷。

3. 透照厚度差和横向裂纹检出角

较小的透照厚度和横向裂纹检出角有利于提高底片质量和裂纹检出率。环缝透照时，在焦距和一次透照长度相同的情况下，源在内透照法比源在外透照法具有更小的透照厚度差和横裂检出角。从这一点来看，前者比后者优越。

4. 一次透照长度

各种透照方式的一次透照长度各不相同，选择一次透照长度较大的透照方式可以提高检测速度和工作效率。

5. 操作方便性

一般说来，对容器透照，源在外的操作更方便一些。而球罐的 X 射线透照，上半球位置源在外透照较方便，下半球位置源在内透照较方便。

6. 试件及探伤设备的具体情况

透照方式的选择还与试件及探伤设备情况有关。例如当试件直径过小时，源在内透照可能不能满足几何不清晰度的要求，因而不得不采用源在外的透照方式。使用移动式 X 射线机只能采用源在外的透照方式。使用 γ 射线源或周向 X 射线机时，选择源在内中心透照法对环焊缝周向曝光，更能发挥设备的优点。

值得强调的是，对环焊缝的各种透照方式中，以源在内中心透照周向曝光法为最佳。该方法透照厚度均一，横裂检出角为 0°，底片黑度灵敏度俱佳，缺陷检出率高，且一次透照整条环缝，工作效率高，应尽可能选用。

（二）一次透照长度

一次透照长度，即焊缝射线照相一次透照的有效检验长度，对照相质量和工

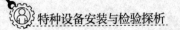

作效率同时产生影响。显然，选择较大的一次透照长度可以提高效率，但在大多数情况下，透照厚度比和横向裂纹检出角随一次透照长度的增加而增大，这对射线照相质量是不利的。

实际工作中，一次透照长度选取受两个方面因素的限制：一个是射线源的有效照射场的范围，一次透照长度不可能大于有效照射场的尺寸；另一个是射线照相标准的有关透照厚度比 K 值的规定间接限制了一次透照长度的大小。

三、曝光曲线的制作及应用

在实际工作中，通常应根据工件的材质与厚度来选取射线能量、曝光量及焦距等工艺参数，上述参数一般是通过查曝光曲线来确定的。曝光曲线是表示工件（材质、厚度）与工艺规范（管电压、管电流、曝光时间、焦距、暗室处理条件等）之间相关性的曲线图示。但通常只选择工件厚度、管电压和曝光量作为可变参数，其他条件必须相对固定。

曝光曲线必须通过试验制作，且每台 X 射线机的曝光曲线各不相同，不能通用。因为即使是管电压、管电流相同，如果不是同一台 X 射线机，其线质和照射率也是不同的。原因有以下三点：①加在 X 射线管两端的电压波形不同（半波整流、全波整流、倍压整流及直流恒压等），会影响管内电子飞向阳极的速度和数量；②X 射线管本身的结构、材质不同，会影响射线从窗口出射时的固有吸收；③管电压和管电流的测定有误差。

此外，即使是同一台 X 射线机，随着使用时间的增加，管子的灯丝和靶也可能老化，从而引起射线照射率的变化。

因此，每台 X 射线机都应有曝光曲线，作为日常透照控制线质和照射率，即控制能量和曝光量的依据，并且在实际使用中还要根据具体情况做适当修正。

（一）曝光曲线的构成和使用条件

1. 曝光曲线的构成

横坐标表示工件的厚度，纵坐标用对数刻度表示曝光量，管电压为变化参数，所构成曲线则称为曝光量-厚度（E-T）曲线；若纵坐标表示管电压、曝光量为变化参数的曲线则称为管电压-厚度（Kv-T）曝光曲线。如图 5-1、5-2 所示分别为一般形式的 X 射线曝光曲线图和一种实用的 γ 射线曝光曲线图。

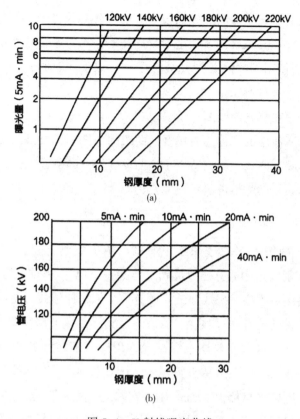

图 5-1　X 射线曝光曲线

（a）曝光量-厚度曲线；（b）管电压-厚度曲线

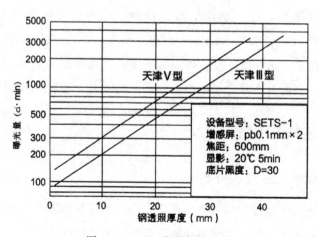

图 5-2　Se75γ 射线曝光曲线

2. 曝光曲线的使用条件

任何曝光曲线只适用于一组特定的条件，这些条件包括：①所使用的 X 射线机（相关条件：高压发生线路及施加波形、射源焦点尺寸及固有滤波）；②一定的焦距（常取 600~800mm）；③一定的胶片类型；④一定的增感方式（屏型及前后屏厚度）；⑤所使用的冲洗条件（显影配方、温度、时间）；⑥基准黑度（通常取 3.0）。

上述条件必须在曝光曲线图上予以注明。

当实际拍片所使用的条件与制作曝光曲线的条件不一致时，必须对曝光量做相应修正；这类曝光曲线一般只适用于透照厚度均匀的平板工件，而对厚度变化较大的工件如形状复杂的铸件等，只能作为参考。

（二）曝光曲线的使用

从 E-T 曝光曲线上求取透照给定厚度所需要的曝光量，一般都采用所谓"一点法"，即按射线束中心穿透厚度确定与某一 "kV" 相对应的 E。但须注意，对有余高的焊接接头照相，射线穿透厚度有 2 个值，如透照母材厚度 12mm 的双面焊接接头，母材部位穿透厚度为 12mm，焊缝部位穿透厚度为 16mm，应该用哪个数值去查表呢？这时需要注意标准允许黑度范围与曝光曲线基准黑度的关系，NB/T 47013 标准规定 AB 级允许黑度范围 2.0~4.0，如果曝光曲线基准黑度为 3.0 或更高，则以母材部位 12mm 为透照厚度查表为宜，这样能保证焊缝部位黑度不太低；如果曝光曲线基准黑度为 2.5 或更低，则以焊缝部位 16mm 为透照厚度查表为宜，这样能保证母材部位黑度不太高。

以 12mm 为透照厚度查所示的曝光曲线，可得到三组曝光参数：150kV，18mA·min；170 kV，10mA·min；200kV，5mA·min。具体选择哪一组参数，则应根据工件厚度是否均匀、宽容度是否满足，以及照相灵敏度、工作时间、效率等因素，选择高能量小曝光量的组合，或低能量大曝光量的组合。

四、散射线的控制

（一）散射线的来源和分类

射线在穿透物质过程中与物质相互作用会产生吸收和散射，其中散射主要是由康普顿效应造成的。与一次射线相比，散射线的能量减小，波长变长，运动方向改变。散射比，定义为散射线强度 Is 与一次射线强度 Ip 之比，即

$$n = Is/Ip$$

产生散射线的物体称作散射源，在射线透照时，凡是被射线照射到的物体，

如试件、暗盒、桌面、墙壁、地面，甚至连空气都会成为散射源。其中，最大的散射源是试件本身。

按散射的方向对散射线分类，可将来自暗盒正面的散射称为"前散射"，将来自暗盒背面的散射称为"背散射"，还有一种散射称为"边蚀散射"，是指试件周围的射线向试件背后的胶片散射，或试件中的较薄部位的射线向较厚部位散射。这种散射会导致影像边界模糊，产生低黑度区域的周边被侵蚀，面积缩小的所谓"边蚀"现象。

（二）散射比的影响因素

实验证明，在实际使用的焦距范围内，焦距的变化对散射比几乎没有影响；当照射场较小时，散射比随照射场的增大而增大，当照射场再增大，散射比也基本保持不变。因此，除非用极小的照射场透照，照射场大小对散射比几乎没有影响。

平板试件透照的散射比，在工业射线照相应用范围内，散射比随射线能量增大而变小，而在相同射线能量下，散射比随钢厚度增大而增大。

对有余高的焊缝试板透照时，焊缝中心部位的散射比与平板试件的散射比明显不同，焊缝中心散射比高于同厚度平板中的散射比，随着能量的增大，两者数值逐渐接近。

（三）散射线的控制因素

散射线会使射线底片的灰雾黑度增大，影像对比度降低。对射线照相质量是有害的。但由于受射线照射的一切物体都是散射源，所以实际上散射是无法消除的，只能尽量设法减少而已。控制散射线的措施有许多种，其中有些措施对照相质量产生多方面的影响，对这些措施要综合考虑，权衡选择。

1. 选择合适的射线能量

对厚度差较大的工件，如余高较高的焊缝或小径管透照时，散射比随射线能量的增大而减小，因此，可以通过提高射线能量的方法来减少散射线。但射线能量值只能适当提高，以免对主因对比度和固有不清晰度产生明显不利的影响。

2. 使用铅箔增感屏

铅箔增感屏除具有增感作用外，还具有吸收低能散射线的作用，使用增感屏是减少散射线最方便、最经济，也是最常用的方法。选择较厚的铅箔减少散射线的效果较好，但会使增感效率降低，因此，铅箔厚度也不能过大。实际使用的铅

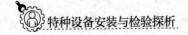

箔厚度与射线能量有关，且后屏的厚度一般大于前屏。

还有一些措施是专门用来控制散射线的，应根据经济、方便、有效的原则加以选用。这些措施包括以下方面：

①背防护铅板。在暗盒背后近距离内如有金属或非金属材料物体，如钢平台、木头桌面、水泥地面等，会产生较强的背散射，此时可在暗盒后面加一块铅板以屏蔽背散射射线。使用背防护铅板的同时仍须使用铅箔增感后屏，否则背防护铅板被射线照射时激发的二次射线有可能到达胶片，对照相质量产生不利影响。当暗盒背后近距离内没有导致强烈散射的物体时，可以不使用背防护铅板。

②铅罩和光阑。使用铅罩和铅光阑可以减小照射场范围，从而在一定程度上减少散射线。

③厚度补偿物。在对厚度差较大的工件透照时，可采用厚度补偿措施来减少散射线。焊缝照相可使用厚度补偿块，形状不规则的小零件照相可使用流质吸收剂（醋酸铅加硝酸铅溶液），或金属粉末（铅粉、铁粉或铅粉）作为厚度补偿物。

④滤板。滤板有两种使用方法：一种是在 X 射线机窗口处加滤板；另一种是在工件和胶片暗盒之间加滤板。

在对厚度差较大的工件透照时，可以在 X 射线机窗口处加滤板，将 X 射线束中波长较长的软射线吸收掉，使透过射线波长均匀化，加的滤板为用黄铜、铅或钢制作的金属薄板。滤板厚度可通过试验或计算确定，过厚的滤板会对射线产生吸收作用而不是过滤作用，从而影响照相质量。透照钢试件时，铜滤板的厚度应不大于试件最大厚度的 20%，铅滤板的厚度应不大于试件最大厚度的 3%，钢滤板的厚度应小于吸收曲线上的"均匀点"对应的厚度。所谓均匀点是指吸收曲线由曲开始变直的那一点，吸收曲线变为直线即意味着射线束的波长已经"均匀化"，吸收系数不再随穿透厚度而变化。

在工件和胶片暗盒之间加滤板通常用于 Ir192 和 Co60γ 射线射线照相或高能 X 射线照相，作用是过滤工件中产生的低能散射线，尤其当存在边蚀散射时，加滤板的作用更明显。按透照厚度的不同，可选择 0.5~2mm 厚的铅箔作为滤板。

⑤遮蔽物。当被透照的试件小于胶片时，应使用遮蔽物对直接处于射线照射的那部分胶片进行遮蔽，以减少边蚀散射。遮蔽物一般用铅制作，其形状和大小视被透照试件的情况确定，也可使用钢铁和一些特殊材料（如钡泥）制作遮蔽物。

⑥修磨试件。通过修整打磨的方法减小工件厚度差也可以视为减少散射线的一项措施，如检查重要的焊缝时将焊缝余高磨平后透照，可明显减小散射比，获得更佳的照相质量。

五、焊缝透照工艺

（一）焊缝透照工艺的分类和一般内容

射线检测工艺文件包括工艺规程和操作指导书。

1. 工艺规程

检测机构应根据相关法规、产品标准、有关的技术文件和相关标准的要求，并针对本检测机构的特点和技术条件编制工艺规程；工艺规程应按相关标准的要求明确其相关因素的具体范围或要求，如相关因素的变化超出规定时，应重新编制或修订。

无损检测工艺规程应涵盖本单位（制造、安装或检测单位）产品或检测对象的范围，其规定应明确，具有可操作性，其内容应全面和详细，具有可选择性。无损检测工艺规程应符合相关法规、规范标准和本单位的技术质量管理规定。本单位无损检测工作和所实施的技术工艺均应符合通用工艺规程要求。

2. 操作指导书

检测机构应根据工艺规程并结合检测对象的具体检测要求编制操作指导书；操作指导书中的内容应完整、明确和具体。

操作指导书至少应包括以下内容：

①编制依据。

②适用范围：被检测工件的类型（形状、结构等）、尺寸范围（厚度及其他几何尺寸）、所用材料的种类。

③检测设备器材：射线源（种类、型号，焦点尺寸）、胶片（牌号及其分类等级）、增感屏（类型、数量和厚度）、像质计（种类和型号）、滤光板、背散射屏蔽铅板、标记、胶片暗室处理和观察设备等。

④检测技术与工艺：采用的检测技术等级、透照技术（单或双胶片），透照方式（源—工件—胶片的相对位置）、射线源、胶片、曝光参数、像质计的类型、摆放位置和数量，标记符号类型和放置、布片原则等。

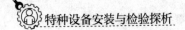

⑤胶片暗室处理方法和条件要求。

⑥底片观察技术（双片叠加或单片观察评定）。

⑦底片质量要求：几何不清晰度、黑度、像质计灵敏度、标记等。

⑧验收标准。

⑨操作指导书的验证要求。

首次使用的操作指导书应进行工艺验证，以验证底片质量是否能达到标准规定的要求。验证可通过专门的透照试验进行，或以产品的第一批底片作为验证依据。在这两种情况下，作为依据的验证底片应做出标识。

（二）焊缝透照基本操作

透照操作应严格遵守工艺规定，操作程序、内容及有关要求简述如下：

1. 试件检查及清理

试件上如有妨碍射线穿透或妨碍贴片的附加物，如设备附件、保温材料等，应尽可能去除。试件表面质量应经外观检查合格，如表面不规则状态可能在底片上产生掩盖焊缝中缺陷的图像时，应对表面进行打磨修整。

2. 画线

按照工艺文件规定的检查部位、比例、一次透照长度，在工件上画线。采用单壁透照时，需要在试件两侧（射线侧和胶片侧）同时画线，并要求两侧所划的线段应尽可能对准。采用双壁单影透照时，只须在试件一侧（胶片侧）画线。

3. 像质计和标记摆放

按照标准和工艺的有关规定摆放像质计和各种铅字标记。

线型像质计一般应放置在焊接接头的一端（在被检区长度的1/4左右位置），金属线应横跨焊缝，细金属线置于外侧；阶梯孔型像质计一般应放置于被检区中心部位的焊接接头热影响区以外，在不可能实现的情况下，至少应放置于熔敷金属区域以外。当一张胶片上同时透照多条焊接接头时，像质计应放置在透照区最边缘的焊缝处。

像质计放置还应满足以下规定：

①单壁透照规定像质计放置在射线源侧。双壁单影透照规定像质计放置在胶片侧。双壁双影透照像质计可放置在射线源侧，也可放置在胶片侧。

②单壁透照中，如果像质计无法放置在射线源侧，允许放置在胶片侧（球罐

全景曝光除外）。

③单壁透照中像质计放置在胶片侧时，应进行对比试验。对比试验方法是在射线源侧和胶片侧各放一个像质计，用与工件相同的条件透照，测定出像质计放置在射线源侧和胶片侧的灵敏度差异，以此修正像质计灵敏度的规定，以保证实际透照的底片灵敏度符合要求。

④当像质计放置在胶片侧时，应在像质计上适当位置放置铅字 "F" 作为标记，F 标记的影像应与像质计的标记同时出现在底片上，且应在检测报告中注明。

⑤当采用源在内（$F = R$）的周向曝光技术时，只须在圆周上等间隔地放置三个像质计即可。

各种铅字标记应齐全，至少应包括中心标记、搭接标记、工件编号、焊缝编号、部位编号。返修透照时，应加返修标记 R。对余高磨平的焊缝透照，应加指示焊缝位置的圆点或箭头标记。

各种标记的摆放位置应距焊缝边缘至少 5mm。其中，搭接标记的位置：在双壁单影或源在内 $F > r$ 的透照方式时，应放在胶片侧，其余透照方式应放在射源侧。

4. 贴片

采用可靠的方法（磁铁、绳带等）将胶片（暗盒）固定在被检位置上，胶片（暗盒）应与工件表面紧密贴合，尽量不留间隙。

5. 对焦

将射线源安放在适当位置，使射线束中心对准被检区中心，并使焦距符合工艺规定。

6. 散射线防护

按照工艺的有关规定执行散射线防护措施。

7. 曝光

以上各步骤完成后，并确定现场人员放射防护安全符合要求，方可按照工艺规定的参数和仪器操作规则进行曝光。

曝光完成即为整个透照过程结束，曝光后的胶片应及时进行暗室处理。

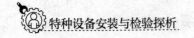

第二节　超声波检测

一、超声波检测基本原理

(一) 超声波的产生与接收

1. 超声波的产生过程

由超声波检测仪产生的电振荡，以高频电压形式加载于探头中的压电晶体片的上、下表面上，由于逆压电效应的结果，压电晶体片会在厚度方向上产生持续的伸缩变形，形成机械振动。若压电晶体片与工件表面有良好的耦合，则机械振动就会以超声波的形式传播，并进入被检工件。这个过程利用了压电材料的逆压电效应将电能转变为超声波能。

2. 超声波的接收过程

当压电晶体片受到超声波作用而发生伸缩变形时，正压电效应的结果会使压电晶体片上、下表面产生具有不同极性的电荷，形成超声频率的高频电压，以电信号的形式经检测仪显示。这个过程利用了压电材料的正压电效应将超声波能转变为电能。

(二) 超声波的主要特征参数

1. 超声波的定义

次声波、声波和超声波都是在弹性介质中传播的机械波，它们在同一介质中的传播速度相同，其区别主要在于频率不同。人们把能引起听觉的机械波称为声波，频率为 20 ~ 20 000Hz；频率低于 20Hz 的机械波称为次声波，频率高于 20 000Hz 的机械波称为超声波。次声波、超声波人耳不可闻。

2. 超声波的分类

超声波的分类方法很多，下面简单介绍三种常见的分类方法：

(1) 根据质点的振动方向分类。

根据波动传播时介质质点的振动方向相对于波的传播方向的不同，可将超声波分为纵波、横波等。

①纵波 L。介质中质点的振动方向与波的传播方向互相平行的波，称为纵

波，用 L 表示。凡能承受拉伸或压缩应力的介质都能传播纵波。固体介质能承受拉伸或压缩应力，因此固体介质可以传播纵波。液体和气体虽然不能承受拉伸应力，但能承受压应力而产生容积变化，因此液体和气体介质也可以传播纵波。

②横波 S。介质中质点的振动方向与波的传播方向互相垂直的波称为横波，又称为切变波，用 S 表示。因固体介质能够承受剪切应力，所以固体介质中能够传播横波。而液体和气体介质不能承受剪切应力，因此横波不能在液体和气体介质中传播而只能在固体介质中传播。

（2）按波的形状分类。

①平面波。

波阵面为互相平行的平面的波称为平面波。平面波的波源为一个平面。尺寸远大于波长的刚性平面波源在各向同性的均匀介质中辐射的波可视为平面波。平面波波束不扩散，平面波各质点的振幅是一个常数，不随距离变化而变化。

②柱面波。

波阵面为同轴圆柱面的波称为柱面波。柱面波的波源为一条线。长度远大于波长的线状波源在各向同性的介质中辐射的波可视为柱面波。柱面波波束向四周扩散，柱面波各质点的振幅与距离的平方根成反比。

③球面波。

波阵面为同心圆的波称为球面波。球面波的波源为一点。

尺寸远小于波长的点波源在各向同性的介质中辐射的波可视为球面波。球面波波束向四面八方扩散，实际应用的超声波探头中的波源近似活塞振动，在各向同性的介质中辐射的波称为活塞波。当距离源的距离足够大时，活塞波类似于球面波。

（3）按振动的持续时间分类。

根据波源振动持续时间的长短，将超声波分为连续波和脉冲波。

①连续波。

波源持续不断地振动所辐射的波称为连续波，波穿透法检测常采用连续波。

②脉冲波。

波源振动持续时间很短（通常是微秒数量级，$1\mu s = 10^{-6} s$），间歇辐射的波称为脉冲波。目前超声波检测中广泛采用的就是脉冲波。

3. 超声场的特征值

充满超声波的空间或超声振动所波及的部分介质，称为超声场。超声场具有一定的空间大小和形状，只有当缺欠位于超声场内时，才有可能被发现。描述超声场的特征值（物理量）主要有声速、声压、声阻抗和声强。

（1）声速。

超声波在介质中的传播速度称为声速，用 C 来表示。超声波、次声波和声波的实质一样，都是机械波，它们在同一介质中的声速相同。声速与介质的弹性模量和密度有关。对特定的介质，弹性模量和密度为常数，故声速也是常数。不同的介质，有不同的声速。超声波波型不同时，介质弹性变形的形式不同，声速也不一样。声速是表征介质声学特性的重要参数。

（2）声压。

超声场中某一点在某一时刻所具有的压强 P_1 与没有超声波存在时的静态压强 P_0 之差，称为该点的声压，用 P 表示。

（3）声阻抗。

超声场中任一点的声压与该处质点振动速度之比称为声阻抗，常用 Z 表示。声阻抗是表征介质声学性质的重要物理量，一般材料的声阻抗随温度升高而降低。同一介质中，Z 为常数，其大小等于介质的密度与波速的乘积。由 $u = P/Z$ 可以看出，在同一声压 P 下，声阻抗 Z 增加，质点的振动速度 u 下降。因此，声阻抗 Z 可理解为介质对质点振动的阻碍作用。这类似于电学中的欧姆定律 $I = U/R$，电压一定，电阻增加，电流减少。

（4）声强。

单位时间内垂直通过单位面积的声能称为声强，常用 I 表示，单位是瓦/平方厘米（W/cm^2）或焦耳/（平方厘米·秒）（$J/(cm^2 \cdot s)$）。

（5）声强级。

通常规定引起听觉的最弱声强 $I_1 = 10 \sim 16W/cm^2$ 作为标准声强，另一声强 I_2 与标准声强 I_1 之比的常用对数称为声强级，单位为贝尔（Bel）。在实际应用中，贝尔这个单位太大，一般用分贝作为声强级的单位。

在超声波检测中，当超声波检测仪的垂直线性较好时，仪器示波屏上的波高与回波声压成正比。这时有：

$$\Delta = 20\lg P_2/P_1 = 20\lg H_2/H_1$$

这里声压基准 P_1 或波高基准 H_1 可以任意选取。

当 $H_2/H_1 = 1$ 时，$\Delta = 0dB$，说明两波高相等时，两者的分贝差为零。

当 $H_2/H_1 = 2$ 时，$\Delta = 6dB$，说明 H_2 为 H_1 的两倍时，H_2 比 H_1 高 6dB。

当 $H_2/H_1 = 1/2$ 时，$\Delta = -6dB$，说明 H_2 为 H_1 的 1/2 时，H_2 比 H_1 低 6dB。

用分贝值表示反射波幅度的相互关系，不仅可以简化运算，而且在确定基准波高以后，可直接用仪器衰减器的读数表示缺欠波相对波高。因此，分贝概念的引用对超声波检测有很重要的实用价值。

（三）超声波的性质

超声波的性质如下：

超声波方向性好：超声波像光波一样具有良好的方向性，可以定向发射，准确地在被检材料中发现缺欠。

超声波能量高：超声波检测频率远高于声波，而能量（声强）与频率的平方成正比。因此，超声波的能量远大于声波的能量。

超声波能在界面上产生反射、折射和波形转换：超声波在传播过程中，如遇异质界面，可产生反射、折射和波型转换。

超声波穿透能力强：超声波在大多数介质中传播时，传播能量损失小，传播距离大，穿透能力强，在一些金属材料中其穿透能力可达数米，这是其他检测手段所无法比拟的。

（四）超声波检测方法

超声波检测是利用材料及其缺欠的声学性能差异对超声波传播波形反射情况和穿透时间的能量变化来检验材料内部缺欠的无损检测方法。它可以检测金属材料、部分非金属材料的表面和内部缺欠，如焊缝中的裂纹、未熔合、未焊透、夹渣和气孔等缺欠。超声波的检测方法有很多，各种方法的原理不尽相同。根据具体的原理不同，超声波检测可分为穿透法、共振法和脉冲反射法三种。

穿透法是将两个探头分别放置在被检试件的两侧，超声波先从发射探头发出并穿透试件，再被试件另一侧的接收探头接收，通过分析所接收超声波能量的大小来判断工件内部有无缺欠。

共振法是采用材料的固有频率进行入射检测，当此频率超声波入射试样时，试样将发生共振，以此来检测材料内部的缺欠。共振法主要用于检测工件的厚度。

脉冲反射法是超声波检测中应用最广泛的一种方法。此法是采用一定频率的超声波入射试件，并检测反射波，通过对反射波的分析，确定试件中是否含有缺欠。在脉冲反射法超声波检测中，回波的显示方式有 A 型显示、B 型显示、C 型

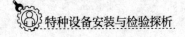

显示、3D 显示四种。

二、直接接触法超声波检测

（一）超声波检测技术等级的确定

超声波检测技术等级分为 A、B、C 三个级别，检验的完善程度 A 级最低，B 级一般，C 级最高。超声波检测技术等级的选择应符合制造、安装等有关规范、标准及设计图样规定。

不同检测技术等级的要求如下：

1. A 级检测

A 级检测适用于母材厚度为 6~40mm 焊接接头的检测。可用一种折射角（K 值）斜探头采用直射波法和一次反射波法在焊接接头的单面双侧进行检测。如受条件限制，也可以选择双面单侧或单面单侧进行检测。一般不要求进行横向缺欠的检测。

2. B 级检测

（1）适用于厚度为 6~200mm 焊接接头的检测。

（2）焊接接头一般应进行横向缺陷检测。

（3）对于要求进行双面双侧检测的焊接接头，如受几何条件限制或由于堆焊层（或复合层）的存在而选择单面双侧检测时，还应补充斜探头做近表面缺陷检测。

3. C 级检测

采用 C 级检测时，应将焊接接头的余高磨平。

（1）母材厚度为 6~46mm 时，一般用两种 K 值探头采用半波程法和全波程法在焊接接头的单面双侧进行检测。两种探头的折射角相差应不小于 10°，其中一个折射角应为 45°

（2）母材厚度为 46~500mm 时，一般用两种 K 值探头采用半波程法在焊接接头的双面双侧进行检测。两种探头的折射角相差应不小于 10°。对于单侧坡口角度小于 5°的窄间隙焊缝，如有可能，应调整检测方法，使其可以检测与坡口表面平行缺欠。

（3）检测横向缺欠时，将探头放在焊缝及热影响区上沿着焊缝做两个方向的平行扫查。

（4）对于 C 级检测，斜探头扫查声束通过的母材区域，应先用直探头检测，以便检测是否有影响斜探头检测结果的分层或其他种类缺欠的存在。该项检测仅作为记录，不属于对母材的验收检测。母材检测方法：接触式脉冲反射法，采用频率为 2~5MHz 的直探头。晶片直径为 10~25mm 检测灵敏度：将无缺欠处第二次底波调节为荧光屏满刻度的 100%。凡缺欠信号幅度超过荧光屏满刻度 20% 的部位，应在工件表面做出标记，并予以记录。

（二）检测面及检测方法的选定

1. 检测面的选择与准备

检测面是指探头在工件上的扫查面。因为在检测过程中，超声波检测探头要进行移动，所以必须保证检测面表面具有良好的光洁度。对于粗糙的表面或者局部脱落的氧化皮，应采用机械打磨处理，直到露出金属光泽和表面平整光滑（新轧制的钢板氧化皮没有脱离，可以不用打磨），以使探头能平滑地移动。

在此必须强调指出，不允许采用提高表面粗糙度而提高补偿量的办法来达到检测目的。因为如果表面太粗糙、坑洼不平，则超声波有可能不能透声于金属内部，而在表面的坑坑洼洼处反射。在此种情况下检测，无法保证质量，不管如何认真地去提高补偿量，都可能变得毫无意义。另外，有了适宜的表面粗糙度，还要采用声阻抗较大、黏度较大的耦合剂，如甘油、机油等。当探头做任何姿势的移动检测时，在探头与被探测面之间始终要有耦合剂存在。

2. 检测方法的选择

超声波检测方法根据不同的分类标准可有不同的表述。下面对其进行简单介绍：

（1）根据检测时探头与试件的接触方式分类。

根据检测时探头与试件的接触方式分类，超声波检测方法可以分为直接接触法与液浸法。

直接接触法。在探头与试件检测面之间涂有很薄的耦合剂层，可以看作两者直接接触，这种检测方法称为直接接触法。此方法操作方便，检测图形较简单，易于判断，缺欠检出灵敏度高，是实际检测中应用最多的方法。但是，直接接触法检测的试件要求检测面粗糙度较高。

液浸法。将探头和工件浸于液体中以液体作为耦合剂进行检测的方法，称为

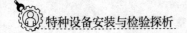

液浸法。耦合剂可以是水，也可以是油。当以水为耦合剂时，称为水浸法。由于液浸法检测，探头不直接接触试件，所以此方法适用于表面粗糙的试件，探头不易磨损，耦合稳定，检测结果重复性好，便于实现自动化检测。液浸法按检测方式的不同又分为全浸没式和局部浸没式。

（2）按波形分类。

根据检测采用的波形，超声波检测方法可分为纵波法、横波法、表面波法、板波法、爬波法等。

①纵波法。

纵波检测法，就是使用超声纵波进行检测的方法，包括垂直入射法，小角度的单、双斜探头的斜入射法。

垂直入射法：简称垂直法。由于直探头发射的超声波垂直检测面射入被检工件，因而该方法对与波束相垂直的缺欠检测效果好，同时该方法的缺欠定位也很方便，主要用于铸、锻、压、轧材料和工件的检测。但受盲区和分辨力的限制，垂直入射法只能检查较厚的材料或工件。

斜入射法：指超声波以一定的倾斜角度（3~14°）射入工件中，利用双斜探头分别发射和接收超声波的检测法。当一个探头发射的声波入射角很小时，在工件内主要产生折射纵波，用另一个探头接收来自缺欠和底面的反射纵波。用双斜探头检测时通常没有始波，因此，可以检查近表面的缺欠，可用于较薄工件的检测。该方法根据两探头相互倾斜的角度，使发现和接收的焦点落在离检测面一定深度的位置上，使处于焦点处的缺欠波高最大，而其他位置的缺欠波高急剧降低。斜入射法特别适用于某些特定条件下的检测。

②横波法。

当纵波的入射角大于第一临界角而小于第二临界角时，则在第二种介质内只有折射横波。在实际检测中，将纵波通过斜块、水等介质倾斜入射至试件检测面，利用波型转换得到横波进行检测的方法，称为横波法。由于透入试件的横波束与探测面成锐角，所以该方法又称为斜射法。横波法主要用于管材、焊缝的检测。其他试件检测时，横波法则作为一种有效的辅助手段，用以发现垂直检测法不易发现的缺欠。

（3）按操作方式分类。

超声波检测方法按操作方式分为手工检测法和自动检测法。

手工检测法。用手直接持探头进行检测的方法，称为手工检测法。显然，手工检测比较经济，简单易行，所用设备不多，是一种常用的主要检测法。但手工检测速度慢，劳动强度较大，检测结果受人为因素的影响大，重复性差。

自动检测法。用机械装置持探头自动进行检测的方法，称为自动检测法。自动检测法检测速度快，灵敏度高，重复性好，人为因素影响小，是一种比较理想的检测方法。但自动检测比较复杂，成本高，设备笨重，不易随意移动，多用于生产线上的自动检测，并且只能检测形状规则的工件。

检测方法的选择须充分考虑工件的结构特征及可能存在的缺欠形式，并依据相关的标准来选择并确定。

（三）检测条件的选择

1. 仪器选择

超声波检测仪的几个主要指标，如水平线性、垂直线性、动态范围等，应按标准进行定期校验，并经检定合格，发现故障要及时予以修理，使仪器始终保持良好的工作状态。

2. 探头的选择

（1）探头频率的选择。

频率是超声波检测中一个很重要的参数。焊接接头超声波检测选用何种频率，要考虑下述因素：被检测面的粗糙度、材质、晶粒大小、超声的穿透能力、分辨力、检测精确度、检测速度等。

（2）探头晶片的选择。

中厚板、厚板焊接接头检测，若被探测面很平整，使用大晶片探头进行检测也能达到良好的接触，则在此种情况下，为了提高检测速度，可以使用晶片尺寸较大的探头。对于板较薄且变形较大，或者具有一定弧度的结构件焊接接头检测，为了使探头与被探测面之间很好地接触，以达到良好的耦合，应选择晶片尺寸较小的探头。

（3）探头 K 值的选择。

探头 K 值的选择应遵循以下三个方面原则：①使声束能扫查到整个焊缝截面；②使声束中心线尽量与主要缺欠垂直；③保证有足够的灵敏度。

焊接接头超声波检测要求探头声束指向性好、灵敏度高、始波占宽小、杂波少、探头的前沿尺寸（L_0 值）小，与具有合适的 K 值。为保证声束能扫查到整个焊缝截面，当探头前沿紧贴焊缝边缘时，主声束应扫查到远离探头的焊缝下

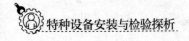

焊脚。

K 值可根据工件的厚度来选择。薄板焊接接头超声波检测为避免近场区的影响，提高定位定量精度，一般采用大 K 值探头。大厚度焊接接头检测为缩短声程、减少衰减、提高检测灵敏度及降低打磨宽度，一般采用 K 值较小的探头。但大量实践证明，低合金高强钢大厚度焊缝中的裂纹，采用较大和较小的两种 K 值探头分别检测，尽管两者检测的灵敏度完全相同，但 K 值较小的探头很难甚至根本发现不了此种裂纹，很容易漏检。因此，尽管焊缝母材很厚，但在条件允许的情况下，也应尽量采用 K 值大的探头，或者同时采用较大和较小的两种 K 值探头联合探测。

3. 检测区域的确定

检测区的宽度应是焊缝本身，再加上焊缝两侧各相当于母材厚度 30% 的一段区域，这个区域最小为 10mm、最大为 20mm。

4. 检测时机的确定

焊接接头区域的危害性缺欠，特别是延迟裂纹，是构件在焊后冷却到室温时所产生的裂纹，有的具有延迟现象，它并不是在构件焊后立即产生，通常是在焊后数小时或者更长时间内产生。而检测必须在延迟裂纹产生后进行。因此，把握好焊后的检测时机，对防止延迟裂纹的漏检是十分重要的。

对于一般材质的焊接接头，检测时间可以规定在焊后进行。但如果焊接接头很厚，刚度和焊接应力比较大，则检测时间应适当延长；低合金高强钢焊接构件，检测时间一般规定在焊完的 24h 以后；对于强度很高的低合金高强钢焊接构件，或者刚度和焊接应力极大的焊接构件，检测时间可以延长至 5 天以后。

需要注意的是，上述规定也适合于焊缝返修以后的检测。

5. 耦合剂的选择

耦合剂一般有甘油、机油、糨糊等。上述耦合剂都具有一定的黏度，有利于粗糙面和曲面的检测。从超声波的传播特性来看，使用甘油效果比较好；机油和糨糊差别也不大，不过后者有较好的黏性，可以用于任意姿势的检测，并且同甘油一样具有水洗性。在检测过程中，要防止耦合剂过快地干燥，以保证探头与被探测面之间始终有湿润的耦合剂，以便取得良好的声耦合。

（四）超声波检测工艺及一般程序

超声波检测工艺是根据被检对象的实际情况，依据现行检测标准，结合本单位的实际情况，合理选择检测设备、器材和方法，在满足安全技术规范和标准要求的情况下，正确完成检测工作的书面文件。它由通用工艺和专用工艺两部分组成。

1. 超声波检测通用工艺

超声波检测通用工艺是本单位超声波检测的通用工艺要求，应涵盖本单位全部检测对象。以特种设备超声波检测为例，按照《特种设备无损检测人员考核与监督管理规则》规定，超声波检测通用工艺应由Ⅲ级超声波检测人员编制，无损检测责任师审核，单位技术负责人批准。

（1）超声波检测通用工艺有以下主要内容和适用范围：

超声波检测通用工艺的主要内容：超声波检测通用工艺规程主要包括检测对象、方法、人员资格、设备器材、检测工艺技术、质量分级等。

超声波检测通用工艺的适用范围：①适用范围内的材质、规格、检测方法和不适用的范围；②编制依据标准，满足的安全技术规范和标准要求；③明确通用工艺规程与工艺卡的关系及工艺卡的编制原则；④本工艺文件审批和修改程序，工艺卡的编制规则。

（2）通用工艺的编制依据（引用标准、法规）。依据被检对象选择现行的安全技术规范和产品标准，设计文件、合同、委托书等也应作为编制依据写入特种设备超声波检测通用工艺中，并在超声波检测通用工艺中得到严格执行。

（3）对于检测人员的要求。超声波检测通用工艺中应当明确对检测人员的持证要求及各级持证人员的工作权限和职责。下面是现行法规对检测人员的要求：①检测人员应按照《特种设备无损检测人员考核与监督管理规则》的要求取得相应超声波检测资格；②取得不同级别超声波检测资格的检测人员只能从事与其资格相适应的检测工作，并承担相应的技术责任。

Ⅰ级超声波检测人员可在Ⅱ、Ⅲ级超声波检测人员的指导下进行超声波检测操作、记录检测数据、整理检测资料。

Ⅱ级超声波检测人员可编制一般的超声波检测程序，按照超声波检测工艺规程或在Ⅲ级超声波检测人员的指导下编写超声波检测工艺卡，并按超声波检测工艺独立进行超声波检测，评定检测结果，签发检测报告。

Ⅲ级超声波检测人员可根据标准编制超声波检测工艺，审核或签发检测报告。

（4）设备、器材。超声波检测通用工艺应当明确所用的设备、试块、探头

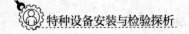

的使用型号、适用条件、方法和内容。

（5）技术要求。超声波检测通用工艺应明确超声波检测的时机，并符合相关规范和标准的要求。例如锻件超声波检测在原则上应于最终热处理后、粗加工前进行，超声波检测工艺应该明确各部分的检测比例、验收级别、返修复检要求、扩检要求。这些技术要求有的可以放到专用工艺中。

（6）检测方法。依据《承压设备无损检测 第3部分：超声检测》（NB/T 47013.3—2015）标准说明超声波检测的方法：检测表面的制备、仪器调节、扫描速度调节、灵敏度调节、扫查方式、缺欠的测定和记录、质量评定规则、灵敏度的复验要求、补偿等。

本项内容中的各项内容应当完整、具体，具有可操作性。

对超声波检测中的工艺参数要作出具体、详细的规定或做成图表的形式供检测人员使用。本项应结合检验单位和被检对象的实际情况编写，对没有涉及或不具备条件的检测方法等内容，不要写到超声波检测工艺中。

（7）技术档案要求。超声波检测通用工艺应当对超声波检测中的技术档案作出规定，包括档案的格式要求、传递要求、保管要求等。

格式要求：明确超声波检测工艺卡、检测记录、检测报告的格式。

传递要求：明确各个档案的传递程序、时限、数量及相关人员的职责和权限。

保管要求：工艺中应该规定技术档案的存档要求，以及"保存期不少于七年；七年后若用户需要，可转交用户保管的要求"。

2. 超声波检测专用工艺编制

超声波检测专用工艺是通用工艺的补充，是针对特定的检测对象，明确检测过程中各项具体技术参数的工艺。超声波检测专用工艺一般由Ⅱ级或Ⅲ级超声波检测人员编制，用来指导检测人员进行检测工作。当通用工艺未涵盖被检对象或用户有要求及检测对象重要时，应编制专用工艺规程或工艺卡。超声波检测的检测人员必须按照专用工艺进行检测操作。工艺卡的编制较为简单。这里以被检对象检测执行《承压设备无损检测 第3部分：超声检测》（NB/T 47013.3—2015）标准为例说明工艺卡主要项目填写的要求。

（1）工艺卡编号。工艺卡编号一般为单位内部编号，但应具有唯一性。

（2）产品名称和产品编号。产品名称和产品编号按照图样或工艺文件填写，对于板材和锻件还没有产品名称和编号时，填写材料名称及材料编号。

（3）工件部分。

规格：按受检对象图样和工艺文件规定的尺寸填写。产品及零部件用直径×长度×板厚表示，板材用长×宽×板厚表示，锻件按外形尺寸用直径×长度或长×宽×厚表示。

厚度：按焊缝检测区主体材料的厚度填写，其他检测对象画杠。

材料牌号：按照图样或工艺文件规定受检对象的主体材料填写。

表面状态：指被检对象检测面要求制备的表面状态。

检测时机：按产品标准、安全技术规范、图样或工艺文件规定的检测时机填写。

（4）器材及参数。

仪器型号：指工艺规定使用的超声波探伤仪的型号，如"HS600""PXUT-240B""CTS-3020""CTS-22"等。

探头规格：指工艺规定采用的探头参数。

试块：指检测时用来调整仪器和检测灵敏度所用的试块型号。例如焊缝可填写"CSK-IA、CSK-ⅢA"，锻件可填写"CSI"或"CSⅡ"，用大平底确定检测灵敏度时划杠；板材按厚度填写，当 $T \leqslant 20mm$ 时填写"CBI"，当 $T > 20mm$ 时填写"CBⅡ"。像 CSI、CSⅡ、CBⅡ 这类一组试块的，应明确使用哪一个试块，如"CBⅡ-2"。对于采用非标准试块的填写，应包括反射体类型和反射体参数，如"声程 30mm、φ 5 平底孔"。

耦合剂：填写工艺规定使用的耦合剂，如"工业糨糊""水""机油"等。

（5）技术要求。技术要求主要包括检测标准、合格等级、扫描比例、耦合方式、表面补偿、扫查速度、扫描线调节及说明、灵敏度调节及说明、扫查方式及说明、缺欠的测定与记录、不允许缺陷、扫查示意图等。

（6）编制人、审核人。编制人员应至少具有超声波检测Ⅱ级资格，审核人员应为检测责任人员。有编制人和审核人本人签字或盖章，并填写相应日期。

第六章 磁粉与渗透检测技术

第一节 磁粉检测

一、磁粉检测设备

（一）设备分类

设备的分类，按设备的可移动性分为固定式、可移动式、便携式三种；按设备的组合方式分为一体型、分立型两种。一体型是将电源、螺管线圈、夹持装置、磁悬液喷洒装置、照明装置、退磁装置等部分组成一体的。分立型是将电源、磁轭、螺管线圈、照明装置等按不同功能制成分立的，到现场进行检测时分别组装，根据现场需要携带所需部件进行组装，使用方便。

各类设备的特点：固定式适用于有固定场所，批量生产零部件的厂家使用，体积大、重量大、不能到现场操作、笨重等特点。可移动、便携式适用于野外作业，适用于大型设备的局部或全部的检测工作，体积小、重量轻、携带方便、灵巧等。

1. 固定式探伤机

固定式探伤机的额定周向磁化电流为 1000～10 000A。固定式探伤机能进行通电法、中心导体法、感应电流法、线圈法、磁轭整体磁化或复合磁化等，带有照明装置，退磁装置和磁悬液搅拌、喷洒装置，有夹持工件的磁化夹头和放置工件的工作台及格栅。需要备有触头和电缆，以便对难以搬到工作台上的工件进行检测。

2. 移动式探伤仪

移动式探伤仪的额定周向磁化电流为 500～8000A。主体是磁化电源，可提供交流和单相半波整流电的磁化电流。附件有触头、夹钳、开合和闭合式磁化，线圈及软电缆等，能进行触头法、夹钳通电法和线圈法磁化。一般装有滚轮可以推动。

3. 携带式探伤仪

携带式探伤仪的额定周向磁化电流为 500~2000A。附件有带电极触头、电磁轭、交叉磁轭或永久磁铁等。仪器手柄上装有微型电流开关，控制通、断电和自动衰减退磁。

（二）探伤机组成部分

以固定式探伤机为例，一般包括以下几个主要部分：磁化电源、螺管线圈、工件夹持装置、指示装置、磁粉或磁悬液喷洒装置、照明装置和退磁装置等。

1. 磁化电源

磁化电源是磁粉探伤机的核心部分。它是通过调压器将不同大小的电压输送给主变压器，由主变压器提供一个低电压大电流输出，输出的交流电或整流电可直接通过工件或通过穿入工件内孔的中心导体，或通入线圈，对工件进行磁化。

2. 螺管线圈

螺管线圈用于对工件进行纵向磁化，也可用于对工件退磁。

3. 工件夹持装置

工件夹持装置是夹持工件的磁化夹头或触头。为了适应不同规格的工件，夹头的间距是可调的，调节方式有电动、手动、气动。电动调节是利用行程电机和传动机构使夹头在导轨上来回移动，由弹簧配合夹紧工件，限位开关会使可动磁化夹头停止移动。手动调节是利用齿轮与导轨上的齿条啮合传动，使磁化夹头沿导轨移动，或用手推动磁化夹头在导轨上移动，夹紧工件后自锁。气动夹持是用压缩空气通入汽缸中，推动活塞带动夹紧工件。

有些探伤机的磁化夹头可沿轴旋转 360°，磁化夹头夹紧工件后一起旋转，保证工件周向各部位有相同的检测灵敏度。

在磁化夹头上应加上铅垫或铜编织网，以利接触，防止打火和烧伤工件。

4. 磁粉或磁悬液喷洒装置

磁悬液喷洒装置由磁悬液槽、电动泵、软管和喷嘴组成。磁悬液槽用于储存磁悬液，并通过电动泵叶片将槽内磁悬液搅拌均匀，依靠泵的压力（一般为 0.02~0.03MPa）使磁悬液通过喷嘴喷洒在工件上。

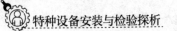

在磁悬液槽的上方装有格栅，用于摆工件和滴落回收磁悬液。为防止铁屑杂物进入磁悬液槽内，应在回流口上装有过滤网。

5. 照明装置

照明装置主要有日光灯和黑光灯。

使用非荧光检测时，被检工件表面应有充足的自然光或日光灯照明，被检工件表面可见光照度应不小于1000lx，并应避免强光和阴影。现场检测可用便携式手提灯照明，被检工件表面可见光照度应不低于500lx。

使用荧光检测时，使用黑光灯，被检工件表面辐照度应大于或等于$1000\mu W/cm^2$。

黑光灯使用注意事项如下：

（1）使用时，应尽量减少不必要的开关次数。黑光灯点燃并稳定工作后，石英内管中的水银蒸气压力很高，如在这种状态下关闭电源，则在断电的瞬间，镇流器产生一个阻止电流减少的反向电动势，这个反向电动势加到电源的电压上，使两主电极之间的电压高于电源电压，由于此时管内水银蒸气压力很高，会造成高压水银蒸气弧光灯处于瞬时击穿状态，从而降低灯的使用寿命。每断电1次，灯的寿命大约缩短3h，因此要尽量减少不必要的开关次数。通常每个班只开关1次，即黑光灯开启后，直到本班不再使用时才关闭。

（2）在使用过程中，黑光灯的强度会不断降低，或出现强度变化的情况，为保证检测灵敏度，必须对黑光灯进行定期的校验。产生强度降低或变化的主要原因是：①黑光灯本身的质量差异，不同的黑光灯有不同的输出功率；②黑光灯所输出的功率与所施加的电压成正比，在额定电压工作下，黑光灯可得到理想的输出功率，电压降低时，输出功率也随之降低；③黑光灯的输出功率随使用时间的不断增加而不断降低；④黑光灯上集聚的灰尘将严重地降低黑光灯的输出功率，灰尘集聚严重时，会使输出功率降低一半；⑤黑光灯的使用电压超过额定电压时，寿命会下降，例如，额定电压110V的黑光灯，电压增加到125~130V时，每点燃1h，寿命就会减少48h。

6. 退磁装置

退磁装置应保证被磁化工件上的剩磁减小到不妨碍使用程度的要求。

（三）常用便携设备

特种设备磁粉检测最常用的有带触头的小型磁粉探伤仪、电磁轭、交叉磁轭或永久磁铁等。这些设备具有重量轻、体积小、携带方便、结构简单和探伤效果好等特点。

1. CDX-Ⅲ型便携式磁粉探伤机

CDX-Ⅲ型便携式磁粉探伤机适用于现场检测特种设备，体积小、重量轻。这种有两个探头的电磁轭适用于检测罐底角焊接接头、管板角缝，探头的角度可以根据需要进行改变，可以检测不同管径的管板角焊接接头，检测时要在焊接接头两个垂直方向上进行检测。

2. 交叉电磁轭

这种交叉电磁轭可以对球罐、在用容器的纵环焊接接头进行磁粉检测，检测时不用进行两个垂直方向上的检测，可以一次完成，很简单。

3. 两电磁轭探头

适用于焊接接头周边空间狭小，没有足够的检测空间，可以检测纵、环焊接接头。

4. 磁化线圈

磁化线圈适合对管线及轴类进行磁粉检测。

（四）测量仪器

磁粉检测中涉及磁场强度、剩磁大小、白光照度、黑光辐照度和通电时间的测量，因而还应有一些测量设备。

1. 毫特斯拉计（高斯计）

当电流垂直于外加磁场方向通过半导体时，在垂直于电流和磁场方向的物体两侧产生电势差，这种现象称为霍尔效应。毫特斯拉计是利用霍尔元件制造的测量磁场强度的仪器。它的探头是一个霍尔元件。当与被测磁场中磁感应强度的方向垂直时，霍尔电势差最大。因此，在测量时，要转动探头，使表头指针的指示值达到最大时读数。目前，国产仪器有 GD-3 型和 CT-3 型毫特斯拉计等。

2. 袖珍式磁强计

袖珍式磁强计是利用力矩原理做成的简易测磁仪，它有两个永磁体：一个是固定的，用于调零；另一个是活动的，用于测量。活动永磁体在外磁场和回零永磁体的双重磁场力作用下将发生偏转，带动指针停留在一定的位置，指针偏转角度大小表示了外磁场的大小。

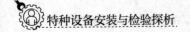

袖珍式磁强计主要用于工件退磁后剩磁大小的快速直接测量，也可以用于铁磁性材料工件在探伤、加工和使用过程中剩磁的快速测量。测量时，为消除地磁场的影响，工件应沿东西方向放置，将磁强计上箭头指向方向的一侧，紧靠工件被测部位，指针偏转大小代表剩磁大小。国产有 JCZ-5、JCZ-30 型袖珍式磁强计。

3. 照度计

照度计用于测量被检工件表面的可见光照度。ST-85 型自动量程照度计和 ST-80（C）照度计，量程是 $0 \sim 1999 \times 10^2$ lx，分辨率为 0.1lx。

4. 黑光辐照计

UV-A 型黑光辐照计测量波长范围为 $320 \sim 400$ nm，峰值波长约为 365nm 的黑光辐照度。单位是瓦特/平方米（W/m^2）或微瓦/平方厘米（$\mu W/cm^2$），$1W/m^2 = 100\mu W/cm^2$。

黑光辐照计由测光探头和读数单元两部分组成，探头的传感器是硅光电池器件，具有性能稳定的特点。探头的滤光片是特殊研制的优质紫外滤光片，能理想地屏蔽黑光以外的杂光。读数用数字显示。

5. 通用时间测量仪

可用通电时间控制器（袖珍式电秒表），测量通电磁化时间。

6. 弱磁场测量仪

弱磁场测量仪的基本原理基于磁通门探头，它具有两种探头，均匀磁场探头和梯度探头。均匀磁场探头励磁绕组为两个完全相同的绕组反向串联。感应绕组为两个相同绕组正向串联，用于测量直流磁场。梯度探头的初级绕组正向串联，次级绕组反向串联，专用于测量磁场梯度，而与周围均匀磁场无关。

7. 快速断电试验器

为了检测三相全波整流电磁化线圈有无快速断电效应，可采用快速断电试验器进行测试。

8. 磁粉吸附仪

磁粉吸附仪用于检定和测试磁粉的吸附性能来表征磁粉的磁特性和磁导率大小，常用的有 CXY 磁粉吸附仪。

（五）检测设备的安装、使用与维修

1. 磁粉探伤机的选择和安装

（1）磁粉探伤机的选择。

磁粉检测设备应能对工件完成磁化、施加磁悬液、提供观察条件和退磁四道工序，但这些要求并不一定要在同一台设备上实现。应该根据检测的具体要求选择磁粉探伤机。可从以下两个方面进行考虑：

①工作环境。

若检测工作是在固定的场所进行的，以选择固定式磁粉探伤机为宜。若是在生产现场进行的，且工件品种单一、检查数量较大，应考虑采用专用的检测设备，若在实验室内，以检测试件为主，则应考虑采用功能较齐全的固定式磁粉探伤机，以适应试验工作的需要。当工作环境在野外、高空等现场条件不能采用固定式磁粉探伤机的地方，应选择移动式或便携式探伤机进行工作；若检验现场无电源时，可以考虑采用永久磁轭进行检测。

②工件情况。

主要是看被检测工件的可移动性与复杂情况，以及需要检查的数量。若被检测工件体积和重量不大，易于搬动，或形状复杂且检查数量多，则应选择具有合适的磁化电流并且功能较全的固定式磁粉探伤机；若被检测工件的外形尺寸较大，重量也较重而又不能搬动或不宜采用固定式磁粉探伤机时，应选择移动式或便携式磁粉探伤机进行分段局部磁化；若被检工件表面暗黑，与磁粉颜色反差小时，最好采用荧光磁粉探伤机，或采用与工件颜色反差较大的其他磁粉。

（2）磁粉探伤机的安装调试。

磁粉探伤机的安装主要是指固定式磁粉探伤机。这种设备多为功能较全的卧式一体化装置，并随磁化电流的增加而体积、重量增加。在安装这类设备时，应详细阅读设备的使用说明书，熟悉其机械结构、电路原理和操作方法。一般说来，交流磁粉探伤机电路较为简单，多为接触器继电器电路，但由于其耗电量较大，安装时除应选用具有足够大截面的电缆和电源开关外，还应注意对电网的影响，若电网输入容量不足，应考虑磁粉探伤机的使用性能及其他用电器具的影响。采用功率较大的半波电流探伤机时，还要考虑电流对电网中电流波形的影响。

固定式磁粉探伤机应安装在通风、干燥且有足够的照明环境的地方。最好能

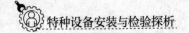

装在单独的有顶棚的房间。在生产线上安装时，应考虑周围留有一定的空间。为了加强机器的散热效果，可在机器下部用硬木将机脚垫高，以利于空气流通。对单独使用磁化线圈和退磁线圈的设备，也可单独安装，但应注意操作的方便及对周围的影响。

按照使用说明书安装好设备后，首先，应对磁粉探伤机的各部分加以检查。特别是对各电气元件加以仔细检查，观察各电气元件接头有否松动或脱落，检查电气绝缘是否良好，各继电器触点是否清洁等。其次，经检查无误后，再接通电源，检查电源初次使用效果并进行调试。

调试工作可参照下列步骤进行：

①开启电源，观察各仪表及指示灯指示是否正常。

②接通电源泵，观察电动机是否正常运转。注入磁悬液后，应有磁悬液流出；否则，应检查三相电动机是否接反。

③检查调压变压器是否能够正常调压，发现异常时应进行检查、调整或修理。

④检查活动夹头在导轨上的移动情况。手动夹头是否灵活，电动夹头是否移动平稳、灵活、限位开关位置是否适当。

⑤进行工件磁化试验。可先从小电流开始磁化，逐步加大电流。在磁化过程中，注意观察机器有无异常变化。若发现工作异常，则应停机检查排除。

⑥按使用说明书要求检查及调试结束后，即可投入使用。

便携式及移动式磁粉探伤机调试工作可参考使用说明书进行。

2. 磁粉探伤机的使用

磁粉探伤机应按有关使用说明书的要求进行使用。各种类型的磁粉探伤机的操作方法不一定完全相同。

固定式磁粉探伤机的功能比较齐全，一般可对工件实施周向、纵向和复合磁化。应根据检测工件的技术要求，选择合适的磁化方式和操作方法。下面以CJW-4000型磁粉探伤机为例来说明这类设备的使用。

（1）使用前的准备工作：

接通电源，开启探伤机上的总开关，检查电源电压或指示灯是否正常。

开启液压泵电动机，让磁悬液充分搅拌。

（2）按照探伤的要求，对工件进行磁化并进行综合性能的检测。检测时，应按规定使用灵敏度试片或试块，并注意试块或试片上的磁痕显示。

（3）根据磁化方法选择磁化开关的工作状态并调节磁化电流。

通电磁化。通电磁化是利用电流通过工件时产生的磁场对工件进行磁化的，通电磁化时，将工件夹紧在两接触板之间，选择磁化开关为"周向"，预调节升（降）压按钮，使电压至一定值时，踩动脚踏开关，检查周向电流表是否达到规定指示值；未达到或超过时，应重新调节电压后再进行检查，使磁化电流达到规定值。

通磁磁化。通磁磁化方法与通电磁化方法相同，只不过磁化开关选择为"纵向"，所观察电流表为指示面板下部中间的纵向电流表。通磁磁化时，工件可以不安装。这与通电磁化法不同，前者一定要将工件夹紧才能有电流显示。后者虽有电流显示，但应以装上工件后的电流为磁化电流。

多向磁化。根据检测资料的要求，分别调好磁化参数。再将磁化开关选择为"复合（多向）"方式。

（4）根据不同检验方法的要求，在磁化过程中或磁化后在工件上浇洒磁悬液。

（5）当工件上磁痕形成后，立即进行观察、解释和评价、记录。

（6）对要求进行退磁的工件，若在本机上退磁，则按动退磁按钮，调压器将自动由高到低地调节电压到零。但再次磁化时，应重新调节电压到相应位置。对退磁后的工件应进行分类和清洁处理。

（7）检测工作结束后，断开探伤机电源并进行卫生处理。

移动式和便携式磁粉探伤机多是分立型装置，使用方法与固定式探伤机有所不同。其主要是应用触头支杆通电或通磁进行磁化，应根据设备使用说明书要求进行具体操作。

3. 磁粉探伤机的维护与保养

使用磁粉探伤机时，应该注意设备的维护和保养。下面以固定式磁粉探伤机为例，介绍维护和保养工作：

（1）正常使用时，若按钮不起作用，应检查按钮接触是否良好，各组螺旋熔断器是否松动，各个接线端子是否紧固，否则应进行检查维修。

（2）如整机带电，应查找每个行程开关、电动机引线、按钮开关及其他接线是否有相线接壳的地方，若有则应排除。

（3）进行周向磁化时，若两探头夹持的工件充不上磁，电流表无指示，应检查伸缩探头箱上的行程开关是否调节合适，或者检查夹头与工件是否接触

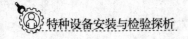

良好。

（4）行程探头、螺管线圈的电缆线绝缘极易磨损，使用时必须注意保护，遇有损坏之处应将其包扎好，以保证安全。

（5）探伤机在使用时必须经常保持清洁，不应有灰尘混入磁悬液，并要定期更换磁悬液，否则在工件检测时会因污染物产生假象，影响检查效果。

（6）被检工件表面必须进行清洁处理，否则也会污染磁悬液而影响检测。

（7）两接触板与工件接触处的衬板很容易损坏或熔化，应及时检查并及时更换。

（8）对探伤机的行程探头、变速箱、导轨及其他活动关节应定期检查润滑。

（9）调压器的电刷与线圈的接触面，必须经常保持清洁，否则电刷移动时易产生火花。

（10）探伤机工作之后应将调压器电压降到零，断开电源并除去工作台上的油污，戴好机罩。

二、磁粉检测在承压类特种设备中的应用及防护

（一）大型铸锻件的检查

1. 大型铸锻件检查的特点

大型铸锻件是相对于一般中小工件而言的，如大型发电机转轴、机壳、汽轮叶片、涡轮、一般机械的箱体和传动轴、重型汽车大梁及前后桥，以及锅炉的锅筒、储气环罐等。这些工件多数是采用铸造、锻压或焊接成形，其特点是体积较大、重量较重、外形比较复杂。对于这些工件的检测，应根据不同产品的制造特点，结合材料加工工艺选择合适的检测方法。

由于工件尺寸较大，一般中小型固定式磁粉探伤机难以发挥作用，主要采用大型及移动式或便携式探伤机检查，并以局部磁化为主。

当根据工件的特点采用触头通电或磁轭法磁化时，由于是局部磁化，应考虑检测面的覆盖。磁化规范的选择及磁场的计算按有关规定（标准）进行，在一些形状特殊的地方可以采用试片或测磁仪器来确定磁场强度的大致范围。

2. 锻钢件的磁粉检测

锻钢件是把钢加热到一定温度后进行锻造或挤压成形，然后再经过机械加工成为制品。与铸钢件相比，锻钢件的金属结构紧密并获得细小均匀的晶粒。它的

生产效率高，在机械制造中占了很大的比例。

锻造有自由锻和模锻两种形式。其加工方式为：锻造—热处理—机械加工—表面处理等。产生的缺陷主要有锻造裂纹、锻造折叠、淬火裂纹、磨削及矫正裂纹等。在使用过程中，还可能产生由应力疲劳引起的裂纹。

例如曲轴，曲轴有模锻和自由锻两种，以模锻居多。由于曲轴形状复杂且有一定的长度，一般采用连续法轴向通电方式进行周向磁化，线圈分段纵向磁化。

曲轴上的主要缺陷及其分布为：

（1）剪切裂纹分布于大小头端部，横穿截面明显可见。

（2）原材料发纹沿锻造流线分布，出现部位无规律，长的贯穿整个曲轴，短的只有 1~2mm，且容易在淬火中发展为淬火裂纹。

（3）皮下气孔锻造后是短而齐头的线状分布。

（4）锻造裂纹磁痕曲折粗大，聚集浓密。

（5）折叠在锻造、滚光和拔长对挤时形成，磁痕或与纵向成一角度出现，或成横向圆弧分布。

（6）感应加热引起的喷水裂纹呈网状，成群分布在圆周过渡区。长度不大，浓度较浅，容易漏检。

（7）油孔淬火裂纹由孔向外扩展，以多条呈辐射状分布或单个存在，裂纹始端在厚薄过渡区，而不是在最薄部位。

（8）矫正裂纹多集中在淬硬层过渡带。

（9）磨削裂纹垂直于磨削方向呈平等分布。

在曲轴的检测技术条件中，对曲轴各部分应按其使用的重要性进行了分区；检测时，应注意各部分对缺陷磁痕显示的要求。

3. 铸钢件磁粉检测

将熔化的钢水浇注入铸型而获得的工件叫铸钢件。它易于成形为复杂的工件，所以被广泛使用。铸件生产过程由冶炼、造型、浇注、出模、热处理等一系列环节组成。根据其生产特点，又有砂铸、压铸、熔模铸造等多种方法。铸件外表面粗糙，内部晶粒度较粗，组织多不均匀。磁粉检测的主要缺陷有铸造裂纹、疏松、夹杂、气孔等。铸钢件由于内应力的影响，有些裂纹延迟开裂，所以铸后不宜立即检测，而应等一两天后再检测。

下面以实例说明铸钢件的特点：

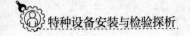

（1）铸钢阀体。

铸钢阀体形状复杂，表面粗糙，探测面积也很大，并且要求检测出皮下有一定浓度的缺陷。因此，检测时应做如下考虑：

①采用移动式检测机并在现场检查。

②采用直流电或半波整流电做磁化电流。

③采用触头法磁化，常用干法检测。

检测前，要注意清理受检表面，除去污物，使表面干燥。采用干粉法时，磁粉应喷撒均匀，除去多余磁粉时不要影响缺陷磁痕。

阀体上常出现的缺陷有热裂纹和冷裂纹，表现为锯齿状的线条。缩孔表现为不规则的、面积大小不等的斑点。夹杂表现为羽毛状的条纹。

（2）高压外缸。

高压外缸是承受高压的砂型铸钢件。由于该工件承受高压，要求检出表面微小的缺陷，所以采用湿式连续法检验。用触头法分段并改变方向磁化。检测前，应做好工件的预清理，除去砂粒、油污和锈蚀，并对粗糙部分进行打磨。对一些较平坦的表面，可采用交叉磁轭进行磁化，并用中心导体法或穿电缆方法检验孔周围的缺陷。

对检测发现的缺陷，应进行排除，到复查无缺陷为止。

（3）十字空心铸件的检查。

十字铸件可以采用软电缆以中心导体或缠绕的方式用大电流进行磁化。检查时，各个电路分别单独通电，这样就能够发现工件表面各个方向上的缺陷。

（二）焊接件的检查

1. 焊接件磁粉检测的工序与范围

焊接技术是一种普遍应用的技术。它是在局部熔化或加热加压的情况下，利用原子之间的扩散与结合，使分离的金属材料牢固地连接起来，成为一个整体的过程。

焊接技术广泛用于工业建设中。良好的焊接接头是焊接质量的重要保证。因此，必须加强对焊接件的检测，对危害焊接质量的缺陷及时发现与排除。

焊接件检测主要检查焊接接头，包括其连接部分和热影响区，焊接缺陷主要有裂纹、未熔合与未焊透、气孔、夹渣等。其中，裂纹尤其是表层裂纹对焊接件危害极大，这些裂纹有纵向分布和横向分布，弧坑处、热影响区、熔合线上及根部都有可能形成不同的裂纹。磁粉检测是检测钢制焊接件表层缺陷的最有效方法之一，对裂纹特别敏感。根据焊接件在不同的工艺阶段可能产生的缺陷，焊接件检测主要对坡口、焊接过程及焊接接头的质量及焊接过程中的机械损伤进行检查。

坡口检查是检查焊件母材的质量，范围是坡口和钝边，可能出现的缺陷有分层和裂纹。分层平行于钢板表面，在板厚中心附近。裂纹可能再现于分层端部或火焰切割时产生。对坡口检查常采用触头法，但应防止电流过大烧伤触头与工件的接触面。

焊接过程中的检查主要应用于多层钢板的包扎焊接或大厚度钢板的多层焊接。它在焊接过程的中间阶段，即焊接接头隆起只有一定厚度时进行检查，发现缺陷后将其除掉。中间过程检查时，由于工件温度较高，不能采用湿法，应该采用高温磁粉干法进行。磁化电流最好采用半波整流电。

焊接接头表面质量检查是在焊接过程结束后进行的。采用自动电弧焊的焊接接头表面较平滑，可直接进行检测；手工电弧焊的焊接接头比较粗糙，应进行表面清理后再进行检测。由于一般高强度钢的焊接裂纹有延迟效应（延时开裂），焊接后不能马上检测。通常放置二天至三天后再进行检测。焊接接头检测范围应包括整个热影响区，焊接接头检测的主要方法是磁轭法和触头法，磁轭法可采用普通交直流磁轭或十字交叉旋转磁轭，有时也可采用永久磁铁制作的磁轭。对直径不太大的管道，也可采用线圈或电缆缠绕法对焊接接头进行辅助磁化。

2. 检测方法选择

检查焊接接头的方法应根据焊接件的结构形状、尺寸、检验的内容和范围等具体情况加以选择。对于中小型的焊接件，如压力容器焊接件、锅炉工件、压力管道及特种设备焊接件等，可采用一般工件检测方法进行。而对于大型焊接结构，如房屋钢梁、锅炉压力容器等由于其尺寸、重量都很大，形状也不尽相同，就要用不同的方法进行检测。

除小型焊接件外，中大型焊接件大多采用便携式设备进行分段检测，一般有磁轭法、触头法和交叉磁轭法。

使用普通交直流磁轭法时，为了检出各个方向上的缺陷，必须在同一部位进行至少两次的垂直检测，每个受检段的覆盖应在 10mm，同时行走速度要均匀，以 2~3m/min 为宜。磁悬液喷洒要在移动方向的前方中间部位，防止冲坏已形成的缺陷磁痕。在工程实际操作中，由于两次互相垂直的检查，磁极配置不可能很准确，有造成漏检的可能。另外，磁轭法检测效率较低。这些都是它不足的地方。

触头法也是单方向磁化的方法。它的优点是电极间距可以调节，可根据探伤

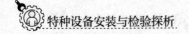

部位情况及灵敏度要求确定电极间距和电流大小。使用触头时，应注意触头电极位置的放置和间距。

触头法同磁轭一样，采用连续法进行。磁化电流可用任一种电流，但以半波整流电效果最佳。施加磁粉的方式可用干法或湿法。检测接触面应尽可能平整，以减小接触电阻。

用交叉磁轭旋转磁场对焊接接头表面裂纹检查，可以得到满意的效果。其主要优点是灵敏可靠，检测效率也较高。在检查对接焊接接头特别是锅炉压力容器检查中得到广泛应用。在使用时，应注意磁极端面与工件的间隙不宜过大，防止因间隙磁阻增大影响焊道上的磁通量。一般应控制在 1.5mm 以下。另外，交叉磁轭的行走速度也要适宜。观察时，要防止磁轭遮挡影响对缺陷的识别。同时，还应注意喷洒磁悬液的方向。

对管道环焊接接头，可采用线圈法或绕电缆方法进行磁化。对角焊接接头可采用专用磁轭进行检测。

3. 检测实例

下面以球形压力容器的检测为例进行说明：

球形压力容器是用于储存气体或液体的受压容器，它由多块钢板拼焊而成，外形像一个大球，故又称为球罐。

按照国家有关部门的规定，新建或使用一定时期的球罐均应进行检查。检查的部位为球罐的内、外侧所有焊接接头（包括管板接头及柱腿与球皮连接处的角接接头，热影响区及母材机械损伤部分）。

检查前，应将球罐要检查的部位分区、注上编号（纵 1、纵 2、横 3、横 4 等），并标在球罐展开图上。预处理时，将焊接接头表面的焊接波纹及热影响区表面上的飞溅物用砂轮打磨平整，不得有凹凸不平和浮锈。

检测采用水磁悬浮液，浓度为 1.5g/L，其他添加剂按规定比例均匀混合，也可采用厂家生产的磁膏。

采用交叉磁轭旋转磁场磁化方法进行磁化。用 A 型试片 15/50 或 30/100 进行综合灵敏度检查。检测时，注意磁极端面与工件表面之间应保持一定间隙，但不宜过大，以使磁轭能在工件上移动行走，又不会产生较大的漏磁场。间隙一般不超过 1.5mm。在通入磁化电流时，应同时施加磁悬液。采用单磁轭时，磁化电流每次持续时间为 1~3s，间歇时间不超过 1s，停施磁悬液至少 1s 后才可停止磁化。

磁轭行走速度应均匀，通常为 2~3m/min，一般不超过 4 m/min。当检查纵缝时，方向应自上而下，以免浇磁悬液时冲掉已形成的磁痕。

进出气孔和排污孔管板接头处的角接接头，用交叉磁轭紧靠管子边缘沿圆周方向检测。

柱腿与球皮连续处的角接接头、点焊部位、母材机械损伤部分可采用两极式磁轭进行检查。

当采用紫外线灯进行观察时，应遵守有关操作与安全注意事项。对磁痕的分析和评定，应按照相关标准的规定及按照验收技术文件进行记录和发放检测报告。

（三）承压类特种设备工件的检查

1. 承压类设备在役与维修件检测的特点

定期检验主要是检查使用过程中产生的缺陷，也就是各种各样的表面裂纹（尤其是内表面），而铁磁性材料在承压类特种设备中占比很高。因此，对于承压类设备的定期检验，磁粉检测是最好的方法，应用也最为广泛。

对在用承压类特种设备进行磁粉检测时，如制造是采用高强度钢乙级对裂纹敏感的材料，或是长期工作在腐蚀介质环境下，有可能发生应力腐蚀裂纹的场合，宜采用荧光磁粉检测方法进行检测。

对盛装过易燃、易爆材料的容器，绝对不能使用通电法和触头法在容器内对焊缝进行磁粉检测，以防打火引起燃烧或爆炸；同时，内部清理和表面预处理也很重要。

由于使用的需要，一些外形特殊及有特殊要求的工件往往占了很大的比重。对这些工件的检测不能采用常规的模式，应该根据产品要求和工艺特点及受力的部位等诸方面的因素进行综合选择。一般来说，主要应考虑以下三点：

（1）尽可能地对被检测工件的材质、加工工艺过程和使用要求了解，掌握其可能出现缺陷的方向。在选择磁化工艺时，充分满足磁化磁场与工件缺陷方向垂直的条件，必要时可以进行多次磁化。

（2）对于形状复杂而检测面较多的工件，应采取分割方法综合考虑。考虑时，应注意尽量选择较简单而行之有效的方法，并注意工件磁化时相互影响的因素。如果磁化规范计算有困难，可以采用灵敏度试片及测磁仪器进行试验。

（3）为了使工件得到最佳磁化，必须准备一些专用的小工具（如不同直径的铜棒、电缆等），在需要时还应考虑设计一些专用的磁化工装及专用设备，以期得到良好的效果。

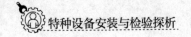

2. 使用中工件检查的意义和特点

使用中的工件定期维护检查很重要，一些设备工作在极其恶劣的环境中，长期经受交变应力的作用和受到有害液体或气体的腐蚀，或者在高温高压下，骤冷骤热的工作环境，都将对设备使用产生很大的影响。在这样的条件下，如果不注意对设备运行加强维护检查，一些关键部位的缺陷就可能产生很大的危害，造成重大事故的发生。比如，电站锅炉的运行系统，冲锻设备锻头、垂杆和模块，螺栓和螺帽，化工高压容器等。只有加强维护工作，定期用无损检测或其他方法对重要部位实施检查，观察检测有无危险性缺陷发生，才能保证设备和器械的正常工作。

维修件检验的特点是：

（1）疲劳裂纹是维修件的主要缺陷，应充分了解工件使用中的受力状态、应力集中和易开裂部位及方向。

（2）维修件检测一般实施局部检查，主要检查疲劳裂纹产生的应力最大部位。

（3）用磁粉检测检查时，常用触头、磁轭、线圈等，小的工件也可用固定式磁粉探伤机进行检查。

（4）对一些不可接近或视力不可达部位的检查，可以采用其他检测方法辅助进行。比如，用光学内窥镜检查管形工件的内壁。对一些重要小孔，可采用橡胶铸型法检查。

（5）有覆盖层的工件，根据实际情况采用特殊工艺或去掉覆盖层后进行检测。

定期检查原来就有磁痕的部位，以观察疲劳裂纹的扩展。

第二节　渗透检测

一、渗透检测的基础

（一）分子运动论与物体的内能

1. 分子运动论

运用分子运动和分子间的相互作用来论述物质的某些性质（如液体的表面张

力、润湿与不润湿、毛细作用）的理论叫作分子运动论。

分子之间存在空隙。固体、液体和气体都能够被压缩的事实，水和酒精混合后的体积小于原来体积之和的实验现象，都说明分子间存在空隙。

物质是由很多分子组成的。布朗运动和扩散现象都证实分子在永不停息地运动着。大量分子的运动表现为无规则的运动。分子无规则运动与温度有关，温度越高，分子运动越剧烈，所以，分子的无规则运动称为热运动。这种运动本质上不同于机械运动，如把一滴墨水滴入清水中，过一会儿整个水都变色，渗透检测也是利用了分子的运动理论。

分子之间存在相互作用力，即同时存在着引力和斥力，分子的引力和斥力大小与分子间的距离有关。分子间距离在 10^{-10}m 时（设为 r_o），分子的引力和斥力相平衡，分子处于平衡位置；当分子间距离小于 r_o 时，分子间引力和斥力都随着增大，但斥力比引力增加的快，合力表现为斥力；当分子间距离大于 r_o 时，分子间引力和斥力都随着减小，但斥力比引力减小得快，合力表现为引力；当分子间距离超过分子直径 10 倍以上时，可以认为分子力等于零。拉伸物体时，表现出的分子力是引力；压缩物体时，表现出的分子力是斥力。

2. 物体的内能

（1）分子动能。

运动着的分子都有不同的动能。在同一时刻，物体内各分子的运动方向不同，运动的速率也不同，每个分子的动能自然也不同，我们把物体内分子动能的平均值叫作分子的平均动能。

从分子运动论的观点看，分子热运动越剧烈，分子的平均动能就越大，物体的温度也就越高，所以，温度是物体分子平均动能的标志。

（2）分子势能。

分子间存在相互作用力，因此分子具有由它们的相对位置所决定的势能，这就是分子势能。分子间距离等于 r_o 时，分子势能最小，如果分子间距离大于或小于 r_o 时，不论它们之间的作用力是引力或斥力，分子势能都增大。

（3）分子内能。

物体里所有分子的动能和势能的总和叫作物体的内能。任何物体都是由永不停息地运动着并且互相作用的分子构成的，所以，任何物体都有内能。

物体的内能是可以改变的，通常随着物体的温度、体积、形状和物态的改变而变化。因此，分子的动能和势能若发生改变，内能也随着改变。

若干物体的内能越小，则由若干物体所构成的系统的能量相应就越小，系统就越稳定。自然界中各物体都有使其能量最小，从而使各系统变得最稳定的趋势，这就是最小能量理论。

（二）表面张力和表面张力系数

1. 自然界的三种物质形态

自然界有三种物质形态——气态、液态和固态，即气、液及固三相，相应的介质是气体、液体和固体。

气体分子间的平均距离很大，分子间的相互吸引力小，分子热运动的平均动能可轻易克服分子间的吸引力，气体分子极易向各方向扩散并充满所给定的容器，因此，气体没有一定的形状和体积。

固体分子间的平均距离小，分子间的引力很大，它们只能在自己的平衡位置附近振动，因此，在固体内分子不容易扩散，固体有一定的形状和体积。

液体分子虽然相互作用力较大，但分子热运动的平均动能不足以克服分子间的作用力。因此，液体具有一定的体积，同时液体内部存在分子可移动的空"位置"，液体结构形状可变，在液体自身重量的作用下，它与盛装容器的外形相同。

物质的相与相之间的分界面称为界面。一般存在如下四种界面：液-气界面、固-气界面、液-液界面和液-固界面。人们习惯把有气相参与组成的相界面叫表面，其他的相界面叫界面。例如，把液-气界面称为液体表面；把固-气界面称为固体表面。

在液-气表面，我们把与气体接触的液体薄层称为表面层；在液-固界面，我们把跟固体接触的液体薄层称为附着层。表面层的分子，一方面受到液体内部分子的作用；另一方面受到气体分子的作用。附着层的分子，一方面受到液体内部分子的作用；另一方面受到固体分子的作用。

2. 表面张力及产生机理

（1）表面张力。

由于液体具有流动性，一定量的液体置于一定几何形状的容器中，其表面应是水平的，但有少量液体的表面并不是这样。例如，荷叶上的小水滴和草叶上的露珠，是近似于球形的；又如，在水平的玻璃片上，小水银珠成球形，如果在成球形的小水银珠上盖一块玻璃片，小水银珠受外力作用会被压扁，当去除外力后，小水银珠很快又恢复成球形。

体积一定的几何形体中，球体的表面积最小，因此，一定量的液体，当它从其他形状变为球形时，就伴随着表面积减小。液膜有自动收缩的现象，液体表面有收缩到最小面积的趋势，这是由于有力的作用，我们把这种存在于液体表面，使液体表面收缩的力称为液体的表面张力。

（2）液体分子间的相互作用力是表面张力产生的原因。

在液体表面的分子，当它从平衡位置向外运动时，只受到液体内部分子的拉引（气体分子对它的作用很小）。因此，它所受到的使它回到平衡位置的力就比在液体内部小些，使表面层的分子的振幅比液体内部大些，分子间的距离也就大些，从而分子间的引力和斥力都随着减小，但斥力比引力减小得快，使合力表现为引力。

综上所述，处于液体表面层的分子受到一种垂直指向液体内部的压力，液体的表面越小，受到这种压力的分子的数目就越少，系统的能量相应地就越低，于是液体表面有自行收缩的趋势。另外，处于液体表面的分子，分布比较稀疏，表面分子之间存在相互吸引的力，这样，就使得液体表面能够实现自行收缩。这就是液体表面张力产生的机理。因此，液体分子间的相互作用力是表面张力产生的根本原因。

正如液体表面有表面张力一样，液–液界面与液–固界面等两相之间的界面也有类似的界面张力。存在于液–液界面、液–固界面，使界面收缩（或铺张）的力称为界面张力。渗透检测时，渗透剂和被检工件之间就是液–固界面，它们之间就存在着界面张力。

两相之间的化学性质越接近，它们之间的界面张力越小。界面张力值总小于两相各自的表面张力之和，这是因为两相之间总会有某些吸附力。界面张力也有使界面自发减少的趋势。

（三）毛细现象

1. 毛细现象的定义

如果一根细玻璃管插入盛有水的容器中，由于水能润湿玻璃，水在管内形成凹液面，对液体内部产生拉应力，故水会沿着管内壁上升，使玻璃管内的水液面高出容器的液面。

如果把这根细玻璃管插入盛有水银的容器里，则所发生的现象正好相反，由于水银不能润湿玻璃，管内的水银面形成凸液面，对液体内部产生压应力，使玻璃管内的水银液面低于容器的液面。

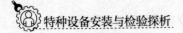

把几根内径不同的细玻璃管插入水中，可以看到，管内的水面比容器里的水面高，管子的内径越小，里面的水面越高。把这些细玻璃管插入水银中，发生的现象正好相反，管子里的水银面比容器里的水银面低，管子的内径越小，里面的水银面越低。

润湿的液体在毛细管中呈凹面并且上升，不润湿的液体在毛细管中呈凸面并且下降的现象，称为毛细现象。能够发生毛细现象的管子叫毛细管。毛细现象也发生在形状，如两平板夹缝、棒状空隙和各种形状的开口缺陷处。

2. 渗透检测中的毛细现象

渗透过程中，渗透剂对被检工件表面开口缺陷的渗透作用；显像过程中，渗透剂从缺陷中渗出到显像剂中形成缺陷显示等，实质上都是渗透剂的毛细作用。例如，渗透剂对表面点状缺陷（如气孔、砂眼）的渗透，就类似于渗透剂在毛细管内的毛细作用；渗透剂对表面条状缺陷（如裂纹、夹渣和分层）的渗透，就类似于渗透剂在间距很小的两平行平板间的毛细作用。

毛细作用的产生是由缺陷处渗透剂附着层的推斥力和渗透剂表面张力共同作用的结果。由于毛细作用，渗透剂渗入细小而洁净的裂纹中的速度比渗透到宽裂纹中的速度要快，裂纹中如果含有污染物，则会使渗透剂表面张力减小，从而使毛细作用减弱，渗透时间就要相应地延长。

二、渗透检测材料

渗透检测材料是由渗透剂、去除剂和显像剂组成的，是实施渗透检测必不可少的产品。

（一）渗透剂

常规渗透检测所用的渗透剂是一种含有着色染料或荧光染料且具有很强渗透能力的溶液，当被施加到工件上时，能渗入工件表面，并且在去除表面多余渗透剂后，仍能保留在表面，并以适当的方式将缺陷显示出来。渗透剂是渗透检测中使用的最关键的材料，其性能直接影响检测的灵敏度。

1. 渗透剂的分类

（1）按溶解染料的基本溶剂分类。

按溶解染料的基本溶剂分类，可将渗透剂分为水基渗透剂与油基渗透剂两类。水基渗透剂以水为溶剂。水的渗透能力很差，但在水中加入适量的表面活性剂可以降低水的表面张力，增加水对固体的润湿能力，渗透能力将大大提高。油基渗透剂中基本溶剂是"油"类物质，如航空煤油、灯用煤油、200#溶剂汽油等。油基渗透剂的渗透能力很强，检测灵敏度较高。水基渗透剂与油基渗透剂相比，水基润湿能力较差，渗透能力较低，因此，检测灵敏度也较低。

（2）按多余渗透剂的去除方法分类。

按多余渗透剂的去除方法分类，可将渗透剂分为水洗型渗透剂、后乳化型渗透剂与溶剂去除型渗透剂三类。

水洗型渗透剂就是可用水直接去除的渗透剂，分为以水为基本溶剂的水基渗透剂和以油为基本溶剂的油基渗透剂，两者的区别是油基渗透剂含有乳化剂。后乳化型渗透剂中不含有乳化剂，须用单独的乳化剂使其变成可水洗的渗透剂。溶剂去除型渗透剂可采用适宜的溶剂去除被检工件表面多余的渗透剂。

（3）按染料成分分类。

按渗透剂所含染料成分分类，可将渗透剂分为荧光渗透剂、着色渗透剂与两用渗透剂三类。荧光渗透剂中含有荧光染料，在黑光下能激发出荧光。检测时在黑光照射下，缺陷图像能发出黄绿色荧光，观察缺陷图像在暗室内黑光下进行。着色渗透剂中含有红色染料，缺陷显示为红色，在可见光照射下观察缺陷图像。两用渗透剂所给出的图像显示，既能在可见光下又能在黑光下进行观察的渗透剂，也叫着色荧光渗透剂，在可见光照射下缺陷显示为红色，在黑光照射下缺陷显示为黄绿色（或其他颜色）荧光。

（4）按灵敏度水平分类。

渗透检测灵敏度等级是渗透检测材料或渗透检测系统的检测能力的相对度量。按渗透检测灵敏度水平分类，可将渗透剂分为很低、低、中、高与超高5类。

水洗型荧光渗透剂具有低、中与高灵敏度水平；后乳化型荧光渗透剂具有中、高与超高灵敏度水平；着色渗透剂具有低、中灵敏度水平。

（5）按与被检材料的相容性分类。

按渗透剂与被检材料的相容性，可将渗透剂分为与液氧相容渗透剂和低硫、低氯、低氟渗透剂等几种类别。

与液氧相容渗透剂用于与氧气或液态氧接触工件的渗透检测，在液态氧存在的情况下，该类渗透剂与其不发生反应，呈现为化学惰性。

低硫渗透剂专门用于镍基合金材料的渗透检测，低氯、低氟渗透剂专门用于钛合金及奥氏体钢材料的渗透检测，均可以防止渗透剂对此类合金材料的破坏。

2. 特殊类型的渗透剂

（1）两用渗透剂。

两用渗透剂既可以在可见光下检测又可在黑光下检测，它在可见光下呈鲜艳的暗红色，而在黑光灯下发出明亮的荧光。所以，这种渗透剂在可见光下具有着色检测的灵敏度，而在黑光下检测则具有荧光检测的灵敏度，也就是一种渗透剂同时完成两种灵敏度水平的检测，因此其具有双重灵敏度等级。

应当指出，这类渗透剂是将一种特殊的染料溶解在渗透剂中，它绝不是将着色染料和荧光染料同时溶解到渗透剂中配制而成的。由于分子结构的原因，着色染料若与荧光染料混到一起，将会猝灭荧光染料所发出的荧光。

（2）化学反应型着色渗透剂。

该类着色渗透剂是将无色的染料溶解在无色的溶剂中，形成一种无色或淡黄色的着色渗透剂。这种着色渗透剂在与配套的显像剂接触时会发生化学反应，产生鲜艳的颜色，从而产生清晰的缺陷显示。这种显示还可以在黑光灯照射下发出明亮的荧光，因而这种渗透剂也是一种两用渗透剂，也具有双重灵敏度的特性。

这种渗透剂缺陷显示清晰，具有不污染操作者的衣服及皮肤的优点，也不会污染工件和检测场所，冲洗出的废水也是无色的，避免了颜色污染问题。

（3）高温下使用的渗透剂。

对高温工件进行渗透检测时，施涂在工件上的渗透剂，其中的染料很容易受到破坏，甚至色泽消失或荧光猝灭。因此，常规的渗透剂不能用于高温工件的检测。高温下使用的渗透剂，应能在短时间内与高温工件接触而不被破坏，用这种渗透剂进行检测时，检测速度应尽量快，要在染料未被完全破坏前完成对工件的检测。

（4）过滤性微粒渗透剂。

这是一种比较适合于检查粉末冶金工件、石墨制品及陶土制品等材料的渗透剂。

这种渗透剂是一种悬浮液，是将粒度大于裂纹宽度的染料悬浮在溶剂中配制成的。当渗透剂流进裂纹时，染料微粒不能流进裂纹，会聚集在开口的裂纹处，这些留在表面的微粒沉积，就可以提供裂纹显示。根据实际需要，这种微粒既可以是着色染料，也可以是荧光染料。

这种渗透剂中的发光染料微粒大小和形状必须适当，如微粒过小，则这些微粒虽然随着渗透剂的流动而聚积到缺陷的位置，但又会很快地渗入缺陷的内部，这样就会减少聚积在缺陷表面的微粒数量，从而降低灵敏度。如微粒过大，则其流动性差，甚至不能随渗透剂流动，因此难以形成缺陷显示。微粒的状态最好是球形，使其具有较好的流动性，微粒的颜色应选择与被检工件表面颜色反差大的颜色，如果使用荧光微粒，在黑光下能较强地显示缺陷部位，从而提高灵敏度。

渗透剂中悬浮微粒的液体溶剂，应根据被检工件材料不同而各不相同。通常，这种液体使用水或石油类溶剂。必须能充分润湿被检工件的表面，以使微粒能自由地流动到缺陷部位，从而显示出缺陷。此外，这种液体溶剂的挥发性不能太大，否则微粒在流动中就会干涸在工件表面上；挥发性也不能太小，否则流动性太差，会使渗透剂长时间残留在表面上。

使用这种渗透剂之前应充分搅拌，待染料微粒均匀分散后方可使用。施加渗透剂时，最好使用压缩空气喷枪喷涂，压力以 20~30Pa 为宜，不允许刷涂，因为刷涂会妨碍微粒的流动，在微粒上画出伪缺陷显示。使用这种渗透剂，不需要显像剂。使用与渗透剂同类型的溶剂预先润湿被检工件，可起到降低背景，提高对比度的作用，由于渗透剂会渗入工件内部，对被检工件的干燥比较困难。

3. 渗透剂的性能

（1）渗透剂的综合性能。

渗透能力强，容易渗入工件的表面开口缺陷。

荧光渗透剂应具有鲜明的荧光，着色渗透剂应具有鲜艳的色泽。

清洗性好，容易从工件表面清洗掉。

润湿工件与显像剂的性能好，容易从缺陷中被显像剂吸附到工件表面，从而将缺陷显示出来。

无腐蚀，对工件和设备无腐蚀性。

稳定性好，在光与热作用下，材料成分和荧光亮度或色泽能维持较长时间。

毒性小，尽可能不污染环境。

其他：检查钛合金与奥氏体钢材料时，要求渗透剂低氯、低氟；检查镍合金材料时，要求渗透剂低硫；检查与氧、液氧接触的工件时，要求渗透剂与氧不发生反应，呈现为化学惰性。

（2）渗透剂的物理性能

①表面张力与接触角。

表面张力用表面张力系数表示，接触角则表征渗透剂对工件表面或缺陷的润湿能力。表面张力与接触角是确定渗透剂是否具有高渗透能力的两个最主要

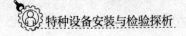

参数。

渗透剂的渗透能力用渗透剂在毛细管中上升高度来衡量。从液体在毛细管中上升高度的公式可以看出，渗透剂渗透能力与表面张力 α 与接触角余弦 $\cos\theta$ 的乘积成正比。

$\alpha\cos\theta$ 表征渗透剂渗入表面开口缺陷的能力，称静态渗透参量，单位同表面张力系数一样，为 N/m。可用下式表示：

$$SPP = \alpha\cos\theta$$

式中：SPP——静态渗透参量；

α——表面张力（一般用表面张力系数表示）；

θ——接触角。

试验证明，当渗透剂的 $\theta \leqslant 5°$ 时，渗透性能较好，使用此类渗透剂进行渗透检测，可以得到较满意的检测结果，当 $\theta \leqslant 5°$ 时，$\cos\theta \approx 1$，$SPP \approx \alpha$，渗透剂的表面张力取适当值时，渗透剂的渗透能力最强。

②黏度。

渗透剂的黏度与液体的流动性有关，它是流体的一种液体特性，也是流体分子间存在摩擦力而互相牵制的表现。渗透剂渗透性能用运动黏度来表示，运动黏度的国际单位为 m^2/s。

当液体具有良好渗透性能时，其黏度并不影响静态渗透参量，即不影响液体渗入缺陷的能力。例如，水的黏度较低，20℃时为 $1.004\times10^{-6}m^2/s$，但不是一种好的渗透剂；煤油的黏度很高，20℃时为 $1.65\times10^{-6}m^2/s$，却是一种好的渗透剂。

渗透剂的渗透速率常用动态渗透参量来表征，它反映的是要求被检工件浸入渗透剂中时间的长短，单位为 m/s。动态渗透参量可用下式表示：

$$KPP = \frac{\alpha\cos\theta}{\eta}$$

式中：KPP——动态渗透参量；

α——表面张力（一般用表面张力系数表示）；

θ——接触角；

η——黏度。

液体的黏度对动态渗透参量影响大，黏度高的渗透剂渗入表面开口缺陷所需时间长，从被检表面上滴落时间也较长，故被拖带走的渗透剂损耗较大，黏度低的渗透剂则完全相反。后乳化型渗透剂由于拖带多而严重污染乳化剂，使乳化剂使用寿命缩短。

去除被检工件表面多余的低黏度渗透剂时，浅而宽的缺陷中的渗透剂容易被清洗掉，从而直接降低灵敏度。因此，渗透剂黏度太高或太低都不好，渗透剂的黏度一般控制在（4~10）×10^{-6}m^2/s（38℃）时较为适宜。

③密度。

密度是单位体积内所含物质的质量。从液体在毛细管中上升的高度公式可以看出，液体的密度越小，上升高度越高，渗透能力越强。

由于渗透剂中主要液体是煤油和其他有机溶剂，因此渗透剂的密度一般小于1g/cm^3。使用密度小于1g/cm^{3}的后乳化型渗透剂时，水进入渗透剂中能沉于槽底，不会对渗透剂产生污染，水洗时，也可漂在水面上，容易溢流掉。水洗型渗透剂被水污染后，由于乳化剂的作用，使水分散在渗透剂中，使渗透剂的密度值增大，渗透能力下降。

液体的密度一般与温度成反比，温度越高密度值越小，渗透能力也随之增强。

④挥发性。

挥发性可用液体的沸点或液体的蒸气压来表征，沸点越低，挥发性越强。一方面，易挥发的渗透剂在滴落过程中易干在工件表面上，给水洗带来困难；也容易干在缺陷中而不易渗出到工件表面，严重时会导致难于形成缺陷显示，使检测失败。另外，易挥发的渗透剂在敞口槽中使用时，挥发损耗大，渗透剂的挥发性越大，着火的危险性也越大；对于毒性材料，挥发性越大，所构成的安全威胁也越大。综上所述，渗透剂应以不易挥发为好。

但是，渗透剂也必须具有一定的挥发性，一般在不易挥发的渗透剂中加入一定量的挥发性液体。一方面，渗透剂在工件表面滴落时，易挥发的成分挥发掉，使染料的浓度得以提高，有利于提高缺陷显示的着色强度或荧光强度；另外，渗透剂从缺陷中渗出时，易挥发的成分挥发掉，从而限制了渗透剂在缺陷处的扩散面积，使缺陷显示轮廓清晰。此外，渗透剂中加进易挥发的成分以后，还可以降低渗透剂的黏度，提高渗透速度。上述均有利于缺陷的检出，提高渗透检测灵敏度。

⑤闪点和燃点。

可燃性液体在温度上升过程中，液面上方挥发出大量的可燃性蒸气，这些可燃性蒸气和空气混合，接触火焰时，会出现爆炸闪光现象。刚刚出现闪光现象

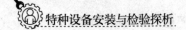

时，液体的最低温度称为闪点。燃点与闪点是两个不同的物理量。燃点是液体加热到能被接触的火焰点燃并能继续燃烧的液体最低温度。

对同一液体而言，燃点高于闪点，闪点低，燃点也低，着火的危险性也大。液体的可燃性，一般指的是该液体的闪点。从安全方面考虑，渗透剂的闪点越高，则越安全。

闪点有开口与闭口两种测量方法。所谓开口闪点是指用开杯法测出的闪点温度，它是将可燃性液体试样盛在开口油杯中试验。闭口闪点是指用闭杯法测出的闪点温度，它是将可燃性液体试样盛在带盖的油杯中试验，盖上有一可开可闭的窗孔，加热过程中窗孔关闭，测试闪点温度时，窗孔打开，正因为如此，用此法测出的闪点温度数值偏低。对于渗透剂来说，闭口更为合适，因为闭口的重复性较好，而且测出的数值偏低，不会超出使用安全值。

对水洗型渗透剂，原则上要求闭口闪点大于50℃；而对后乳化型渗透剂，闭口闪点一般为60~70℃。

有些压力喷罐的渗透剂具有较低的闪点，使用时应特别注意避免接触烟火，室内操作时，应具有良好的通风条件。

⑥电导性。

手工静电喷涂渗透剂时，喷枪提供负电荷给渗透剂，工件保持零电位，故要求渗透剂具有高电阻，避免产生逆弧传给操作者。

（3）渗透剂的化学性能

①化学惰性。

渗透剂对被检材料和盛装容器应尽可能是惰性的或不腐蚀的，油基渗透剂在大部分情况下是符合这一要求的。

水洗型渗透剂中乳化剂可能是微碱性的，渗透剂被水污染后，水与乳化剂结合而形成微碱性溶液并保留在渗透剂中。这时，渗透剂将腐蚀铝或镁合金的工件，还可能与盛装容器上的涂料或其他保护层发生反应。

渗透剂中硫、钠等元素的存在，在高温下会对镍基合金的工件产生热腐蚀（也叫热脆）。渗透剂中的卤族元素，如氟、氯等，很容易与钛合金及奥氏体钢材料作用，在应力存在情况下，产生应力腐蚀裂纹。在氧气管道及氧气罐、液体燃料火箭或其他盛装液氧装置的场合应用，渗透剂与氧及液氧不应起反应，油基的或类似的渗透剂不能满足这一要求，需要使用与液氧相溶的渗透剂。

用来检测橡胶、塑料等工件的渗透剂，也应采用特殊配制的不与其发生反应的渗透剂。

②清洗性。

渗透剂的清洗性是十分重要的，如果清洗困难，则会在工件上造成不良背景，影响检测效果。水洗型渗透剂与后乳化型渗透剂应在规定的水洗温度、压力、时间等条件下，使用粗水柱冲洗干净，不残留明显的荧光背景或着色底色；溶剂去除型渗透剂应采用有机溶剂去除工件表面多余的渗透剂，要求有机溶剂能够溶解渗透剂。

③含水量和容水量。

渗透剂中的水含量与渗透剂总量之比的百分数称为含水量；渗透剂的容水量是指渗透剂出现分离、混浊、凝胶或灵敏度下降等现象时的渗透剂含水量的极限值。这一含水量的极限值称为渗透剂的容水量，它是衡量渗透剂抗水污染能力的指标。

渗透剂含水量越小越好；渗透剂的容水量指标越高，抗水污染性能越好。

④毒性。

渗透剂应是无毒的，与其接触，不得引起皮肤炎症，渗透剂挥发出来的气体，其气味不得引起操作者恶心，任何有毒的材料及有异味的材料不得用来配制渗透剂。即使这些要求都能达到，还需要通过实际观察来对渗透剂的毒性进行评定。为保证无毒，制造厂不仅应对配制渗透剂的各种材料进行毒性试验，还应对配制的渗透剂进行毒性试验。

目前，所生产的渗透剂基本是安全的，对人体健康并无严重的影响。尽管如此，操作者仍应避免自己的皮肤长时间地接触渗透剂，避免吸入渗透剂的挥发性气体。

⑤溶解性。

渗透剂是将染料溶解到溶剂中配制成的。溶剂对染料的溶解能力高，就可得到染料浓度高的渗透剂，提高渗透剂的发光强度，从而提高检测灵敏度。

渗透剂中的各种溶剂都应该是染料的良好溶剂，在高温或低温条件下，它们应能使染料都溶解在其中并保持在渗透剂中，在贮存或运输过程中不发生分离，因为一旦发生分离，要使其重新结合是相当困难的。

⑥腐蚀性。

应当注意，水的污染不仅可能使渗透剂产生凝胶、分离、云状物或凝聚现象，并且可与水洗型渗透剂中乳化剂结合而形成微碱性溶液，这种微碱性渗透剂

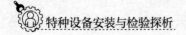

对铝、镁合金工件会产生腐蚀；同时，对不同材料的工件渗透检测时应控制渗透剂中硫、钠、氯、氟等的含量。

（二）去除剂

1. 乳化剂

渗透检测所用的乳化剂由具有乳化作用的表面活性剂和添加剂组成。以表面活性剂为主体，使后乳化型渗透剂通过乳化剂的乳化可用水直接进行清洗去除；添加剂具有调节黏度，调整与渗透剂的配比性，降低材料费用等作用。

乳化剂分为亲水性及亲油性两大类。$H.L.B$ 值在 $8 \sim 18$ 的乳化剂称为亲水性乳化剂，乳化型式是水包油型，它能将油分散在水中；$H.L.B$ 值在 $3.5 \sim 6$ 的乳化剂称为亲油性乳化剂，乳化型式是油包水型，它能将水分散在油中。

选择乳化剂时，除应考虑 $H.L.B$ 值外，还应考虑后乳化型渗透剂的具体情况。后乳化型渗透剂与乳化剂的亲油基化学结构相似时，乳化效果好；同时，由于乳化的目的是要将渗透剂去除掉，故乳化剂还应具备良好的洗涤作用，$H.L.B$ 值在 $11 \sim 15$ 范围内的乳化剂，既有乳化作用又有洗涤作用，是比较理想的去除剂。

（1）亲水性乳化剂。

亲水性乳化剂是指渗透检测中使用的可用水稀释的去除剂（水基型乳化剂）。

亲水性乳化剂的黏度一般比较高，通常都是用水稀释后再使用的。稀释后的乳化剂，浓度越高，乳化能力越强，乳化速度较快，因而乳化时间较难控制，而且乳化剂拖带损耗大；若浓度太低，则乳化能力太弱，乳化速度较慢，从而需要较长乳化时间，使得乳化剂有足够时间渗入表面开口缺陷中去，缺陷中的渗透剂也容易用水洗掉，最终达不到后乳化渗透检测应有的高灵敏度。因此，应根据被检工件的大小、数量、表面光洁度等情况，通过试验来选择最佳浓度，或按乳化剂制造厂推荐的浓度使用，通常乳化剂制造厂推荐的浓度为 $5\% \sim 20\%$。

（2）亲油性乳化剂。

亲油性乳化剂是指渗透检测中使用的油基型乳化剂。

亲油性乳化剂不加水使用，若乳化剂黏度大，扩散到渗透剂中的速度就慢，容易控制乳化，但乳化剂拖带损耗大。乳化剂黏度小，扩散到渗透剂中的速度就快，乳化速度快，须注意控制乳化时间。

亲油性乳化剂应能与后乳化型渗透剂产生足够的相互作用，而起一种溶剂的作用，使工件表面多余的渗透剂能被去除。

亲油性乳化剂对水及对渗透剂的容许量也是乳化剂的基本要求。亲油性乳化剂应允许添加 5%的水，应允许混入 20%的渗透剂，而仍然像新的乳化剂一样，能够有效地被水清洗掉，达到所要求的渗透检测灵敏度。

（3）乳化剂的综合性能。

对乳化剂的基本要求是能够很容易地乳化，并去除表面多余的后乳化型渗透剂，因此要求乳化剂应具备如下特点：①外观（色泽、荧光颜色）上能与渗透剂明显地区别开；②受少量水或渗透剂的污染时，不降低乳化去除性能；③贮存保管中，温度稳定性好，性能不变；④对金属及盛装容器不腐蚀变色；⑤对操作者的健康无害，无毒及无不良气味；⑥闪点高，挥发性低，废液及去除污水的处理简便等；⑦表面活性与黏度或浓度适中，使乳化时间合理，乳化操作不困难。

（4）乳化剂的物理性能。

乳化剂的黏度对渗透剂的乳化时间有直接影响。高黏度的乳化剂在渗透剂中扩散较慢，可以精确地控制乳化程度；低黏度的乳化剂在渗透剂中扩散较快，难以精确地控制乳化程度，同时也影响到乳化剂使用的经济性。

①黏度。

黏度是一个值得从经济上给予考虑的问题。在可控性和经济性之间，可取的折中办法是将乳化剂的最短乳化时间控制在 30s 内。黏度值是由制造厂来加以控制的，但误差变化应保持在±10%的范围内。

②闪点。

从安全方面必须考虑乳化剂的闪点，闪点越高，使用越安全。所有乳化剂的材料，其闪点都不应低于 50℃。

③挥发性。

对于乳化剂的挥发性，主要考虑的问题是使用中的经济性。在敞开槽中使用时，乳化剂的挥发性应当低，以免由挥发引起过量损失，以及在乳化剂槽附近产生过量的挥发性气体污染。

（5）乳化剂的化学性能。

①毒性。

乳化剂中所用材料必须是无毒的，不能使人体产生诸如恶心或引起皮肤炎症等不良副作用。

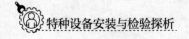

②容水性。

乳化剂会受到水的污染，特别在敞开槽中使用时更是如此。按体积计，乳化剂应能容许混入5%的水，而无凝胶、分离、凝聚或水浮在表面上等现象产生，且须满足渗透检测系统灵敏度的要求。

③与渗透剂的相容性。

某些渗透剂会不可避免地混入乳化剂中，受渗透剂的过分污染后，乳化剂对渗透剂的乳化能力会被减弱。

按体积计，乳化剂应能容许混入20%的渗透剂而不变质。

减少乳化剂受渗透剂污染的方法是：延长渗透剂的滴落时间；加强滴落后乳化前的预水洗，减少进入乳化剂中的渗透剂。

2. 溶剂去除剂

溶剂去除剂就是用于去除多余渗透剂的有机液体。

按照溶剂去除剂与被检材料的相溶性，可将其分为卤化型溶剂去除剂、非卤化型溶剂去除剂及特殊用途溶剂去除剂。非卤化型溶剂去除剂中，卤族元素的含量受到严格控制主要用于奥氏体钢及钛合金材料的检测。

溶剂去除剂与溶剂去除型着色渗透剂或溶剂去除型荧光渗透剂应配合使用。其性能要求是溶解渗透剂适度，去除时挥发适度，贮存保管中稳定，不使金属腐蚀与变色，无不良气味，毒性小等。一般多使用丙酮、乙醇、汽油或三氯乙烯等多组分有机溶剂。

（三）显像剂

显像剂是渗透检测中的另一关键材料，它主要是通过毛细作用将缺陷中的渗透剂吸附到工件表面上形成缺陷显示；将形成的缺陷显示在被检表面上横向扩展，放大至人眼可见，提供与缺陷显示较大反差的背景，以利于观察。

1. 显像剂的种类

显像剂分为干粉显像剂与湿式显像剂两大类，自显像是不使用显像剂的。干粉显像剂实际就是微细白色粉末；湿式显像剂有水悬浮显像剂（白色显像剂粉末悬浮于水中）、水溶性显像剂（白色显像剂粉末溶解于水中）、溶剂型显像剂（白色显像剂粉末悬浮于有机溶剂中）及可剥离显像剂（白色显像剂粉末悬浮于树脂清漆中）等几类。也有将可剥离显像剂单独列为一类的。

（1）干粉显像剂。

干粉显像剂是一种细小的干粉状的显像剂，为白色无机物粉末，如氧化镁、碳酸钠、氧化锌、氧化钛粉末等。干粉显像剂主要用于荧光渗透，适用于螺纹及粗糙表面工件的荧光渗透检测。

干粉显像剂粉末应细微，是轻质的、松散的和干燥的，尺寸不应超过 $3\mu m$，应有较好的吸水、吸油性能，容易被缺陷处微量的渗透剂润湿，能把微量的渗透剂吸附出来。

干粉显像剂应吸附在干燥工件表面上，并仅形成一层显像粉薄膜，在黑光下不应发荧光，对工件和存放容器不应腐蚀，且无毒。

（2）湿式显像剂。

①水悬浮显像剂。

水悬浮显像剂是指分散在水中的专用粉末，干燥时形成有吸附能力的膜层，是将干粉显像剂按一定比例加入水中配制而成，一般是每升水中加进 $30\sim100g$ 的显像剂粉末。显像剂粉末不宜太多，也不宜太少；太多会造成显像剂薄膜太厚，遮盖显示，太少将不能形成均匀的显像剂薄膜。

显像剂中加有润湿剂，是为了改善工件表面的润湿性，保证在工件表面形成均匀的薄膜；加有分散剂，是为了防止沉淀和结块；加有限制剂，是为了防止缺陷显示无限制地扩展；加有防锈剂，是为了防止显像剂对工件和存放容器的腐蚀。

水悬浮显像剂一般呈弱碱性，它对钢工件一般不腐蚀，但长时间残留在铝镁工件上会对其产生腐蚀，并出现腐蚀麻点。

该类显像剂不适用于水洗型渗透检测系统，要求工件表面有较高的光洁度。

②水溶性显像剂。

水溶性显像剂是指溶解在水中的专用粉末，干燥时形成有吸附能力的膜层，是将显像剂结晶粉末溶解在水中而制成。它克服了水悬浮显像剂易沉淀、不均匀和可能结块的缺点；还具有清洗方便、不可燃、使用安全等优点；但由于显像剂结晶粉末多为无机盐类，白色背景不如水悬浮显像剂。另外，水溶性显像剂也加有润湿剂、防锈剂及限制剂等，其作用几乎等同于水悬浮显像剂。

该类显像剂也不适用于水洗型渗透检测系统，同时要求工件表面有较高的光洁度。

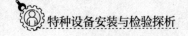

（3）溶剂型显像剂。

溶剂型显像剂就是在挥发性溶剂中散布有细微颗粒的显像剂，是将显像剂粉末加在挥发性的有机溶剂中配制而成。常用有机溶剂有丙酮、苯及二甲苯等。

该类显像剂中也加有限制剂及稀释剂等。常用的限制剂有火棉胶、醋酸纤维素、过氯乙烯树脂等；稀释剂是用以调整显像剂的黏度，并溶解限制剂的。

该类显像剂通常装在喷罐中使用，而且与着色渗透剂配合使用。

就显像方法而论，该类显像剂灵敏度较高，因为显像剂中的有机溶剂有较强的渗透能力，能渗入缺陷中去，挥发过程中把缺陷中的渗透剂带回工件表面，故显像灵敏度高。另外，有机溶剂挥发快，缺陷显示扩散小，显示轮廓清晰，分辨力也较高。

由于着色渗透检测显像时，需要足够厚但又不至于掩盖显示的均匀覆盖层，以提供白色的对比背景，所以用于着色检测的显像剂粉末应是白色微粒。荧光渗透检测时，由于在黑光灯下不可能看见有多少显像剂已涂附在工件上，所以显像剂粉末可以是无色透明微粒，不用施加溶剂型显像剂，而只用干粉显像剂。

（4）可剥离显像剂。

可剥离显像剂就是挥发后留下一层带有显示的可剥离薄膜层的液体显像剂，主要由显像剂粉末和透明清漆（或者胶状树脂分散体）所组成，能够制成存档复制件，并进行永久记录。

2. 显像剂的性能

（1）显像剂的综合性能。

①吸湿能力要强，吸湿速度要快，能很容易被缺陷处的渗透剂润湿，并吸出足量渗透剂；②显像剂粉末颗粒细微，对工件表面有一定的黏附力，能在表面形成均匀的薄覆盖层，将缺陷显示的宽度扩展到足以用肉眼看到；③用于荧光法的显像剂应不发荧光，也不应有任何减弱荧光的成分，且不应吸收黑光；④用于着色法的显像剂应与缺陷显示形成较大的色差，以保证最佳对比度，对着色染料无消色作用；⑤对被检工件和存放容器不腐蚀，对人体无害；⑥使用方便，易于清除，价格便宜。

（2）显像剂的物理性能。

①颗粒度。

显像剂的颗粒应研磨得很细，如果颗粒过大，微小的显示就显现不出来。这是由于渗透剂润湿粒度较细的球状颗粒较强，显像剂颗粒如果不能被渗透剂所润湿，则从检测表面就观察不到缺陷显示。显像剂的颗粒度不应大于 $3\mu m$。

②密度。

松散状态的干粉显像剂的密度应小于 $0.075g/cm^3$，每升质量 75g 以下；包装状态下的密度应小于 $0.13g/cm^3$，每升质量 130g 以下。

③水悬浮或溶剂型显像剂的沉淀速率。

显像剂粉末在水中或溶剂中的沉淀速度称为沉淀速率。细小的粉末悬浮后，沉淀速度慢；粗的显像剂粉末不易悬浮，悬浮后沉淀速度快；粗细不均匀的显像剂粉末沉淀不均匀。为确保显像剂有较好的悬浮性能，必须选用轻质细微且均匀的显像剂粉末。

④再分散性。

再分散性就是用目视评定液体显像剂中的粉末在沉淀前的分散状况和停留时间。

显像剂粉末沉淀后，经再次搅拌，显像剂粉末能够重新分散到溶剂中去。分散性好的显像剂，经搅拌后能重新均匀地分散到液体中去，而不残留任何结块，并具有一定的停留时间。

⑤显像剂润湿能力。

显像剂润湿能力包括两个方面：一是显像剂的颗粒被渗透剂润湿的能力，如果显像剂的颗粒不能被渗透剂所润湿，就不可能形成缺陷显示；二是湿式显像剂润湿工件表面的能力，如果润湿能力差，则在显像溶剂挥发以后，会出现显像剂流痕或卷曲剥落等现象。

（3）显像剂的化学性能。

①毒性。

显像剂应是无毒的，有毒、有异味的材料不能用来配制显像剂，使用过程中不能使人体产生恶心或引起皮肤炎症等不良反应。应避免使用二氧化硅干粉显像剂，因为长期吸入这类显像剂会对人的肺部造成有害影响。

②腐蚀性。

显像剂不应腐蚀盛装的容器，也不应使被检工件在渗透检测及以后的使用期间产生腐蚀。对镍基合金渗透检测时应控制显像剂中的硫化物含量；对奥氏体不锈钢及钛合金进行渗透检测时，应对显像剂中的氟、氯含量进行严格控制。

③温度稳定性。

现场使用的水悬浮显像剂或水溶性显像剂，不应在冰冻情况下使用，因此，

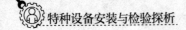

显像前，应对被检工件加热，或对显像剂加热，防止显像剂在使用中产生冻结。另外，高温或相对湿度特别低的环境会使显像剂液体成分过分蒸发，所以在上述环境下使用显像剂，应经常检查显像剂槽液的浓度。

渗透剂的污染将引起虚假显示。油及水的污染，将使工件表面粘上过多显像剂，遮盖显示。

第七章　机电类特种设备专用无损检测技术

第一节　ADIASYSTEM 电梯检测系统

一、ADIASYSTEM 电梯检测系统的用途与特点

（一）ADIASYSTEM 电梯检测系统的用途

ADIASYSTEM 电梯检测系统主要适用于曳引电梯、液压电梯、升降机、扶梯检验，可以对电梯的多项特性参数进行测量，如距离、速度、曳引力、平衡系数、加（减）速度、安全钳特性、电梯门关门动能及速度、液压电梯压力等，而且测得的数据可以保存，并由计算机处理以曲线图显示。

（二）ADIASYSTEM 电梯检测系统的特点

ADIASYSTEM 用测量手段替代了传统的靠加载检测的方法，得到的结果可以很清楚地与所需要的规范标准值相比较。

加载检测通常是检测运行电梯在极端情况下的安全性。在电梯上装载上125%或150%的设计载荷，试验时要搬运沉重的砝码，一方面，费时费力；另一方面，这种检测只是简单地表明合格或不合格。ADIASYSTEM 用一种精确的测量手段替代了以前那种靠加载检测的方法，得到的结果可以很清楚地与所需要的规范标准值相比较，传统的安全检测方法中有一些不能确定的东西，而现在可以由ADIASYSTEM 检测出来。

专用软件可把测试结果转化为数字和图表，把得到的全部信息储存在硬盘中。第二次检测的结果也可以很容易与第一次的记录相比较。

ADIASYSTEM 是在总结了许多在电梯检测这个特殊的领域中专家的大量经验和专业知识的基础上，开发研制的全面检测电梯的数字化产品。检测过程快速、

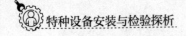

准确，劳动强度低。

数据采集、存储、分析全部由计算机进行，实现全数字化检测。

配置有距离/速度测量仪、数字测力计、压力传感器、测力称重仪、电梯门测试仪等专用测量传感器和装置，可以快速测量多项电梯特性参数，并可以不断开发、增加、改善传感器和装置的功能。

二、ADIASYSTEM 电梯检测系统的工作原理和性能

（一）ADIASYSTEM 电梯检测系统的配置与性能

1. ADIASYSTEM 电梯检测系统的配置与结构

由装有专用软件的电脑和一组测量用传感器和装置组成。

2. 检测项目

检测项目包括速度、液压电梯压力测试、加/减速度、液压电梯平层测试、距离、轿厢质量、时间、卷帘门闭合力、振动、电梯门闭合力、安全钳测试、电梯门撞击速度与动能、曳引力测试、平衡测试、微小位移等。

3. 传感器和测量装置

主要包括距离/速度测量仪、测力计、电子压力传感器、测力称重仪、电梯门测试仪等。

（1）距离/速度测量仪。

距离/速度测量仪可以应用在所有种类的距离和速度测量上，它有一个传感器放在一个方形塑料盒子里，盒子的一侧伸出一个滚轴，滚轴外覆盖软胶垫。这个软胶垫在指定的检测点被挤压在运动的钢丝绳上，并由此传递速度和位移，由盒子里的传感器产生脉冲信号，通过线缆传送到计算机上进行分析而得出具体的速度或者位移。

（2）测力计。

测力计用来测量钢丝绳拉力，可以做曳引力试验、平衡试验。老的测力计包括以下三部分：一个弹簧秤、一套板簧、一个数字刻度尺。弹簧秤由两个彼此由螺栓连接的U形的铝质材料组成，在U形材料中间距连接螺栓规定距离处安装有一套金属板弹簧。金属板弹簧有两套可供调换：普通弹簧（N）和硬度弹簧（H）。在数字刻度尺内部有一个均匀的塑料圆盘，圆盘通过两个光栅产生增加或

减少的脉冲信号，然后由集成的电子系统对这些信号处理而得出距离和方向。该数字刻度尺的分辨率为 200 pulses/cm。通过有效的杠杆关系，即着力点–弹簧–数字刻度尺，高强度的拉力可以通过一根小的弹簧传送到刻度尺一段小的滑移上。

（3）电子压力传感器。

电子压力传感器可以用来测量液压电梯系统的压力。传感器安装在一个专门的钢容器内（履行 IP65 保护要求），通过一个完整的 O 形环来进行密封。传感器的标准测量范围是 0~100bar，另外也可以使用 250bar 范围的传感器。传感器的最大测量速率是 100Hz，制造商保证 0.5% 的精确度，通常的精确性明显比这要好。因此，压力传感器是一种适合检测液压电梯各个领域的理想工具。

（4）测力称重仪。

测力称重仪用于测量电梯门的关门力或电梯附件的重量。最大测量值可到40 000N 或 4000kg。

（5）电梯门测试仪。

电梯门测试仪用来验证电梯门闭合的动力学参量是否符合适用标准中的要求，标准规定了电梯门闭合时可允许的最大的动能值和最大持久闭合力。这些参数也和电梯门关闭速度有关。只要把装置的两端都放置在正在关闭中的一侧门板边缘和另一侧门板中间的滑动结构之间，就可以很容易地测量到所有这些数据。电梯门测试仪包括两个独立的传感器。力学传感器为按压式，在仪器右侧，它的最大测试值可达到 1000N。左边的位移传感器用于速度的测量。速度确定以后，力学传感器会自动以 200Hz 的采样频率进行 5s 的数据记录，测量之后结果立即显示。非易失性内存可以存储 27 组测量值。

4. 数据记录仪 ADILOG

数据记录仪用于测试电梯系统的加/减速度。它是独立的，由微处理器控制，带有加速度传感器，可用来对 ±10g 范围内的加速度或减速度进行测量，提供 12位全刻度的分辨率，是具有很高灵敏度的高科技测量仪器。数据记录仪可以选择不同的采样频率，最高可达 5000Hz，所以能快速和高精度地记录和评价。数据记录仪几乎适用于所有日常的工作领域，并且坚固耐用，操作简单又准确。使用该设备还可以对电梯做安全钳、乘坐舒适性等方面的测试。

（二）ADIASYSTEM 电梯检测系统的工作原理

ADIASYSTEM 电梯检测系统检测中主要是通过计算机连接不同的传感器来实

现不同的功能测量。这里重点介绍下几个比较有特点的测量。

1. 平衡系数 K 值的测量

在对电梯进行验收检验时，最费时也最费人力、物力的，便是检测电梯的平衡系数。按检验规定，必须在轿厢分别承载 0、25%、40%、50%、75%、100%、110% 额定载荷下，测定电梯运行的载荷-电流曲线，取其上、下行曲线的交会点的载荷系数，便是该梯的平衡系数，交会点在 40%~50% 范围内为合格。虽然现在检验规定对平衡系数的测量有所减轻，但为了测定这一参数，除了两名检验人员以外，还需要多名来回搬运砝码的工人。而 ADI-ASYSTEM 电梯检测系统测量平衡系数是利用一套测力装置，空载测量。

该方法的优点是：①无须加载砝码，空载测量，测试简便、快捷，调整迅速，节省人力、物力；②电梯处于静止状态，避免因轿厢运动而造成的阻力矩误差；③对于电梯验收，以既定的平衡系数设置值为载荷，直接验证或调整对重达到要求，避免盲目性，保证 K 值符合设计要求。

2. 曳引力测试

曳引力是牵引电梯的能力，即驱动轮槽的摩擦力驱动钢丝绳能力。安全规范规定了电梯安全操作曳引力最小和最大的值。

测量牵引系数，依靠牵引轮两侧钢丝绳力的有效比（轿厢侧与配重块侧），足够的曳引力防止钢丝绳在牵引轮上滑动。原理上，如果电梯的轿厢上有额定的载荷，摩擦力必须足够防止钢丝绳在牵引轮上滑动。通用的方法，测量曳引力是按照指定的规范，以计算为基础。然而，实际上有效的曳引力受许多因素影响，不能够被计算覆盖，如钢丝绳的结构和类型、润滑剂的数量、驱动轮和钢丝绳的材料、制造公差、轿厢和配重块等。

因此，电梯在服役过程中，采用过载试验这种传统的方法已经证明基础的曳引力要求。规定轿厢过载的百分比的要求，可适应电梯安全规范或标准。

ADIASYSTEM 曳引力测试的概念，是测量附加在钢丝绳上的力，相当于加载的电梯轿厢，检查该力是否在牵引轮上产生滑移。试验仅在一根钢丝绳上，故在配重块侧的绳的张力小，曳引力也小。因此，该试验程序对于电梯的组件绝对没有任何过载的风险。实践中，增加钢丝绳的力非常容易，跨过 125% 的载荷标准，直到足够高的曳引力。通常情况，TUV 检验员总是使曳引力系数至少达到 200%。这将极大地增加接收的程度，不仅补偿单根绳上的简单测试程序和避开激烈的争论，而且比指定的安全规范具有更高的信任度。到目前为止，传统的过载测试不能提供任何具体的量化的测试结果，仅给出一个抽象的是/否结论，从来不能辨别任何存在的安全余量。需要特别注意的是，使用该方法的一个重要性是能够很容易地知道那些安全性能不足的特点。

ADIASYSTEM 不仅检验是否满足 125% 载荷标准，而且能够量化超过曳引力的余量、钢丝绳的结构、润滑剂的数量、牵引轮和绳的材料或制造公差。

3. 安全钳测试

安全钳是电梯最后的安全装置。EN81 过载试验的目的是检查安装、设置和装配的正确性。在电梯投放市场和投入运行之前，组装轿厢、安全钳、导轨及将它们固定在建筑物上，当轿厢向下、装载 125% 的额定载荷、以额定速度运行时进行试验。

此外，轿厢盛装额定载荷，在自由落体情况下，规范规定优质的安全钳的平均减速度应该在 0.2~1.0g。规定了这两个极限：一方面，确保最小的刹车力使满载荷的轿厢在合理的停止距离内完全停止；另一方面，最大的减速度防止轿厢中的乘客由于从自由落体状态停止受到伤害。

没有任何的规范规定空轿厢和 125% 额定载荷的轿厢的减速度。另外，如果满足规定的允许的减速度的范围在 0.2~1.0g，规范也没有明确定义如何验证验收试验，很难从 125% 的额定载荷到自由落体的试验中得出结论。

从法律的观点看，安全钳在被允许作为电梯的安全部件之前，必须通过强制的形式试验。然而，现场的安全钳的正确作用，不仅依赖于制造厂的适当调节弹簧力，而且受现场各种参数的影响，如导轨的机械加工、润滑油等。因此无论形式认可的程序怎样，都覆盖了安全和可靠性的问题，最初的验收试验中，验证正确的设置是必要的。

通常，当安全钳停止空轿厢时，减速度大于 1g。在这种情况下，配重块通过地球引力（1g）减速。电梯轿厢与配重块不同的停止速度，在短时间内其间的绳产生松弛，直到轿厢停止。在此瞬间，只影响轿厢的力是安全钳的刹车力，因此空轿厢通常在自由落体状态停止。为满足该假设，对于安全钳的测试，所有与快速刹车有关的装置（机械制动、断绳等）必须解除。

准自由落体的减速度测试，记录对导轨摩擦有影响的所有的不同系数，如润滑油、速度等。该评估基于有效的平均减速度，时间从安全钳完全启动到轿厢完全停止，EN81 标准中要求的允许减速度，也是在整个停止距离中减速度的平均值。

ADIASYSTEM 电梯检测系统通过数据记录器记录空轿厢的减速度，将该记录的信息下载到电脑上，转换成图表后，通过 ADIASYSTEM 分析、计算实际测量的减速度的平均值。另外，程序预测额定载荷下的减速度，假设安全钳有同样的刹车力制动轿厢质量加上额定的载荷。所以，预测额定载荷的减速度，是基于一般的物理条件，测量空轿厢和额定载荷的减速度都是通过程序显示。另外，下面的不可变的信息与测试值保存在一起：测量日期、测量时间、使用测量装置的系列号码、测量率、探头的测量范围和被测电梯的质量参数。这些数据像测量的指纹一样，是真实文件的一部分。

额定载荷的轿厢的自由落体是最坏的情况，因此对于该非常的情况，EN81 规范规定为强制的减速度要求；在交工测试时，验证安全钳的正确设置是非常重要的。

在试验中，安全钳的制动力远远独立于速度，ADIASYSTEM 的运算方法允许安全钳测试以低于额定速度情况预测等值的制动力。在实践中，使用该方法，以额定速度通常运行空轿厢进行安全钳测试。然而，对于额定速度大于 2m/s 时，建议降低测试速度，以防止配重块弹起。

第二节　钢丝绳电磁无损检测方法

一、钢丝绳无损检测信号处理算法

钢丝绳具有柔韧性能好，抗拉强度高和负载传递距离长等优点，在提升、承载与牵引等过程中有着无可替代的作用，在矿山提升、港口起重、索道运输、电梯、吊桥等行业广泛应用。钢丝绳无损检测方法包括电磁检测法、视觉检测法、声发射检测法、射线检测法和涡流检测法等。

（一）钢丝绳无损检测方法

钢丝绳具有良好的导磁性，因此电磁检测方法也成为检测的首选方法。依据励磁强度，电磁检测法可以分为强磁检测法和弱磁检测法。强磁检测法研究起步早、技术较为成熟，而弱磁检测法研究起步较晚，大致分为金属磁记忆检测法和弱磁场激励检测法。金属磁记忆检测法无须外加激励磁场，通过测量铁磁材料表面的弱磁信号来实现对铁磁材料应力集中处的定位、早期损伤识别和损伤程度评估。弱磁场激励检测法基于 Jiles-Atherton 磁机效应理论模型，表面弱磁场激励在力-磁耦合作用下对磁记忆信号有增强作用。研究人员将弱磁场激励检测法运用于钢丝绳损伤检测中，取得了较好的检测效果。

传统电磁检测方法主要包括主磁通检测法回路磁通检测法和漏磁检测法等。近年来，新出现的检测方法主要包括剩磁检测法、不饱和励磁检测法和金属磁记忆检测法等。

（二）信号预处理

钢丝绳特殊的螺旋结构产生的股波信号和缺陷信号常混在一起，使得钢丝绳非周期冲击缺陷信号检测十分困难。此外，在钢丝绳磁检测过程中，受到探测传感器的抖动、钢丝绳振动和电子元器件背景噪声等影响，检测信号中含有大量噪声信号，导致检测结果不可靠。因此，钢丝绳信号预处理对钢丝绳检测结果的准确性有着至关重要的意义，是钢丝绳损伤信号特征提取和定量识别的前提。

1. 股波噪声

钢丝绳通过多股金属丝绞合制成，整体呈螺旋结构。由于钢丝绳表面不平整，在励磁时会出现磁化不均匀的现象，从而产生钢丝绳损伤信号中特有的股波噪声，如图7-1所示。

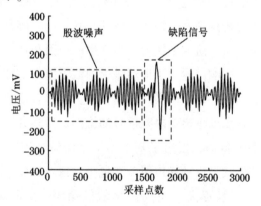

图7-1　钢丝绳损伤信号中的股波噪声示例

针对钢丝绳损伤信号中的股波噪声，一些学者提出了相关的抑制方法。即基于陷波滤波和连续小波变换的组合信号处理方法。与传统的单一方法相比较，该方法能够区分钢丝绳缺陷信号和股波噪声，检测精度高，对钢丝绳缺陷的准确检测具有重要价值。研究人员将采集到的原始信号通过小波软阈值对股波噪声去噪，并采用伪彩色成像技术将漏磁信号转化为图像，从图像中提取颜色矩、统计

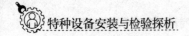

纹理和光谱纹理特征来表征钢丝绳缺陷。采用梯度法对信号进行滤波，较好地抑制了股波噪声，提高了信噪比。

以上方法主要采用陷波滤波法和梯度法来消除股波噪声，但包含在股波噪声中的缺陷信号也会严重衰减。基于此问题，分析了股波噪声在轴向、周向和斜向的空间特性，根据其斜向噪声特性，提出了一种基于多通道信息融合原理的斜向重采样和滤波方法，解决了股波噪声问题，避免了缺陷信号的严重衰减。同时，提出了一种利用 HT 中的瞬时相位解来消除股波噪声的新方法，即根据股波噪声在轴向和周向的相位连续性来抑制噪声。与前述方法相比，该方法不仅抑制了股波噪声，还突出了缺陷信号。

2. 振动噪声

钢丝绳损伤信号中振动噪声产生的原因主要有三种：一是操作人员在使用便携式检测装置时，仪器出现抖动引起的振动噪声；二是设备运行时钢丝绳自身抖动产生的振动噪声；三是钢丝绳特殊的螺旋结构且表面的污泥和凸起作用于检测仪器的行走轮。导致针对上述原因造成的振动噪声，一些学者开展了相关研究，将振动噪声、系统噪声和其他噪声建模为加性高斯白噪声，利用 EMD（经验模态分解）方法来提高钢丝绳信号的信噪比。结果表明，该方法能够有效消除钢丝绳信号中的振动噪声。但该研究是基于加性高斯白噪声替代振动噪声来实现的，在某些场合不能准确分析振动噪声的相关特征。基于此，研究人员依据霍尔传感器的工作原理和磁场分布，研究了振动噪声产生的原因和特点，重点分析了振动噪声对缺陷信号检测的影响，建立了振动噪声的数学模型。针对振动噪声和局部缺陷信号的差异，提出了一种振动噪声消除方法，能够有效地识别强噪声振动下的局部缺陷，改善了强振动噪声下缺陷信号的检测。通过分析振动噪声、股波噪声和缺陷信号的形态学特征，提出了基于形态学图像处理的方法来抑制振动噪声，特别适合缺陷信号被强振动噪声覆盖和包围的情况。该方法不仅抑制了股波噪声和强振动噪声，而且提高了缺陷信号的信噪比，从而能更好地检测缺陷信号。

3. 其他噪声

除了上述的股波噪声和振动噪声以外，还会有电子元器件、环境等背景噪声。这些噪声都会叠加在钢丝绳损伤信号上，使得缺陷信号的处理变得非常困难。

针对钢丝绳在检测中遇到异常点、工频干扰等问题，一些学者进行了研究，基于小波多分辨率方法对钢丝绳缺陷信号进行去噪处理，发现通过对断丝损伤信号特征分解与重构能有效消除异常点和功率频率干扰等。采用基于双树复小波变换的方法取得了较好的去噪效果，能够保留并且增大损伤信号中较小的奇异点，有利于后续的特征提取。针对钢丝绳在检测中遇到强磁场干扰的问题，研究人员提出了简化的磁路来励磁钢丝绳，信号调理通过四阶带通滤波器，不仅消除了干扰信号，也进一步放大了缺陷信号。针对钢丝绳信号中出现的基线漂移问题，形态学非采样小波方法解决了矿用钢丝绳检测信号中出现的基线漂移问题，弥补了现有矿用钢丝绳在线检测信号预处理方法的不足。针对一些背景噪声和叠加噪声，有人提出了一种自适应移动平均滤波方法。该方法可以嗅探信号的内在特征，并为信号处理分配时变的最优参数，从而解决了死区和固定窗问题。

（三）特征提取

钢丝绳损伤特征提取是对钢丝绳损伤进行定性判断和定量分析的关键环节。特征提取实质是发现钢丝绳损伤信号与正常信号的差异，并从中提取反映钢丝绳损伤的特征值。目前电磁检测技术主要有基于信号的特征提取和基于磁性成像的特征提取。

1. 基于信号的特征提取

基于信号的特征提取是通过传感器获得的原始信号经预处理后，直接用于特征值的提取和分析。下面是基于信号常用的特征值：

（1）常用特征。

目前常用的特征值及其提取算法有绝对峰值峰峰值、相邻信号差分值、波宽、波形下面积、短时波动能量等，此外还有钢丝绳的直径、钢丝直径、断丝信号相关性特征、小波能量特征等。一般通过多个特征提取方法结合来提高钢丝绳定性判定和定量分析的准确性。

（2）相关性特征。

钢丝绳断丝信号除局部特征指标外考虑了断丝信号与正常信号的统计差异，提出了相关性特征值，弥补了局部断丝提取特征的不足。相关性特征通过与其他特征识别方法结合，对提高断丝识别准确率有重要作用。

（3）小波能量特征。

小波信号分析可以描述信号中的非平稳成分，尤其是小波包技术。小波包分析技术将信号分解在任意频带上，在这些频带上做能量统计，形成特征向量。钢

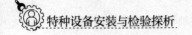

丝绳损伤信号大部分集中在低频信号上，高频信号能量很小，可以忽略。

2. 基于磁性成像的特征提取

检测传感器获得的钢丝绳原始信号经预处理后，通过传感器阵列技术和灰度变换技术得到钢丝绳漏磁图像，接着基于磁性成像进行特征提取。不同类型缺陷的漏磁图像表现出不同的形态特征、纹理特征、不变矩特征和颜色特征等。下面介绍基于磁性成像常用的特征值：

（1）形态特征和纹理特征。

基于磁性成像的形态特征主要包括面积周长等效面积、伸长率和圆度等。基于磁性成像的纹理特征值主要包括平均灰度、平滑度、一致性和熵等。

（2）不变矩特征。

不变矩特征通过对目标灰度分布的统计分析建立不变矩面积，是一种平均统计描述。不变矩特征从全局角度描述一个物体的整体特征，不易受噪声影响，不会随着图像的平移、旋转和缩放而改变。

（3）颜色矩特征。

颜色矩是一种简单有效的颜色特征。通过颜色矩中的矩来表示图像中的颜色分布，一般颜色信息集中在低阶矩，所以一般用其一阶、二阶和三阶矩来表达图像的颜色分布。

电磁检测技术作为钢丝绳最有效的无损检测技术之一，具有缺陷识别率高、稳定性好等优势，在近年取得了丰硕的研究成果。近年来，钢丝绳电磁检测法已取得新进展，比如从信号预处理、特征提取、定性判断和定量分析等方面深入研究了钢丝绳损伤检测方法。但钢丝绳无损检测技术还存在一些问题亟待解决，将来的研究还须重点关注以下几个方面：

第一，不能忽视钢丝绳种类和结构对检测结果的影响。钢丝绳按照股横截面形状分为圆股钢丝绳和异形股钢丝绳，目前对钢丝绳缺陷的研究多采用圆股钢丝绳，而对异形股钢丝绳缺陷的研究较少。由于捻制方式、绳芯材料及编制层数的不同，即使同种钢丝绳在磁化和缺陷检测中也具有较大的差异。因此，对不同种类钢丝绳缺陷信号的振动波形特点及损伤识别还须进一步研究。

第二，注重钢丝绳冲击缺陷形态和空间分布在损伤识别中的影响。钢丝绳冲击缺陷处的断口形状、断口深度及宽度是影响缺陷识别准确性的重要因素。钢丝绳冲击缺陷处的空间分布不同，即内/外部缺陷、同股/不同股集中缺陷等对缺陷处定量分析的准确性有着重要的影响。因此，对钢丝绳冲击缺陷形态和空间分布的深入研究，对损伤识别和定量分析具有重大意义。

第三，提高钢丝绳缺陷信号的信噪比及运算速度。钢丝绳非周期冲击缺陷信号与股波噪声、振动噪声和背景噪声等混合在一起，严重影响了缺陷信号的识别。特别是强噪声背景下钢丝绳微弱信号的识别与提取，亟须做进一步的研究。研究适用于强噪声背景下钢丝绳微弱信号的识别与提取的新方法，以及提高现有方法的实用性，是未来研究重点。将种群优化、自适应寻优等思想用于改进这些算法的参数选取，能够提高损伤识别的效率和准确性。

第四，重视钢丝绳缺陷定量分析及寿命预测的研究。钢丝绳缺陷定量分析和寿命预测是目前研究的难点和热点问题。钢丝绳结构、缺陷形态、信号处理以及定量分析方法的选取都对缺陷定量的准确性有着至关重要的影响。钢丝冲击缺陷形态、程度的演化通常又是影响钢丝绳寿命预测的重要参数。因此，钢丝绳冲击缺陷定量分析及寿命预测还须更深入地研究。

第五，迁移新技术、新方法的融合应用。目前钢丝绳电磁检测技术主要包括信号预处理、特征提取、损伤定性判定和定量分析等三步聚，而特征值的选择和提取方式对定性识别和定量分析结果的影响较大且步骤烦琐。因此，基于深度学习方法，即无须进行特征提取而直接代入深度神经网络进行训练将成为钢丝绳损伤定性判断和定量分析的研究趋势。并且，单一的检测技术无法解决所有钢丝绳损伤问题，还需要研究多检测技术下多方法、多指标融合检测技术来提高钢丝绳损伤识别与定量分析的准确性。

第六，加强理论成果转化和现场应用。由于钢丝绳的结构、规格、矿井工况的多样性，现有的无损检测设备无法进行通用检测。对不同钢丝绳结构带来的不同信号特征，应研究一定的算法去削弱信号中的结构特征。对于钢丝绳规格不同导致的提离值变化，应研究一定的算法进行补偿或采用变提离值调节结构。对于钢丝绳现场工况的多样性，如高速检测、重载检测、离线停机检测和在线实时监测等，应针对特殊工况进行深入研究。

二、机电类特种设备钢丝绳无损检测

（一）钢丝绳的安全性及传统检测方法

自 19 世纪初钢丝绳应用于工业以来，其安全性和经济性一直受到人们的关注和重视，在确保钢丝绳安全性的前提下，如何延长其使用寿命是主要的关注点。钢丝绳使用的最大前提就是保证其安全性，只有在保证安全的前提下，才可以考虑成本的降低。在钢丝绳的任何应用中，断丝、锈蚀、磨损等各种疲劳损伤都是不可避免的，从而造成承载能力下降，严重影响安全运行。一旦发生事故，其后果是非常严重的，不仅造成经济损失，还会有人员伤亡。虽然近年来钢丝绳在制作工艺方面有很大的提高，但是安全事故仍有发生。

钢丝绳事故的严重性使得人们高度重视在役钢丝绳的安全性，各个国家制定了钢丝绳使用的行业安全规范及国家检测标准，以避免更多严重事故的发生。但是由于缺乏有效的检测手段，很多部门对于钢丝绳的更换仍旧采用目测法等传统人工方法。这种检测方法效率很低，工业现场钢丝绳长度可达几百米甚至几千米，所花费时间长且工作强度大；而且检测的可靠性很差，人工目视检测法不能发现内部及被表面油污污染的缺陷。另外是采用定期强制更换钢丝绳作为主要保证安全使用的有效手段，即当钢丝绳使用一个固定时间后或工作循环一定次数后，不论钢丝绳的损伤情况如何必须更换钢丝绳。这无疑会造成钢丝绳使用浪费，而且不能完全避免因偶然因素造成的钢丝绳事故发生。

运用仪器对钢丝绳检测能有效地克服以上缺点，检测全面且效率高，能降低事故的发生率，提高企业生产效率。但是，目前市面上的钢丝绳检测仪在检测性能方面还不能完全达到实际工业现场使用的要求，仪器检测的准确性及可靠性都相对较低。

（二）钢丝绳无损检测的主要形式

钢丝绳无损检测主要是对以下三个部分进行研究：截面损失（LMA），即钢丝绳由于锈蚀磨损等因素造成大面积金属损失；局部损伤（LF），即钢丝绳的断丝、点蚀等小面积损伤；结构缺陷（SF），主要体现在机械结构的畸变和钢丝绳的扭曲等。截面损失和局部损伤为主要研究的对象，因为这两种损伤在钢丝绳使用过程中较为普遍，传统的人工目视法检测很难区别出来，而结构缺陷一般外部表现比较明显，用传统的人工目视法检测即可达到要求。钢丝绳无损检测最主要的目的是对缺陷可以进行精确定位和定量分析，缺陷定位可分为轴向定位及周向定位。由于钢丝绳自身的特殊结构、其使用情况的多样性，进行无损定量检测是十分困难的。要实现钢丝绳缺陷的定量分析和检测，即使不是不可能，也是很难实现的。主要体现在以下三个方面：

一是钢丝绳结构复杂且种类繁多，钢丝绳不同缺陷所体现的特征信号复杂且同种缺陷也体现不同特征信号，所以对钢丝绳缺陷的特征信号很难区分。

二是钢丝绳的使用现场环境十分恶劣且复杂，外界噪声对设备的干扰非常严重，钢丝绳表面常附着油泥、沙粒及粉末等杂物，对检测信号的信噪比造成很大的影响，所以对设备设计要求很高。

三是欠缺统一的评价标准。目前对钢丝绳样绳还没有统一的规定，导致不同厂商开发的检测仪器的性能评价指标不统一。

因此，对钢丝绳结构、缺陷形成机制、典型缺陷种类，及其外在的表现形式等进行全面的认识是钢丝绳无损检测分析的基础，从而能根据原理找出缺陷定量分析的有效方法；依据现场使用状况，研发出一套钢丝绳缺陷检测及状况评估的检测仪器，对钢丝绳的使用状态进行实时监测，能很好地避免事故的发生。

第三节　声发射检测方法在起重机械检验中的运用

一、材料损伤声发射源机制试验分析

由于声发射信号的产生机理及特征与材料内部的微裂纹萌生与扩展和塑性变形有关紧密相关，因此选择对起重机械最为常用材料 Q235B 进行整个拉伸损伤过程，并展开声发射监测，从而探索声发射源信号特征与材料损伤与之间的映射对应关系，为 AE 应用于起重机械状态监测提供基础理论数据支撑。试验中选取起重机构件中两种最为常见的结构模式：焊接试样和完整钢板试样进行拉伸测试。

试验过程中使用两个通道分别布置在试样的两端，并用Ⅰ、Ⅱ、Ⅲ、Ⅳ分别标示材料拉伸的四个阶段，并对各阶段的信号特征进行分析。比较两种试样的拉伸曲线可以发现，在弹性变形阶段，由于非焊接区域主要承担了弹性变形的发生，因此两者之间的载荷-时间历程曲线完全重合。而焊缝区域由于焊接的热影响及材料内部组织的变化，在低载荷阶段其弹性变形量较小；再者由于焊接过程的热影响也导致了焊缝区域的强度高于母材，因此在曲线上表征为焊接试件的屈服极限高于完整试样；另外，焊接过程使得材料强度增加的同时塑形下降，或者说其能够承受的最大变形能量储备下降，进而导致焊接试件的强化阶段更短，即更早发生断裂。

阶段Ⅰ：也称为线弹性变形阶段，在此阶段两种试样表现出的特征基本相同，即几乎很少有声发射信号的发生，只有在超过60%的屈服强度的载荷下，才开始有少量的信号，但其能量率、幅值、振铃计数、有效值电压（RMS）、持续时间等 AE 典型特征参数的数值均处于非常低的水平，与典型的缺陷扩展信号量级还有很大的差距。分析其原因，这主要是由实验夹具与销轴及试样之间的结构摩擦或材料内部组织之间间隙的初始松动引起，总体而言，此阶段更多反映的是一种摩擦损伤过程。

阶段 II：也称为塑性屈服阶段，完整试样在此阶段早期出现的信号其幅值相对较低，振铃计数较少，随着材料屈服的继续在 50s 时刻出现最高幅度至 94dB 的强烈信号，振铃计数值至峰值 1768。这主要是由于屈服阶段材料内部位错运动加剧、密度增加、位错滑移和位错雪崩，进而使得材料内部存在的局部应力场产生了剧烈的能量释放，以及表征为强烈的声发射活性信号激发，且在达到上屈服点时，声发射信号的活动性及能量的数值达到峰值。

焊接试样在阶段 II 由于焊接过程的热影响，其上屈服点升高，且屈服阶段的总时间有所延长，在此阶段，声发射信号的强度及活性量级同样较高。两种试样在此阶段中呈现出如下特征：首先，在撞击数、幅值及振铃计数率方面焊接试样的数值更高，这可能是由于焊接区域由于局部材料在焊接高温的作用下实现了类似于热处理强化的转变，从而导致其需要在更高的载荷下才能到达屈服阶段；其次，焊接试样在上屈服点至下屈服点的过程中（50s 位置），AE 参数值迅速下降，出现了短暂的"低谷"，而过了下屈服点之后，AE 信号的活性又开始增强，但最大数值低于上屈服点，此种现象称为出"双峰"现象。

阶段 III：也称为强化阶段，在此阶段由于加工硬化的作用，材料内部位错密度增加，金属晶格之间产生位错塞积、纠缠及割裂等，进而大大增加了位错运动的难度，并最终提升了致使试样继续变形所需要的载荷。在此过程的前期，AE 信号具有较强的活性，但幅值相较于屈服阶段则有了非常明显的下降。在此阶段的后期，AE 信号量明显减少，其整体量级逐步减小。对比两种试样，在此阶段两者呈现的声发射信号特征基本相似。

阶段 IV：也称为局部颈缩阶段，此时从载荷曲线上可以明显看出，试样承受的载荷逐渐下降，在此过程中几乎没有声发射信号的产生，而在试样断裂瞬间出现了一个极强的瞬态冲击。

从前述的材料损伤声发射试验结果可以看出，材料的损伤与声发射信号特征有着非常高的相关对应关系。为了能够对实际起重机械的 AE 检测提供基础损伤程度判别依据，就需要对不同损伤模式的 AE 信号特征进行归纳统计。

二、门式起重机金属构件结构损伤 AE 检测

　　某 MQ1260-45 型桁架式门座起重机投入使用超过 30 年，使用过程中长期承受疲劳载荷及环境腐蚀作用，其钢结构本身出现了多处的开裂现象，如人字架两侧拉杆、臂架根部弦杆、转台大梁局部狭窄区域等。了验证这些宏观缺陷及潜在埋藏缺陷对整个起重机械结构的稳定性影响，采用声发射检测技术对其进行 1.25 倍静载荷下的钢结构安全性能检验。由于桁架式起重机相对于平面型设备（如压力容器）其结构复杂程度要高得多，声信号在该类结构中已不能直线传播，因此传统的 AE 源定位方法如线性定位、平面定位等将无法适用。因此在检测过程中采用声发射逐点监测法实现对特定区域的检测，如在起重机结构上工作应力较大、严重应力集中区域等部位分别布置传感器，以实现对其损伤程度的检测。

　　在起重机静载试验过程中进行全程的在线检测，将整个试验过程分为两个加载循过程；在检测结果中用虚线作为时间分隔，依时间顺序分别为开始起吊和制动。

　　起吊重物前各通道基本未采集到有效的 AE 信号，表明各种影响检测结果的环境噪声得到了很好的抑制。

　　开始起吊时，各通道在瞬时集中出现大量声发射事件，随着提升高度的增加，声发射信号各特征参数也随之快速增加，直至达到预计的提升高度后进行制动，在此过程中声发射信号均表现出非常高的活性。其中，回转柱主弦杆（3#）、门架支腿底部（7#）及机房内旋转平台大梁（4#）三个区域声发射信号的幅值峰值分别为 79dB、86dB 和 85dB，而其他同时监测的区域其 AE 信号相对较弱，说明 3 号、4 号、7 号部位在起吊重物的作用下承受了更大的载荷冲击影响。

　　在第一个提升完成后进行制动，并保载 10min，此时 4 号传感器对应的区域其声发射信号并未完全消失，仍然出现了部分具有较高强度和活性的 AE 信号，其幅值高达 60~80dB，而其他通道则快速降低至 60dB 以下。

　　在第二次 0~45t 起吊重物过程中，由于载荷的提升增量为 0.25 倍额定载荷，载荷的冲击作用明显下降，且由于第一次重物提升过程中起重机结构间的应力已得到充分的释放，因此导致该阶段采集到的声发射信号相对于第一次起吊明显下降。在完成第一阶段的提升过程中，对起重机进行卸载，重新进行加载，此过程的第三次提升由于金属材质的 Kaiser 效应，此阶段所产生的声发射信号与第一阶

段的加载过程相比同样有了大幅度的减少。在后两个保持载荷的过程中，各通道声发射信号特征与第一阶段类似，只有 4 号通道仍然保持着较强的活性和强度。

综合整个试验过程进行分析，开始起吊重物及制动时，由于金属结构瞬时承受几十吨的重力载荷，使得各监测传感器采集到大量的声发射信号，其主要包括活性缺陷损伤、机械振动、结构摩擦及电气噪声等。此时比较将有效的缺陷扩展信号与噪声信号区别开来。但在载荷保持阶段，噪声信号消失或降低到了极低的水平，此时如果某传感器仍然采集到强烈的活性声发射信号，则极有可能此区域存在着损伤源。因此，综合三次的载荷提升与保持阶段的结果可以看出，4 号通道（回转平台大梁处）由于在几个加载和保持载荷阶段均有大量的活性 AE 信号存在，因此推测该区域的材料内部可能存在一定的损伤，故采用表面渗透 PT 对该区域进行复检，结果显示有长达 40~60mm 的表面裂纹。

三、物联网技术背景下起重机械检验检测

（一）物联网技术的系统构成

物联网在起重机械检验检测中的应用主要包括四个方面：RFID 电子标签、智能手持终端、远程数据库与 APP。其中，RFID 电子标签是贴在设备的重要零件和设备主体上的，RFID 电子标签中包含着该零件的代码、检测时间、出厂编号和设备使用年限等基本信息；智能手持终端主要用来读取和更新 RFID 电子标签中的信息，一些智能手持终端中还安装有相应的 APP，通过 APP 能够实现检验项目的排序，检测报告的生成和填写等工作，减少检测人力消耗；远程数据库中包含着该设备的全部信息。通过智能手持终端，RFID 电子标签和远程数据库可以实现信息交换。一般远程数据库包含设备制造检验数据、设备检验数据、设备检验知识和标准库三部分，分别储存设备的基本出厂信息、基本检测信息、需要检测项目和合格判定信息等；APP 软件安装在智能手持终端中，是实现手持智能终端智能化的重要工具，其功能主要有四个方面：①查看起重设备的基本信息，如起重设备的基本参数和制造信息等；②安排项目的检测顺序，APP 能够通过项目检测的复杂程度和需要的时间智能化的安排检测顺序，提高检测效率；③记录检测结果，检测结果可以智能化的被记录在 APP 中，通过网络上传至数据库中，完善设备信息；④生成检测报告，通过上传的数据，数据库会自动与合格标准进行比对，下传至智能终端上，智能终端就能够自动生

成检测意见通知书。

（二）物联网技术方案的应用方式

物联网在起重机械检验检测中的应用大致可以分为以下三步：首先，在起重机械的主要部件上安装 RFID 电子标签，将该部件的出厂时间、运行时间等基本信息储存在 RFID 电子标签上以供智能手持设备扫描；其次，管理监测人员手持智能终端对 RFID 电子标签进行扫描，获取起重机械设备重要部件的基本信息，智能终端将该信息上传至数据库中进行存储，同时从远程数据库中下载该设备的其他详细信息，根据信息资料自动生成检测项目及检测顺序；最后，管理人员依据检测项目和检测顺序对每一部件逐一检验，检测信息又被输入数据库中，通过与已有信息的比对确定是否合格，并将检测结果保存至数据库，同时反馈给监测工作人员，为检测结果提供依据。一些智能终端能够同时生成一份完善的检验报告和检验意见通知书，帮助完成后续的修理工作。

（三）物联网技术实施的优势

首先，智能手持终端可以通过直接扫描 RFID 标签了解到不同起重机械设备的数据信息，如该起重机械的购买时间、使用年限、检测时间与检测结果等。检验人员可以在第一时间获取到起重机械的基本信息，通过基本信息确定该设备是否需要检验，在设备出现问题的时候也可以通过基本信息寻找可能出现的问题，及时解决问题，提升工作效率和工作质量。

其次，智能手持终端还能记录某台起重机械设备的检测项目，且能生成检测项目列表，检验管理人员可以随时查看，防止漏差或者重复检查，保证设备正常运行。

再次，一些智能终端甚至会在管理人员开始检测之前，智能根据项目检测需要的时间和重要性将需要检测的项目自动排序，提醒检测人员按照项目的重要程度和复杂程度逐一检测，提高检测的成果和效率。

最后，智能终端的存在不仅能够迅速了解设备基本信息，提示检测项目，还能够根据当前监测项目提供不同阶段的合格标准，方便检测人员随时比对；一些智能终端可以根据监测人员的输入数据自动判定检测结果合格与否，并将检测结果及时传送至远程数据库，减少检测人员的人力损耗，辅助检测人员出具结果报告，提升工作效率。

随着科学的发展，物联网出现在起重机械检验检测工作中已成常见，由于物

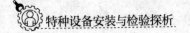

联网独特的工作方式，其在检验中的应用也将会来越广泛。

（四）改进物联网技术的路径

纵然物联网技术在起重机械检验检测中的应用可以减少人力输出，提升工作效率，但在实际应用中还是出现了一些问题。因此，笔者结合实际经验，提出以下建议：

首先，为了进一步优化起重机械检验检测的智能化，必须使用更加详细的数据完善起重机械检验检测数据库。相关工作人员一定要在保证数据输入准确性的基础上，尽可能输入更多的信息，使数据库更加丰富。

其次，起重机械检验检测行业应该定期召开物联网技术的相关讨论会，将日常工作中的问题和经验同行业人员进行讨论，探索更加合理的检验检测方式。

最后，管理检验人员也可以收集风险隐患信息，上传到数据网中，利用统计学知识进行分析，进而建立一套风险预估评测系统，使检验检测工作更加科学化。

第四节　振动检测方法在大型游乐设施检验中的运用

一、大型游乐设施的安全状态检测

（一）大型游乐设施存在的安全问题

1. 质量不合格

近年来，关于大型游乐设施安全事故的报道时常出现，社会各界也对大型游乐设施的安全问题给予了高度关注。虽然游乐场能够给人们带来快乐，但是，在安全及质量问题的影响下也会给人们的生命安全造成威胁。根据现阶段游乐场设施的现状来看，主要的安全隐患视为质量不符合标准规定，如果设施质量不合格，将会直接造成安全事故。比如对游乐设施进行设计的过程中，如果存在不合理之处，又或者使用的材料未能够达标，还有个别移装的设备本身存在缺陷，厂家未按要求进行修复或加固，直接让用户正常使用，这样都会留下较多的安全隐患，从而出现安全方面问题。对游乐设施相关的设备进行采购时，有些设备并不具备质量合格证明，一旦使用质量不达标的设备，也会影响设施安全。另外，对游乐设施进行安装时，有些人员的技术水平较低，未能按标准安装，从而留下安全隐患。

2. 操作不当

对于大型游乐设施来说，操作不当也是引起安全问题的关键影响因素。之所以会出现操作不当，主要是因为相关操作人员自身的安全意识比较低，自身素质并不高，可能存在对设备及乘坐人员的安全防护措施检查不到位的情况。在相关安全检查不到位的情况下启动游乐设备，不仅无法保障设备的正常运行，也对游客的人身安全构成威胁。不仅如此，游乐场的工作人员具有较强的流动性，为了能够尽快弥补空缺的工作岗位往往会选用临时人员，由于这部分人员对游乐设施并不够熟悉，相关操作流程也没能够全面掌握，经过简单的培训就直接上岗操作游乐设施，在实际工作中经常会出现手忙脚乱的现象，在很大程度上会导致安全问题。大型游乐设施管理方面还没能够建立完善的奖惩机制，这样就会影响工作人员的热情，也会影响相关操作的规范性，同样会引起安全方面的问题。

3. 超期使用

对于大型游乐设施来说，投入的资金往往比较多，有些游乐场为了节省成本往往会超期使用，一旦超过安全使用年限便很容易出现各种各样的安全问题。不仅如此，有些游乐场为了获得更多的经济效益，往往没能够对大型游乐设施按期进行年检，日常维护工作也未能够落到实处，这样就会导致诸多安全隐患无法被及时处理，从而引发安全问题。对游乐设施进行检测的过程中，不少检测结果不够准确，这样也会留下安全隐患。不仅如此，相关的检测技术为能够得到合理应用，尤其是没能够做好风险管理评估工作，这样就会影响大型游乐设备的有效性。

4. 维护不当

对大型游乐设施进行应用的过程中需要对其进行定期维护，确保各项问题能够得到有效解决。根据实际情况来看，在不少游乐场的大型游乐设施的维护工作往往存在不规范的现象，不少细节未能够得到充分的检测和维护，这样就会影响设施的运行效率，无法保证设施的安全性。同时，在一些大型游乐设施中，安全保护措施及安全附件等没能够得到有效维护，在局部问题影响下也会影响设施整体安全。除此之外，在游乐场中，安全检测机构还需要进一步健全，在人员配备方面不够充足，不少检验工作未能够全面开展，设施检测工作无法满足相应的标准要求，整体的安全检测水平需要进一步提升。

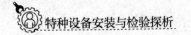

（二）大型游乐场的安全检测技术

1. 虚拟样机技术

对于虚拟样机技术来说，属于计算机技术的一种，该技术能够从不同的感官进行游乐设施模拟。通过虚拟样机技术的应用，可以对游乐设施的运行状态进行模仿，使得游乐设施的运行数据得到充分掌握。通过数据的收集和分析能够对游乐设施中的相关构件进行检测，充分判断构件质量是否能够满足游乐设施的要求。在该技术应用下也可以对游乐设施进行安全评定，通过安全评估运行模拟及风险预测等，可以全面地掌握设施的运行情况，对其运行状态进行优化，为游客的人身安全提供了可靠保障。

2. 在线检测技术

对于在线检测技术来说，在游乐设施运行状态检测中得到了广泛应用，检测人员可以根据人机互动界面掌握设施的运行情况。该技术属于 GPS 技术的一种，可以对游乐设施的具体运行情况进行在线监测，根据监测的数据作出相应的判断，还可以将相关数据储存在数据库之中，为后期的维护工作提供了可靠的参考依据。不仅如此，该技术也能够对安全方面的问题进行评价，比如对过山车进行安全性评价，通过层次分析法的应用，可以给过山车的相关数据进行分析，根据权重较大因素，评估过山车的安全性，获得准确的安全评估系数，这样可以判断过山车是否可以投入正常使用。

3. 无损检测技术

对大型游乐设施进行安全检测的过程中，无损检测技术比较常用。该技术可以对各组件进行检测，主要包括超声检测技术及磁粉检测技术。借助超声检测技术来可以对设施的重要轴进行检测，大型游乐设施进行安装过程中，超声检测技术要抽取 20% 的样本，根据检测结果进行分析；借助磁粉检测技术可以对游乐设施表面及内表面的裂缝进行检测，进而及时修补裂缝。一般来说，大型游乐设施的主要承重构件为钢结构，利用各种技术能够对设备表面裂缝进行全面检测，在应用时需要对设施表面进行清理，不能存在杂物，在此基础上进行磁粉检测保证设施的安全，既能够保证设施运行效率，也能够为游客的人身安全提供保障。

（三）大型游乐设施的安全管理策略

1. 提升安全检测技术水平

对大型游乐设施进行管理的过程中，为了能够保证设施的安全性，需要对安全检测制度进行全面建设，各检测机构也需要在具体检查过程中根据相关标准开展各项工作，不断地加大检测力度，提升检测技术水平。安全检测人员需要进行系统培训，使他们掌握先进的检测技术，提升他们的业务能力及综合素质，保证设施安全能够上升到新的台阶。从现阶段来看，我国的检测技术与发达国家依然存在一定距离，所以，为了保证大型娱乐设施的安全，可以合理引入先进技术，加大资金力度的投入，同时也需要做好日常维护工作，确保设施的安全运行。

2. 加大内部检测力度

对大型游乐设施进行安全管理的过程中，需要对内部检测工作进行全面落实，不仅要查看相关的资料，也需要掌握设备的相关技术参数。对设备进行安全检测的过程中需要根据相关的标准进行检测，如果设备超过使用年限就要及时淘汰；如果设备比较陈旧，也需要根据相关规定进行升级和改造，保证设备安全运行。对设备进行改造之后还需要进行重新检测，只有达到相关标准之后才能够正式使用。对于游乐设施的使用单位来说，需要做好事前、事中及事后的监控工作，尤其在一些重大节日中，游乐园的人流量比较大，需要进一步加大设施的安全管理力度。相关工作人员需要对各个零部件进行认真检查，及时涂抹润滑油，检查螺丝是否存在松动，并且利用相关的检测技术查看设施的安全状态，将相关数据进行准确记录，为后续的安全管理工作奠定基础。

3. 安全事故防范

大型游乐设施在运行的过程中，如果出现紧急状况，需要进行有效处理，尽可能地避免事故的出现，防止出现人员伤亡。一般来说，在日常维护工作中需要对安全故障进行有效预防，加大检测力度，相关人员也需要接受系统的培训，充分掌握相关的安全检测技术，并且需要组织有关人员进行应急演练，不断优化应急预案。在游乐设施进行检查的过程中，如果发现磨损的零部件需要及时更换，还要根据相应的使用条件进行设施的运行，确保设施的运行状态能够控制在安全范围之内。如果是比较大的游乐设施，相关服务人员需要对乘客说明相关注意事项，避免游客受到过激刺激而引发安全事件。

二、大型游乐设施传动系统在线振动检测与故障诊断

大型游乐设施已经有了 100 多年的历史，随着现代科技的不断创新和发展，大型游乐设施的发展呈现这样几个特点：①更高、更快、更刺激；②高科技广泛

应用于游乐设施中；③组合游乐设施不断推新；④环保型、移动式游乐设施得到发展。正是由于其追求高速、惊险、刺激的运动特点，在给人们带来娱乐的同时，也决定了大型游乐设施并不是"有惊无险"的机电设备，尤其是近几年事故时有发生，并发生不同数量的人员伤亡。

游乐设施事故通常有三种形式：机械故障、停机和高空坠落。其中因为机械故障引起的停机直接造成高空滞留，造成了游客的恐慌。通过对事故的调查与分析，导致事故发生的直接原因在于设备运行时出现故障或者部件失效，而间接原因是缺少有效的诊断技术和有针对性的维护保养措施。因此，面对日益复杂、结构繁杂的大型游乐设施，迫切需要更精确、更普遍、更多元化的安全评价和检测方法，而研究关注的热点都在于寻找一种现场检测时不拆卸设备而快速诊断出设备可能存在故障的技术。

（一）关键零部件主要失效形式分析

大型游乐设施机械传动系统中的主要零部件由齿轮、滚动轴承、轴、紧固件、密封件和箱体等组成，表7-1中列出了主要零部件失效比重。齿轮、轴和滚动轴承作为大型游乐设施机械传动系统中的关键零部件，三者失效比重达90%，而且失效时还会出现彼此间相互影响的故障，因此分析关键零部件的主要失效形式是设备故障诊断的重点。

表7-1　主要零部件失效比重

零部件名称	失效比重（%）	零部件名称	失效比重（%）
齿轮	60	箱体	7
轴承	19	紧固件	3
轴	10	密封件	1

1. 齿轮的主要失效形式

齿轮制造过程的工艺不当，造成的齿轮几何尺寸的超差，如齿间距离误差、齿轮偏心和齿形偏差等缺陷。

齿轮传动系组装过程的不合理，导致齿轮传动异常，如齿侧间隙过大、中心线不平行等。

齿轮自身在制造、组装和使用中形成的损伤，如塑变、点蚀、断裂等缺陷。

2. 滚动轴承的主要失效形式

滚动轴承在运行过程中形成的主要失效形式有疲劳、胶合、磨损、烧伤、腐蚀、破损、压痕等。大型游乐设施的旋转机构转速相对较高，作为承力单元，滚动轴承的好坏直接决定着设备的健康状态。齿轮和传动轴的异常也会导致滚动轴承的失效。

3. 轴的主要失效形式

游乐设施传动机构中的轴与轴之间是通过联轴器连接，在运行时，当这种轴系出现轴不对中、轴不平衡、轴弯曲等缺陷时，旋转中的轴在径向会承受较大交变力作用，从而产生振动。同时当安装于轴上的齿轮、轴承出现故障时，也会引起轴的失效，这些故障也将严重影响设备整体健康状态。

（二）故障振动信号特征

与其他特征量相比，振动特征不仅对设备的状态反应迅速、全面真实，而且很好地反映齿轮、滚动轴承和轴系故障的性质、范围等。因此振动信号是公认的、较好的特征提取量，用途也最为广泛，同时也具有比较完善的分析方法。

1. 齿轮故障特征

齿轮故障的特征大多以振动和噪声信号中体现出来。这些信号可以通过相关传感器、放大器等测量仪器进行采集，然后对这些信号进行识别、处理与分析，从中找出关注的频域、啮合波形等信息。

（1）正常齿轮的振动波形的衰减呈周期性，其低频信号的啮合波形近似正弦波，在频谱图上主要表达了轴的旋转频率、齿轮啮合频率和谐波分量的情况。如图 7-2 所示，图中：f_r 表示齿轮的旋转频率（Hz），f_g 表示齿轮的啮合频率（Hz），而 $nf_g(n = 1，2，\cdots)$ 则表示齿轮的谐波分量（Hz），下同。

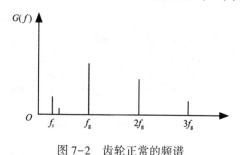

图 7-2 齿轮正常的频谱

（2）当传动齿轮发生均匀磨损，此时齿侧间隙增加。初期时不会产生明显的冲击，但随着磨损的加剧，齿侧间隙会进一步增大，振动的幅值相对也会产生较大改变，导致原有的正弦波形发生变形，如图 7-3 所示。

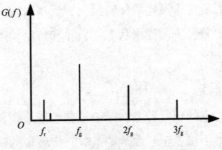

图 7-3 齿轮均匀磨损的频谱

（3）当齿轮出现几何偏心时，使得齿轮的附加脉冲幅值增大，形成周期性的载荷波动，进而出现调幅现象，如图 7-4 所示。

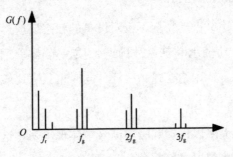

图 7-4 齿轮几何偏心的频谱

（4）当齿轮发生局部异常（如裂纹、折断和齿形误差等）时，也是以齿轮轴旋转频率为基本频率，通常的局部异常都会影响频率结构及该频率处的振幅情况，如图 7-5 所示。

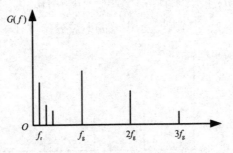

图 7-5 齿轮局部异常的频谱

（5）若齿轮存在质量不平衡，就会产生不平衡力，就会引起以调幅为主、调频为辅的不平衡振动，在相应的旋转频率及其谐波处的幅值也增加，如图 7-6 所示。

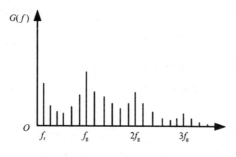

图 7-6　齿轮质量不平衡的频谱

2. 滚动轴承故障特征

滚动轴承除本身固有振动外，还因自身存在的缺陷（如偏心、点蚀、加工波纹等）引起振动。此外设备运转时，零部件相互间产生机械冲击，导致冲击脉冲变动幅度较大的力。常见轴承故障所造成的缺陷部位、频率构成、产生原因的对应关系见表 7-2。

表 7-2　轴承缺陷部位、频率构成与产生原因对应关系

缺陷部位	频率成分/Hz	产生原因	缺陷部位	频率成分/Hz	产生原因
轴承有偏心	nf_r	内圈有严重磨损	外圈有点蚀	nZf_c	外圈有裂纹剥落
内圈有点蚀	$nZf_i \pm f_r$ $nZf_i \pm f_c$	内圈有裂纹压痕	滚动体有点蚀	$nZf_b \pm f_c$	滚动体磨损压痕

表 7-2 中：

n ——轴承安装轴的转速；

Z ——轴承滚动体的数量；

f_r ——轴承内圈旋转频率；

f_i ——轴承一个滚动体（或保持架）通过内圈上一点的频率；

f_b ——轴承一个滚动体上的一点通过内圈或外圈的频率；

f_c ——轴承一个滚动体（或保持架）通过外圈上一点的频率。

（三）设备状况评价的研究

1. 状况评价参数

为了监测设备运行状态或评价其健康状况，一般选择与振动有关的参数，作为评价指标。

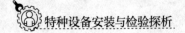

（1）动态参数。

①振幅：直观地反映了振动的程度，可采用不同型式的传感器，分别对位移、速度和加速度等振动信号进行幅值采集。

②振动烈度：对于机器振动状态，现在多选用振动烈度来反映其特征，就是振动速度的均方根值，即

$$v_{rms} = \sqrt{\frac{1}{T} \int_0^T v^2(t)\,dt}$$

式中：v_{rms} ——振动烈度，mm/s；

v ——振动速度，mm/s；

T ——采样长度，s。

通过传感器测得的数据，采用下式的算法，即可求得振动速度的均方根，避免了采用其他数学方法计算所产生的误差。

$$v_{rms} = \sqrt{\frac{1}{n}\left[\left(\frac{a_1}{\omega_1}\right)^2 + \left(\frac{a_2}{\omega_2}\right)^2 + \cdots + \left(\frac{a_n}{\omega_n}\right)^2\right]}$$

$$= \sqrt{\frac{1}{n}\left[s_1^2\omega_1^2 + s_2^2\omega_2^2 + \cdots + s_n^2\omega_n^2\right]}$$

$$= \sqrt{\frac{1}{n}\left[v_1^2 + v_2^2 + \cdots + v_n^2\right]}$$

式中：a ——加速度的幅值单边峰值，mm/s^2；

ω ——角速度，rad/s；

s ——位移的幅值单边峰值，mm；

v ——速度的幅值单边峰值，mm/s；

n ——测得的加速度或速度或位移的数量；

③相位——这个参数适用于旋转类设备的故障特性、动态特性及转子动平衡的评价。

（2）静态参数

轴心重合度：轴承旋转中心应当与轴颈转动中心重合，若出现重合度偏差，会造成轴承磨损等缺陷。

轴向定位：设备转子上的止推环对轴承在轴向应起到止推定位，当两者之间发生相对移动就会产生静摩擦，易出现事故。

转子与静子间差胀：旋转机构的转子与静子沿轴向相对间隙的变化量，若过

大则会造成设备启动困难。

轴系对中：反映了轴系转子之间的连接对中情况，它与各轴承之间的相对位置有关。不对中故障是旋转机械的常见故障之一。

轴承温度：轴承处的温度反映了设备运行的状态。

轴承油压：反映了滑动轴承轴瓦处油膜的形成状况。

2. 评价过程

（1）测点布置原则。

从设备输入端往输出端按序对测点进行编号。采集数据的传感器应尽可能布置在离轴承座近的位置，如输入轴或输出轴附近。

（2）固有参数分析。

齿轮传动系的啮合频率与轴的转速和齿轮的齿数有关。通过对每一对齿轮间传动系的分析，计算出每根传动轴的转频，从而进一步计算出两两轴间的啮合频率。

根据轴承的型号，可以查得轴承的内圈外径、外圈内径、滚动体直径、滚动体个数和厚度等相关信息。

（3）采样参数设置。

采样参数主要包括采样频率和采样点数，对采样频率设置。应当根据所测点的最低转速、齿轮啮合频率、最高分析频率、最小频率分辨率来确定。

（4）报警门槛值设置。

设备故障关注点主要为齿轮故障和滚动轴承故障。考虑到现场采集到的一次信号为宽带信号，既包含了齿轮信息也包含了滚动轴承信号和其他信息，结合滚动轴承与齿轮故障的频率特性，宜采用分频带的方式进行报警，以提高报警的可靠性及灵敏性。

（5）评价过程。

评价过程中要分析各测点的振动烈度、峰值、峭度和峰值指标等值。原则上若有任何一个指标超过了界限值，即可认为设备可能存在健康问题。

第八章　特种设备应急处置与救援

第一节　特种设备应急处置与救援概论

一、科学实施应急处置与救援的必要性

人们在长期的理论探索与生产实践中，总结出许多特种设备应急处置与救援的成功经验，这些成功经验证明科学实施应急处置与救援的必要性。

（一）建立应急管理体系

在很长时间内，对于特种设备事故的应急处置，只是停留在事发这一环节上，就事论事，没有从事前、事中、事后建立一个闭环运行、不断改进的管理系统，没有进行全面的危险源辨识与评估，对各种情况下譬如事故恶化状态下的应急没有做充分研究和应急准备。当应急方法出现"薄弱点"，甚至是"空白"时，其结果可想而知。

另外，"重思想要求、轻科学指导"的现象时有发生。只提倡"一不怕苦，二不怕死"的大无畏革命英雄主义精神，而忽视对科学避险、视情放弃抢救、及时逃生的科学救援理念与方法的灌输，因此，导致事故恶化升级、伤亡和财产损失扩大化的事件比比皆是。

人们在长期的实践中认识到，只有建立完备的应急管理体系，从事前、事中、事后进行全过程的管理，才能使应急救援在思想上有准备、操作上有预案、人员、装备、物资、技术等有保障的情况下进行，确保应急救援行动的成功。

（二）建立应急救援体系

应急救援是应急管理的核心内容。因为特种设备事故的行业性、事故原因的多样性、事故情形的复杂性、事故发展的迅速性，应急救援成为一项极为复杂的工作。面对如此复杂的工作，必须寻求一种通用的以不变应万变的工作方法与思

路，由此催生了应急救援体系的建立，即搞好应急救援，必须从预案编制、机构人员、物资装备、通信信息等方面建立一个有机统一、协调运行的应急救援体系。因此，应急救援体系是应急救援成功进行的重要保障。

（三）应急预案科学周全

应急救援预案是应急抢险的"作战方案"。在很长的时期内，人们对事故的处理方案只是停留在就事论事的现场处理方案上，没有从事故的指挥程序、救援形式等方面开展工作，使得应急救援预案很不完整。同时，有些预案制订得不周全，譬如对风险的辨识不清，对事故恶化的准备不足，甚至有些预定措施不科学、不实用。预案的不科学、不周全，导致一些事故在发生之后，出现报警不及时、指挥不得力、事故恶化不知如何寻求外部救援力量等，从而导致小事故演变成大事故、大事故恶化成特大事故。

现在，越来越多的人深刻认识到了应急救援预案科学周全的重要性，许多政府、企业会成立专门的预案编制小组，从人员、时间、财力上提供充分的支持，而且认真进行专家论证，努力编制出系统完整、科学实用的应急预案。

（四）应急保障措施到位

编制有效的应急预案，以有备、有序地进行事故的应急处置，目前正成为生产管理者的共识。从中央到地方、从政府到企业，应急预案的编制已经成为政府、企业应急救援的一项基础性工作。

然而，事实证明，光有应急预案是不够的。编制完成应急救援预案，只是完成了应急救援的"作战方案"，是纸上谈兵。"作战方案"再科学、再周全，如果没有专业的人员、装备、物资技术及财力做保障，依然无法打胜仗。要打胜仗，不仅"作战方案"要科学，更要相关的应急人员、应急装备、应急资金等保障性措施实施到位。

当前，还有部分管理者对编制应急预案、有效执行应急预案抱着走形式、应付上级的心理，对相关的人员培训、设备配备、专项资金、应急演练等保障性措施不管不顾，结果等到事故发生才后悔莫及。

（五）应正确评价应急处置与救援的结果

从特种设备应急救援的发展历程来看，在很长的一段时期内，没有建立起标准化的应急救援评估体系，没有"救援标准"来衡量救援的成败，便只能从事故的最终结果来考察救援的成败。事实上，这是错误的，至少是不全面的。

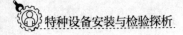

任何事故的发生，无论救援的成功与否，都可能导致人员的伤亡和财产的损失。怎么才算成功呢？过去，只要发生了群死群伤重大恶性事故，救援工作做得再多往往也不被认可，这既不合理，也不科学。

救援成功，概括来讲，就是只要应急管理到位，应急预案科学周全，应急保障措施到位，按照应急预案的程序进行了有序的应急救援，这样的应急救援从总体上就应是成功的。如果出现应当避免、能够避免，而没有避免的情况发生，那么，即便结果并未恶化，这种应急救援也是失败的。这个失败，可能是预案编制的失败，也可能是应急保障的失败，还可能是组织实施的失败。总之，不能不顾救援的过程而只从结果上来判定成败。

（六）应科学、理性实施特种设备应急处置与救援

从传统上讲，发生特种设备事故，奋勇抢险、永不放弃的做法被广为认可。但是，随着人们对科学的认识不断提高，这种传统观念正在迅速转变为视情放弃、科学逃生。比如当看到一个着火的油罐白烟滚滚，抖动啸叫，爆炸已经不可逆转之时，应该立即停止现场的灭火行动，将灭火人员及时撤离到安全地带，避免爆炸对抢险人员造成重大伤亡。这种抢险操作终止，其实就是最正确的抢险操作。

此理念已经从一种认识上升为一种方法，即更多的人们在何种情况下应弃救逃生已成为应急救援的一项重要内容。如果在新的危险到来之时，不能及时视情放弃抢救，及时逃生，而依然英勇抢救，最终造成重大伤亡，特别是救援人员的伤亡，那么这种行为将不会再被冠以英雄的伟大壮举，而只能被称作无知者的愚蠢行为。

（七）正确实施特种设备应急处置与救援工作的具体表现

在特种设备应急救援实践中，上述成功经验有以下七种具体表现：

1. 预案科学，实施正确

组织、人员、时间、经费等方面都得到了良好的保障，就会编制出具有良好针对性、实用性、科学性的预案。只要正确实施，救援行动就会取得成功。

2. 报警及时，行动迅速

时间，对应急救援行动的成功非常关键。早一秒报警，早一秒行动，抢险就多一分主动，多一分成功。

3. 指挥得力，配合默契

应急预案的启动与过程实施，都是在指挥部的指挥下进行的。指挥正确得力，各方应急力量配合默契，协调行动，就为救援行动的成功打下了坚实的基础。

4. 程序规范，操作正确

应急响应程序与具体操作是否正确，是化解险情、控制事故的关键。对任何情况，有预案也好，无预案也罢，只有遵照规范的程序，科学正确地操作，才能彻底化险为夷。

5. 装备齐全，物资充足

装备与物资是应急救援的"硬件"，"硬件"不过硬，就像"打仗没有枪，有枪没子弹"的情形，怎么能打胜仗？只有与预案相配套的装备配备到位，相应的救援物资充足，才能打赢硬仗、打胜仗。

6. 培训到位，技术全面

人是应急救援行动的主体，应急人员素质的高低，决定着应急救援效率的高低，成功或失败。要提高应急救援人员的素质，应急培训就必须到位。应急人员技术全面，就会正确指挥，正确操作，特别是机动灵活地应对新情况、新问题，从而保证在任何复杂的情况下，都能取得应急救援的成功。

7. 信息公开，过程透明

社会力量对应急救援的成功具有不可忽视的重要作用。如果不能获得公众的理解与支持，交通管制、人员疏散、物资调用、人员调用等措施就不会得到顺利的实施，从而影响整个救援行动的进程与结果。因此，将救援信息及时发布，做到全过程公开透明，对于赢得群众理解，稳定群众情绪，获得外界支持，保障社会稳定，保障救援行动的圆满成功，都具有重要作用。

二、特种设备应急处置与救援的经验教训

回望历史，特种设备应急处置与救援工作存在的风险很大，失败案例远多于成功案例。特种设备应急救援失败的教训具有很大的重复性，即如果具体地从每一起事故救援失败的原因上进行分析，它们具有很多的相似性、重复性。应总结其中的经验与教训，探索出解决问题的新方法、新思路。

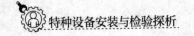

（一）经验教训的分类

特种设备应急处置与救援的经验教训，从总体上分，主要包括以下四点：

1. 没有编制应急预案

许多单位对待事故的防范与处置，还是经验式管理而非预防式管理。即只针对已经发生的事故制定简单的现场处置措施，并在安全操作规程中列出，而没有事先对潜在的危险进行全面的辨识与评估，并从组织机构、响应程序、保障措施等方面全盘考虑，编制系统完整的应急救援预案。许多不曾考虑到的"意外"情况发生，就会造成应急救援的失败。

2. 应急预案不完善

随着政府应急救援工作的强化，应急救援受到了广泛的重视和理解，许多单位都编制了事故应急救援预案。但是，许多应急预案由于缺乏有力的组织、专家的支持、经费的保障，而编制得不完善，突出表现为不系统、不完整、不科学。有些"四不像"比原来的事故处理措施更系统了，但又离规范的应急预案编制要求相去甚远。预案不科学、不完整，也容易带来救援行动的失败。

3. 应急管理体系没有建立

应急管理体系是从事前、事中、事后进行管理的全过程管理体系，现在许多地方应急管理体系没有建立，对应急救援特别是重大事故应急救援的成功带来了严重制约。譬如，应急组织机构没有建立，对情况复杂、救援难度大的救援行动，不能从应急信息的沟通、应急力量的协调上满足救援行动的需要，就无法取得救援行动的圆满成功。

4. 应急保障不到位

这一问题在实际生活中非常突出。应急预案有了，要在实际救援中真正发挥作用，离不开人员、队伍、装备、物资等保障措施的到位。然而，现在许多企业有了预案，却未能建立相应的机构、成立相应的队伍、配备匹配的装备。应急保障不到位，拿着预案纸上谈兵，救援行动怎么能成功呢？

（二）经验教训的具体表现

特种设备应急处置与救援的经验教训主要有以下六点：

1. 没有预案，应急混乱

只要编制了应急预案，哪怕还存在预案不系统、装备不到位等问题，事故发生之后，救援行动往往还会遵循一定的程序，有些"章法"。救援行动可能失败，但是，失败的可能性小了很多，特别是后果会在一定程度上能得到减轻。

而如果没有应急预案，没有遵循一些至为关键的程序进行处置，就不能有备而战，从容应对。没有准备，匆忙应对，极易造成应急行动的混乱。如此一来，不仅救援失败的可能性增大，而且事故后果往往急剧恶化。

2. 方案不当，指挥失误

应急预案不科学，主要体现在以下方面：一是对危险源及其风险辨识不足，没有预案的"意外险情"太多；二是事故应急处置的程序出现重大错误；三是救援形式的单一，只考虑自救，没有考虑寻求外部力量救援，或者只有笼统的要求，没有可操作性的措施，如要寻求地方支援，却不知道该找谁，知道该找谁的却因不知道联系方式而找不到；四是没有明确放弃抢救逃生的情形；等等。

从理论上讲，应急预案要做到百分之百的科学、完整，特别是要考虑到任何一种意外情形，是不可能的。但是，预案出现明显的程序上的错误、指挥上的错误，往往是致命的。因此，预案可以容忍不完整，但是应该做到既定的预案内容是科学的，如若不然，就可能导致应急救援的重大失败。

另外，现场指挥失误的现象也比较普遍，有些还非常典型。比如面对即将发生爆炸的油罐，面对已经远远超过耐火极限的楼房，没有指挥救援人员迅速撤离，结果造成罐体爆炸、楼房垮塌，从而导致救援人员群死群伤的恶果。

3. 延误报警，错失良机

事故发生之后，发展速度往往非常快，早一秒抢救，就会多一分主动。因此，发生事故及时报警，是应急处置与救援的第一步。但是，诸多事故应急处置与救援的失败，都是因为事发之后没有及时报警，不知如何报警，浪费了宝贵的救援时间，错失了救援的最佳时机。

4. 估计不足，指挥不力

对突然发生的险情不敏感，对其潜在的危险性估计不足；对事故发展过程中的一些异常情况不加重视，不加分析，这都容易造成思想上的轻视，指挥上的不力。比如对外界气候恶化的趋势、对火灾燃烧的恶化趋势等估计不足，就可能导致现场救援力量不足，扩大应急力量补充滞后，造成应急行动的中断，从而前功尽弃，导致整个救援行动的失败。

5. 素质偏低，操作错误

指挥人员素质低，就不可能高效有序地指挥；操作人员素质低，就可能危险看不到，设备用不好，该上不去上，该逃又不逃。如此种种，就会导致应急处置与救援行动的失败。

应急处置与救援人员素质偏低，在目前是一个普遍现象，这与当前中国企业从业人员的文化素质及应急处置与救援工作的复杂密不可分。因此，应急处置与救援要取得成功，还必须大力加强应急管理、应急指挥、应急操作等相关专业人员的培训，特别是加强应急演练，提高他们的思想素质和业务素质，为保障应急处置与救援的成功进行提供优良的人力资源。

6. 装备不齐，物资不足

现在许多单位应急预案有了，但是与应急预案相配套的应急装备却配备不全，相应的物资装备也不充裕。应急预案再科学，作战方案再准确，如果作战的武器——应急装备配备不到位，应急处置与救援行动仍难以成功。譬如，发生了高空火灾，却没有消防炮、举高车等高空灭火装备，就无法开展救援；发生了毒气泄漏事故，没有空气呼吸器，也只能望而却步。应急处置与救援装备不足，往往成为救援失败，特别是因此造成救援人员伤亡的重要原因。

不断总结，不断探索，扬长避短，就能不断的把应急救援在科学的轨道上推向前进，促进应急救援能力的不断提高，促进应急处置与救援的成功进行，为最大限度地避免、减少人员伤亡、财产损失和生态破坏做出有力保障。

三、特种设备应急处置与救援培训、演练

（一）应急培训目标

应急培训的目标主要如下：

让领导干部重视应急救援工作，具备良好的应急意识，树立生命至上、安全第一的科学发展观，严格履行应急职责，切实把应急工作当作"生命工程"来抓。

让应急指挥人员掌握应急救援的程序、资源的分布、重大危险源的处置，具备过硬的组织指挥能力。

让专业应急人员掌握应急救援的程序和要领，具备良好的方案制订和现场处置能力。

让一般应急人员掌握识别风险、规避风险和岗位应急处置能力，具备熟练的自救和互救技能。

相关社会公众具备辨识基本风险和规避风险的能力。

提高应急救援能力。应急救援各方能按照应急预案要求，协同应对，高效处置，从而最大限度地避免、减少人员伤亡、财产损失、生态破坏和不良社会影响。

（二）应急培训对象

应急培训的对象，主要有以下三类：

1. 政府

政府各级相关领导。

政府各级相关部门人员。

2. 企业

企业各级领导。

企业专业应急救援人员。

企业一般应急救援人员。

企业其他人员。

临时外来人员。

3. 专职应急队伍

消防救援队。

医疗卫生人员。

危险化学品、电力等专业工程抢险队伍。

特种设备生产单位专业队伍。

（三）应急培训内容

应急培训的内容主要包括以下方面：

1. 应急意识教育

应急救援工作的重要性。

应急救援工作的迫切性。

应急救援文化。

2. 应急法制教育

法律基础知识。

应急法律法规。

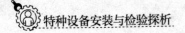

企业应急预案、操作规程等规章制度。

3. 应急基础知识教育

应急基本概念、术语。

应急体系建设。

危险因素辨识。

危险源辨识。

重大危险源辨识。

应急预案作用。

应急预案的构成及编制实施简要。

4. 专业技能教育

相关危险化学品、电力、电气、机械施工等安全专业知识。

风险分析方法。

应急预案编制。

应急物资储备与使用。

应急装备选择、使用与维护。

应急预案评审与改进。

应急预案实施。

(四) 应急培训方法

应急培训，要采取灵活多样，简单实用，效果明显的方法。常用方法如下：

1. 书本教育

编制通俗应急知识读本，全员发放，人手一册，以提高应急意识，传授基本应急知识。

2. 举办知识讲座

聘请外部专家对专业人员进行系统的专业知识教育或对某一专题进行讲解。

3. 企业内部办班

组织具备相当水平的企业内专业人员从上至下进行分层次的教育培训。

4. 案例教育

精选成败案例，结合企业实际，进行生动灵活的教育。

5. 电脑多媒体教育

利用幻灯片、Flash、三维动画模拟等电脑多媒体技术进行教育。

6. 模拟演练

对应急预案进行模拟演练。模拟演练与实战情景最接近，最能锻炼应急人员的心理素质、应急技能，对提高应急救援水平最有效果，因此，这是一种必不可少的培训方法。

四、特种设备应急处置与救援应急演练策划与实施

（一）应急演练作用

1. 检验预案，完善准备

通过演练，验证应急预案的各部分或整体能否有效实施，能否满足既定事故情形的应急需要，发现应急预案中存在的问题，提高应急预案的科学性、实用性和可行性。具体包括：

（1）在应急预案投入实战前，事先发现预案方针、原则和程序的缺点。

（2）在应急预案投入实战前，事先发现采用的应急技术及现场操作方法的错误、不当之处。

（3）在应急预案投入实战前，辨识出缺乏的人力、物资、装备等资源。

（4）在应急预案投入实战前，事先发现应急责任的空白、不清、脱节之处，查找协同应对的薄弱环节等。

之后，根据发现的问题，完善应急组织、程序和措施，补充人员、装备、物资等，提高预案的科学性、实用性和可行性。

2. 锻炼队伍，提高素质

事故发生时，只有反应迅速，正确、熟练操作，才能把控救援主动权。然而，突发的爆炸事故现场，往往爆炸震耳欲聋，火焰冲天而起，浓烟滚滚。面对此情此景，恐慌、惧怕、逃避心理是人的正常心理反应，很容易出现反应迟钝、束手无策、动作变形、操作失误或无视危险勇往直前等现象，这都会导致救援行动的失败。

恐慌、惧怕、逃避心理是应急人员必须消除的心理反应；反应迟钝、束手无策、动作错误是应急人员大忌；而无视危险勇往直前，精神可嘉，实不可取，这

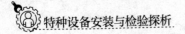

种冒险的本能反应行为，在很多情况下会造成事故的恶化或扩大。

面对突发重大险情、事故，应急人员必须具有处变不惊、从容应对的心理素质，唯有如此，才能依照程序有序施救、高效救援。要具备这种过硬的心理素质和熟练的操作技能，既要有良好的应急意识、知识，对事故处置成竹在胸，更要经过多次现场模拟，适应现场环境，提高心理素质，保证应急"动作"不变形。

要获得这种心理素质和操作技能：一是靠日常的专业知识学习；二是靠一次次的演练，强化、固化心理的正常反应。实践证明，演练实质还是以安全为前提的"假戏"，平时演练得很好，真正到了实战，还会出现心理不适、"动作"变形现象。经常演练尚且如此，不经常演练，结果就可想而知了。

3. 熟练预案，磨合机制

熟能生巧，行动就会高效。相关部门、单位和人员经常进行应急演练，就会熟悉预案、熟悉职责、熟悉程序、熟练操作、默契配合，对于突发异常，会随机应变，灵活处置，不断提高应急管理与应急救援水平。必须变"纸上谈兵"为"模拟演兵"，努力做到有备而战，随机应变，灵活应战，战则能胜。

4. 宣传教育，增强意识

每一次的应急演练，就是一堂生动的应急文化教育课。通过应急演练，一次次地激发、巩固全员应急意识。这种应急意识的形成，对于充分调动全员应急工作的主动性，包括获得领导对应急工作的支持，员工对应急工作的热爱，社会公众对应急工作的帮助与支持，具有不可低估的作用。

（二）应急演练目的

上述应急演练的作用，从某种意义上讲，也是应急演练的直接目的，但并不是应急演练的最终目的。最终目的是要保证应急预案的成功实施，实现应急救援的预期目标。简言之，应急演练目的如下：

1. 检验预案

用模拟方式对预案的各项内容进行检验，保证预案有针对性、科学性、实用性和可行性。

2. 锻炼队伍

通过有组织、有计划的接近实战的仿真演练，锻炼应急队伍，保证应急人员具有良好的应急素质和熟练的操作技能，充分满足应急工作实际需要。

3. 提高水平

通过完善预案，提高队伍素质和应急各方协同应对能力，保证应急预案的顺利实施，提高应急救援实战水平。

4. 实现目标

通过提高应急救援能力，圆满实现应急预期目标，最大限度地避免、减少人员伤亡、财产损失、生态破坏和不良社会影响。

（三）应急演练原则

应急演练类型有多种，不同类型的应急演练虽有不同特点，但在策划演练内容、演练情景、演练频次、演练评估方法等方面，应遵循以下原则：

1. 领导重视，依法进行

首先，最高管理层要充分认识应急预演的重要作用和真正目的，端正思想，克服演练是"形式主义、没效益、白花钱"等错误思想，只有领导重视，应急演练工作才能得到根本保障。

其次，应急演练采用的形式、具体的操作都必须依法进行。要特别避免事先不向周围公众告知，以致"事故突发"，居民惊慌失措，四处奔逃，正常生活被打乱，甚至出现人员伤亡、财产损失的情况。

2. 周密组织，安全第一

演练的根本目的是要保障生命和财产免受伤害，应杜绝在演练中真"出事"，出现人员伤亡、影响生产的情形。

因此，对演练必须周密组织，坚持安全第一的原则，保证演练过程的每个环节都是实时可控的，即随时可以安全终止，充分保障人员生命安全、生产运行安全和周围公众的安全。

3. 结合实际，突出重点

要充分考虑企业、地域实际情况，分析应急工作中的薄弱环节，分析应急工作的重点所在，找出需要重点解决、重点保障的内容进行演练。如果员工对应急预案的基本内容尚不熟悉，就要重点抓好以口头讲解为特点的桌面演练；如果应急人员对应急装备的使用存在问题，那就应该重点进行应急装备的重点演练；如果泄漏事故，是企业多发且可能造成重大事故的事故类型，那就应该把泄漏事故的应急演练作为重点首先演练好；等等。

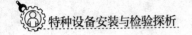

4. 内容合理，讲究实效

应急预案是一项复杂的系统工程，从理论上讲，要演练的内容很多，甚至是无穷无尽的。因此，必须坚持内容合理、讲究实效的原则，确定那些重要、关键、富有实质意义的内容，避免走过场，让演练流于形式的现象。

5. 优化方案，经济合理

演练需要投入人力、物力、财力，其中，以全面演练投入最大，在许多情况下，企业会出现"演练不起"的现象。演练有用，可演练若花费太大，也可能"吃掉"企业效益，成为企业经济运行的"绊脚石"，企业生产安全有了保障，企业经济发展却失去保障，也完全违背了通过应急演练保障生产安全、促进经济发展的初衷。因此，应急演练，必须对演练方案进行充分优化，从演练类型选择、人力物力投入等方面，充分综合评价企业的安全需求与经济承受能力，选用最经济的方式，用最低的演练成本，达到演练的目的。要坚决避免大轰大嗡，求大求全求好看的现象。那样不仅演练效果不好，还对企业造成较大的经济损失，人为地阻碍了企业的正常发展。

（四）应急演练策划

1. 确定应急指挥组织

根据不同类型的应急预演，启动相应的应急指挥组织。由确定的应急指挥组织成立应急演练策划小组，编制应急预演策划报告。

2. 演练策划报告内容

企业开展应急演练过程可划分为演练准备、演练实施和演练总结三个阶段。按照应急演练的三个阶段，演练策划报告应包括演练从准备、实施到总结的每一个程序及要求。主要内容如下：

（1）明确职责，分工具体。

演练策划小组是演练的领导机构，是演练准备与实施的指挥部门，对演练实施全面控制，任务繁重。因此，演练策划小组人员的各自职责必须明确，对工作进行具体分工，按照各自职责与分工，有序开展工作。

演练策划小组的主要职责与任务：①确定演练类型、对象、情景设计、参演人员、目标、地点、时间等；②协调各项应急资源的调配及参演各方关系；③编制演练实施方案；④检查和指导演练的准备与实施，解决准备与实施过程中所发生的重大问题；⑤组织演练总结与评价。

策划小组要根据上述任务与职责进行人员分工，在较大规模的专项演练或全面演练时，策划小组内部可分设专业组，对各项工作的准备、实施与总结进行周密策划。

（2）确定演练类型和对象。

根据企业实际，根据最需解决的问题、应急工作重点、演练各项投入等情况，确定合适的演练类型和演练对象。

（3）确定演练目标。

演练策划小组根据演练类型和对象，制定具体的演练目标。

演练目标，不能仅以成功处置"事故"这一正确但笼统的"目标"为目标，而应将目标分解细化。要把队伍的调用、人员的操作、装备的使用、"事故"的处置、演练的评价等应达到的要求，均拟定具体的演练目标，这样更容易发现不足。

（4）确定演练和观摩人员。

演练策划小组，要将参与演练的人员进行确定，满足演练与实战的需要。同时，演练策划小组还要确定相应的观摩人员。观摩人员不仅指领导，应尽可能地让更多的员工进行观摩。对于观摩者来说，既是技能教育，更是意识教育。因此，应充分发挥这一课堂的作用，只要"教室"足够大，就尽可能地招收更多的"学生"来学习。

（5）确定演练时间和地点。

演练策划小组应与企业有关部门、应急组织和关键人员提前协商，并确定应急演练的时间和地点。

（6）编写演练方案。

演练策划小组应根据演练类型、对象、目标、人员等情况，事先编制演练方案，对演练规模、参演单位和人员、演练对象、假想事故情景及其发展顺序及响应行动等事项进行总体设计。

（7）确定演练现场规则。

演练策划小组应事先制定演练现场的规则，确保演练过程全程可控，确保演练人员的安全和正常的生产、周围公众的生活秩序不受影响。

（8）确定演练物资与装备。

演练模拟场景有些是真实的，如用一个油盆点火，此时火是真火，只是规模

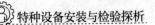

上小一些，但要灭火就必须用真灭火器来灭；又如氯气泄漏，也可以搬一瓶氯气，打开阀门，进行真实演示，只是这种泄漏是可控的，拧上阀门即可控制，但是，这却需要真实的气体监测仪与专用的处理设备进行处理。对于这些物资、装备，必须事先全面考察确定，在满足安全的前提下，尽可能地做到真实。

（9）安排后勤工作。

演练策划小组应事先完成演练通信、卫生、场地交通、现场指示和生活保障等后勤保障工作。

（10）应急演练评估。

成立应急评估组织、培训相关人员、撰写应急评估报告。

（11）讲解演练方案与演练活动。

演练策划小组负责人应在演练前分别向演练人员、评估人员、控制人员简要讲解演练日程、演练现场规则、演练方案、模拟事故等事项。

（12）演练实施。

演练准备活动就绪，达到演练条件，演练开始。

（13）举行公开会议。

演练结束后，演练策划小组负责人应邀请参演人员及观摩人员出席公开会议，解释如何通过演练检验企业应急能力，听取大家对应急预案的建议。

（14）汇报与讨论。

评估小组尽快将初步评价报告策划小组，策划小组应尽快吸取评估人员对演练过程的观察与分析，确定演练结论，确定采取何种纠正措施。

（15）演练人员询问与求证。

演练策划小组负责人应召集演练人员代表对演练过程进行自我评价，并对演练结果进行总结和解释，对评估小组的初步结论进行论证。

（16）通报错误、缺失及不足。

演练结束后，演练策划小组负责人应通报本次演练中存在的错误、缺失及不足之处，并通报相应的改进措施。有关方面接到通报后，应在规定的期限内完成整改工作。

（17）编写演练总结报告。

演练结束后，演练策划小组负责人应以演练评估报告为重要内容，向上级管理层提交演练报告。报告内容应包括本次演练的背景信息、演练方案、演练人员组织、演练目标、存在问题、整改措施及演练结论评价等。

（18）追踪问题整改。

演练结束后，演练策划小组应追踪错误、缺失、不足等问题的改进措施落实执行情况，使问题及时得到解决，避免在今后的工作中重犯。

演练小组按照上述要求完成演练策划报告后，应请相关部门、人员进行评审，认真倾听改进意见与建议，修改完善后，报最高管理者同意，方可施行。

除一些必需的公告信息外，策划报告对演练人员是保密的，以充分检验应急各方的能力与水平。

第二节　特种设备应急处置与救援装备

一、特种设备应急处置与救援装备的作用及分类

（一）特种设备应急处置与救援装备的作用，主要体现在以下四个方面：

1. 高效处置事故

高效处置事故，尽可能地避免、减少人员的伤亡和经济损失，是特种设备应急处置与救援的核心目标。

险情、事故的多样性、复杂性，决定了在特种设备应急处置与救援行动中必须使用种类不一的应急救援装备。比如，发生火灾，要使用灭火器、消防车；发生毒气泄漏，要使用空气呼吸器、防毒面具；发生停电事故，要使用应急照明；管线穿孔，易燃易爆物质泄漏，必须立即使用专业器材进行堵漏；等等。如果没有专业的应急救援装备，火灾将得不到遏制，泄漏将无法控制，抢险人员的生命将得不到保障，低下的应急救援能力将使事故不断升级恶化，造成难以估量的恶果。在险情突发之时，如果监测装备、控制装备能够及时投用，消除险情，避免事故，便可有效避免人员伤亡。事故初发之时，高效的应急救援装备，会将事故尽快予以控制。

特种设备应急处置与救援装备，是高效处置事故的重要保障。

2. 保障生命安全

在险情突发之时，如果监测装备、控制装备能够及时启动，消除险情，避免事故，就可从根本上消除对相关人员的生命威胁，避免人员伤亡。比如油气管线泄漏，若可燃气体监测仪能及时监测报警，就可以在泄漏初期及早处置，避免火

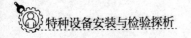

灾爆炸事故的发生。

同样，事故发生之后，及时启用相应的应急救援装备，也可以有效控制事故，有效避免、减轻相关人员的伤亡，从而避免事故的恶化、扩大。如果救援装备配备不到位，功能不到位，一起小事故仍可能恶化成一场群死群伤的灾难。

3. 消减财产损失和生态破坏

高效的特种设备应急处置与救援装备，会将事故尽快予以控制，避免事故恶化，在避免、减少人员伤亡的同时，有效避免、减少财产损失。比如成功处置了易燃易爆管线、容器的泄漏，避免了火灾爆炸事故的发生，不仅能避免人员的伤亡，同样也会使设备、装备免受损害，避免造成重大的财产损失，避免企业赖以生存的物质基础受到破坏。

许多事故发生之后，都会对水源、大气造成污染，如运输甲苯、苯等危险化学品运输车辆翻进河流，发生泄漏，就会直接对水源造成污染。如果运输液氨、液氯、硫化氢等危险化学品的车辆发生泄漏，就会直接对大气造成污染。如果应急救援不及时，就会造成不可估量的后果。即便没有造成人员伤亡，直接间接的处理、善后费用，往往都是一个惊人的数字。

4. 维护社会稳定

许多事故发生之后，往往会引起局部地区的社会恐慌，甚至引发社会动荡。比如，危险化学品运输车辆翻进河流，发生泄漏，对水源造成污染，就会造成相应地区的居民产生恐慌，严重者会引发局部地区的社会动荡。先进的应急救援装备，能有效提高应急救援的能力，消减人员的伤亡和财产损失，有效保护环境和社会稳定，充分体现生命至上、安全发展、科学发展的时代理念。

（二）特种设备应急处置与救援装备分类

应急救援装备，是指用于应急管理与应急救援的工具、器材、服装、技术力量等。比如，消防车、监测仪、防化服、隔热服；应急救援专用数据库、GPS技术、GIS技术等各种各样的物资装备与技术装备。应急救援装备种类繁多，功能不一，适用性差异大，可按其具体功能、适用性、使用状态进行分类。

1. 按照适用性分类

特种设备应急处置与救援应急装备种类繁多，有的适用性很广，有的则具有很强的专业性。一般可将应急装备分为通用性应急装备、特殊应急装备。通用性应急装备，主要包括：个体防护装备，如呼吸器、护目镜、安全带等；消防装备，如灭火器、消防锹等；通信装备，如固定电话、移动电话、对讲机等；报警装备，如手摇式报警、电铃式报警等装备。特殊应急装备，因专业不同而各不相同，可分为灭火装备、危险品泄漏控制装备、专用通信装备、医疗装备、电力抢险装备等。具体会细分好多种小类，如：

（1）危险化学品抢险用的防化服，易燃、易爆、有毒、有害气体监测仪等。

（2）消防人员用的高温避火服、举高车、救生垫等。

（3）医疗抢险用的铲式担架、氧气瓶、救护车等。

（4）水上救生用的救生艇、救生圈、信号枪等。

（5）电工用的绝缘棒、电压表等。

（6）煤矿用的抽风机、抽水机等。

（7）环境监测装备，如水质分析仪、大气分析仪等。

（8）气象监测仪，如风向标、风力计等。

（9）专用通信装备，如卫星电话、车载电话等。

（10）专用信息传送装备，如传真机、无线上网笔记本电脑等。

2. 按照功能分类

根据应急救援各种装备的功能，可将应急救援装备分为预测预警装备、个体防护装备、通信与信息装备、灭火抢险装备、医疗救护装备、交通运输装备、工程救援装备、应急技术装备八大类及若干小类。

（1）预测预警装备。具体可分为监测装备、报警装备、联动控制装备、安全标志等。

（2）个体防护装备。具体可分为头面部防护装备、眼睛防护装备、听力防护装备、呼吸器官防护装备、躯体防护装备、手部防护装备、脚部防护装备、坠落防护装备等。

（3）通信与信息装备。具体可分为防爆通信装备、卫星通信装备、信息传输处理装备等。

（4）灭火抢险装备。具体可分为灭火器、消防车、消防炮、消防栓、破拆工具、登高工具、消防照明、救生工具、带压堵漏器材等。

（5）医疗救护装备。具体可分为多功能急救箱、伤员转运装备、现场急救装备等。

（6）交通运输装备。比如，运输车辆、装卸设备等。

（7）工程救援装备。比如，地下金属管线探测设备、起重设备、推土机、

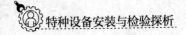

挖掘机、探照灯等。

（8）应急技术装备。比如，用于支撑应急救援的通信、地理信息、堵漏等技术装备，如 GPS（Global Positioning System，全球卫星定位系统）技术、GIS（Geographical Information System，地理信息系统）技术、无火花堵漏技术等。

3. 根据使用状态分类

根据特种设备应急处置与救援装备的使用状态，特种设备应急处置与救援装备可分为日常应急救援装备和抢险应急救援装备两类。

（1）日常应急救援装备。

日常应急救援装备是指日常生产、工作、生活等状态正常情况下，仍然运行的应急通信、视频监控、气体监测等装备。

日常应急救援装备，主要包括用于日常管理的装备，如随时进行监控、接受报告的应急指挥大厅里配备的专用通信设施、视频监控设施等，以及进行动态监测的仪器仪表，如固定式可燃气体监测仪、大气监测仪、水质监测仪等。

（2）抢险应急救援装备。

抢险应急救援装备，即指在出现事故险情或事故发生时，投入使用的应急救援装备。比如，灭火器、消防车、空气呼吸器、抽水机、排烟机、切割机等。

日常应急救援装备与抢险应急救援装备不能严格区分，非此即彼，许多应急救援装备既有日常应急救援装备特点，又有抢险应急救援装备特点。比如，水质监测仪，在生产、工作、生活等状态正常情况下主要是进行日常监测预警，在事故发生时，则是进行动态监测，确定应急救援行动是否结束。

二、特种设备应急处置与救援装备要求

（一）特种设备应急处置与救援装备保障要求

应急救援保障系统，包括通信与信息保障、人力资源保障、法制体系保障、技术支持保障、物资装备保障、培训演练保障、应急经费保障等诸多系统。应急装备保障是物资装备保障的重要内容。应急救援装备保障总体要求，主要包括种类选择、数量确定、功能要求、使用培训、检修维护等方面。

1. 应急救援装备种类选择

（1）根据法规要求进行配备。

对法律法规明文要求必备的，必须配备到位。随着应急法制建设的推进，相

关的专业应急救援规程、规定、标准必将出现。对于这些规程、标准、规定要求配备的装备必须依法配备到位。

（2）根据预案要求进行种类选择。

特种设备应急处置与救援应急预案是应急准备与行动的重要指南。因此，特种设备应急处置与救援装备必须依照应急预案的要求进行选择配备。

应急预案中需要配备的装备，有些可能明确列出，有些可能只是列出通用性要求。对于明确列出的装备直接照方抓药即可，而对于没有列出具体名称，只列出通用性要求的设备，则要根据要求，根据所需要的功能与用途认真选定，充分满足应急救援的实际需要。

（3）特种设备应急处置与救援应急救援装备选购。

特种设备应急处置与救援应急救援的装备种类很多，价格差距往往也很大。在选购时要注意以下四个方面：首先，要明确需求，从功能上正确选购；其次，要考虑到运用的方便，从实用性上进行选购；再次，要保证性能稳定，质量可靠，从耐用性、安全性上选购；最后，要经济性合理。从价格和维护成本上货比三家，在满足需要的前提下，尽可能地少花钱，多办事。

（4）严禁采用淘汰类型的产品。

特种设备应急处置与救援装备也有一个产生、改进、完善的过程，在这个过程中，可能出现因设计不合理，甚至存在严重缺陷而被淘汰的产品，对这些淘汰产品必须严禁采用。如果采用这些淘汰产品，在应急救援行动过程中，就会降低救援的效率，甚至引发不应发生的次生事故。

2. 应急救援装备数量要求

应急救援装备的配备数量，应坚持三个原则，确保应急救援装备的配备数量到位。

（1）依法配备。

对法律法规明文要求必备数量的，必须依法配备到位。

（2）合理配备。

对法律法规没做明文要求的，按照预案要求和企业实际，合理配备。

（3）备份配备。

任何设备都可能损坏，因此，应急装备在使用过程中突然出现故障，无论是从理论上分析，还是从实践中考虑，都会发生。一旦发生故障，不能正常使用，应急行动就可能被迫中断。譬如，总指挥的手机突然损坏，或电池耗尽，不能正

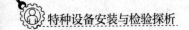

常使用，指挥通信系统的中断，就很可能使应急救援行动处于等待指示的中断状态之中。又如：遇到氨气泄漏，如果只有一具空气呼吸器，此空气呼吸器出现故障不能正常使用或者余量不足，现场救援处置行动必将因此而停止。

遇到上述种种情况怎么办？最好的方法就是事先进行双套备份配置，当设备出现故障不能正常使用，立即启用备用设备。因此，对于一些特殊的应急装备，必须进行双套配置，如移动通信话机突然坏了，不能正常进行指挥，只有靠备用移动通信工具；空气呼吸器如果突然出现严重故障，不能正常使用，谁也不能冒险进入毒气区进行操作，如若不然，就必然造成事故的恶化。

对于双套配置的问题，要根据实际全面考虑。既不要怕花钱，也不能一概而论，造成过度投入，浪费资金。三个准则：一是保证救援行动不出现严重的中断，不受到严重影响；二是量力而行，有能力，尽可能双套配置，对一些关键设备如通信话机、电源、事故照明等必须双套配置，如能力不足则循序渐进，逐步配齐；三是考察装备稳定性，如稳定性很高，难以损坏，则可单套配置。

3. 特种设备应急处置与救援装备的功能要求

应急救援装备的功能要求，就是要求应急救援装备应能完成预案所确定的任务。

特别注意，对于同样用途的装备，会因使用环境的差异出现不同的功能要求，这就必须根据实际需要提出相应的特殊功能要求。如在高温潮湿的南方，在寒冷低温的北方，可燃气体监测仪、水质监测仪能否正常工作。许多情况下，应急装备都有其适用温度、湿度范围等限制。因此，在一些条件恶劣的特殊环境下，应该特别注意装备的适用性。如果不适用，就非但无益，反而有害了。

4. 特种设备应急处置与救援装备的使用要求

特种设备应急处置与救援装备是用来保障生命财产安全的"生命装备"，必须严格管理，正确使用，仔细维护，使其时刻处于良好的备用状态。同时，有关人员必须会用，确保其功能得到最大限度的发挥。

特种设备应急处置与救援装备的使用要求，主要包括以下两个方面：

（1）专人管理，职责明确。

特种设备应急处置与救援装备，大到价值数百万的抢险救援车，小到普普通通的防毒面具，都应指定专人进行管理，明确管理要求，确保装备的妥善管理。

（2）严格培训，严格考核。

要严格按照说明书要求，对使用者进行认真的培训，使其能够正确熟练地使用，并把对应急救援装备的正确使用，作为对相关人员的一项严格的考核要求。

要特别注意一些貌似简单，实为易出错环节的培训与考核。比如，对防毒面具，许多人一看就明白，认为把橡胶面具拉开往脸上一戴就万事大吉了。其实不然，必须先拔开气塞，保证呼吸畅通，才能戴面具，如若不然，就可能发生窒息事故。这种不拔气塞就戴面具并憋得面红耳赤的事情，在紧急状况下屡见不鲜，主要原因就是心理紧张和操作不熟练。又如对于可燃气体监测仪，使用前，必须先校零，只有消除零位飘移，才能保证监测数据的准确，如若不然，就会得出错误的结果，作出错误的决策。

5. 特种设备应急处置与救援装备的维护要求

对特种设备应急处置与救援装备，必须经常进行检查，正确维护，保持随时可用的状态。要不然，就可能不仅造成装备因维护不当而损坏，同时，会因为装备不能正常使用，而延误事故处置。特种设备应急处置与救援装备的检查维护，必须形成制度化、规范化。应急装备的维护，主要包括以下两种形式：

（1）定期维护。

根据说明书的要求，对有明确的维护周期的，按照规定的维护周期和项目进行定期维护，定期标定、定期更换、定期检验等。

（2）随机维护。

对于没有明确维护周期的装备，要按照产品说明书的要求，进行经常性的检查，严格按照规定进行管理。发现异常，及时处理，随时保证装备完好可用。

第三节　特种设备应急救援指挥与事故现场的急救

一、应急组织指挥

应急指挥是指挥员及其指挥机关对应急救援行动进行的特殊的组织领导活动。

（一）定义

应急组织指挥是指挥员及其指挥机关所从事的一项主观指导活动，指挥员定下决心、实施决心的活动，使潜在的战斗力转变为现实的战斗力。

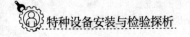

（二）指挥者

指挥员和指挥机关统称指挥者。指挥者是指挥活动的主体要素，是战斗行动的筹划决策、组织计划和协调控制者。没有指挥者就不能构成指挥活动，指挥者在指挥活动中居于主导和支配地位。一名合格的指挥员必须具备的素质有以下方面：①具有系统的指挥和战术理论；②具有丰富的应急救援实践经验；③掌握相关的工程技术知识；④掌握先进的科学决策手段，具有分析判断和科学决策能力。

（三）指挥对象

指挥对象是应急救援指挥活动的客体，是指接受指挥员指挥的下级指挥员、指挥机关及所属力量。

指挥对象中包括下级的指挥员和指挥机关，即下级指挥者，当他对自己的部属实施指挥时，他也是指挥者，具有主动性。

指挥者与指挥对象之间并不是单向作用过程，而是一个不断交流的过程。

（四）指挥信息

指挥信息是指保障应急救援指挥活动正常运作的各种信息。指挥信息作为应急救援指挥活动的基本要素，其质量直接制约着应急救援指挥能否顺利实施，从而对应急救援结局产生重要的影响。指挥信息包括三个方面的内容：①供指挥者进行应急救援决策的各种情报信息，比如，灾害对象情况、灾害燃烧情况、作战环境情况、交通道路情况、水源情况和消防队战斗力情况等；②体现指挥者决心意图的各种应急救援指令，其准确的传达直接关系到指挥效率的高低；③反映应急救援行动状况的各种反馈信息，是指挥者协调控制所属应急救援队行动的依据。

（五）指挥手段

指挥手段是指挥者在应急救援指挥活动过程中运用各种指挥技术器材进行应急救援指挥的方式和方法。作为指挥者与指挥对象联系的中间媒介，指挥手段的先进与否直接关系到应急救援的效果。指挥手段包括两个方面的含义：①指挥工具，包括锣、鼓、号、旗及有线通信、无线通信、GIS、GPS、以计算机为核心的指挥自动化系统等；②运用指挥工具的方法，指挥者运用指挥技术达到指挥目的的方法和措施。

二、应急救援组织指挥的特点和原则

（一）应急救援组织指挥的特点

1. 命令的强制性

应急救援组织指挥各种指令都具有强迫执行而不得违背的强制性。应急救援组织指挥的强制性，集中在指挥员与被指挥者之间，主要是命令与服从的关系。

2. 指挥活动的时限性

时限性是应急救援指挥对时间的一种要求，即应急救援指挥活动占有时间要少，完成的指挥工作量要多，指挥效率要高。指挥者必须在一定的时限内完成指挥活动，否则就会贻误战机丧失主动，应急救援战斗的时间性要求较高。

3. 决策的风险性

应急救援指挥的风险性，主要是由灾害的危险性和危害性、现场情况的复杂性、险情的突发性和不确定性决定的。①正确认识指挥过程的风险性，当断则断，该决就决；②实施科学的指挥，降低应急救援的风险性。

4. 技术上的复杂性

①应急救援工作所涉及的对象更加广泛，既有自然灾害，也有人为灾害；②参加应急救援所涉及的社会救援力量多；③指挥手段的先进性（GIS、GPS、ICS、辅助决策、自动化）。

5. 决策的随机性

灾害发展过程中险情的突发性和应急救援作战计划中某些预测的不准确性，决定了应急救援组织指挥具有随机性的特点。

（二）应急救援组织指挥的基本原则

①坚持统一领导、科学决策的原则。由现场指挥部和总指挥部根据预案要求和现场情况变化领导应急响应和应急救援，现场指挥部负责现场具体处置，重大决策由总指挥部决定。②坚持信息畅通、协同应对的原则。总指挥部、现场指挥部与救援队伍应保证实时互通信息，提高救援效率，在事故单位开展自救的同时，外部救援力量根据事故单位的需求和总指挥部的要求参与救援。③坚持保护环境，减少污染的原则。在处置中应加强对环境的保护，控制事故范围，减少对

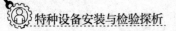

人员、大气、土壤、水体的污染。④在救援过程中，有关单位和人员应考虑妥善保护事故现场及相关证据。任何人不得以救援为借口，故意破坏事故现场、毁灭相关证据。

三、出血与止血

身体有自然的生理止血机制，对毛细血管、小血管破裂的出血是有效的，如皮肤、皮下软组织挫伤的出血，甚至内脏挫伤（如肝包膜下小挫裂伤）的出血均可在生理止血机制作用下停止出血。然而发生以下情况时，单靠生理止血机制则不能有效止血，必须进行急救止血：①较大血管破裂，尤其是动脉破裂；②组织破损严重致广泛渗血；③特殊部位的出血，如头部硬膜外血肿致脑疝、心包腔出血致急性心脏压塞等，即使出血量不大也要急救止血，否则可带来严重后果甚至死亡；④某些血管外伤，虽无明显出血，但有可能出现严重不良后果，如原供血区的缺血，坏死，功能丧失，具有继发性大出血的潜在危险，后期形成假性动脉瘤或动静脉瘘等，也要进行紧急处理。

（一）出血分类

按出血部位分为：①外出血，血液从伤口流出，在体表可见到出血；②内出血，血液流入体腔或组织间隙，在体表不能看见，如颅内出血、胸腔内出血、腹腔内出血、皮肤瘀斑等。

按出血的时间分为：①原发性出血，伤后当时出血；②继发性出血，在原发性出血停止后，经过一定时间，再发生出血。

按出血的血管分为：①动脉出血，血液为鲜红色，自近心端喷射出来，随着脉搏而冲出，根据血管大小，虽可有不同的失血量，但一般失血量较大；②静脉出血，暗红色，自远心端缓缓流出，呈持续性；③毛细血管出血，浅红色，血液由创面渗出，看不清大的出血点，根据创面大小，失血量也有所不同。

（二）出血的临床表现

1. 局部表现

外出血容易发现，但在夜间或衣服过厚时往往易忽略。一般根据衣服、鞋、袜的浸湿程度，血在地面积集的情况和伤员全身情况来判断出血量。内出血除局部有外伤史外，在组织中可出现各种特有的症状。

2. 全身症状

因出血量、出血速度不同而有所不一。严重者可发生休克，表现为神志不清、颜面苍白、四肢厥冷、出冷汗、脉搏细速、血压下降、口渴、少尿，甚至死亡。

（三）止血方法

急救止血包括权宜性止血、确定性止血和药物止血。权宜性止血是应急方法，目的是暂时止血，但也可能达到最终止血的目的。根据创伤出血情况，在现场一般可选用下述四种止血方法：

1. 指压止血法

指压止血法于体表经皮肤指压动脉于临近骨面上，以控制供血区域出血，是对动脉出血的一种临时止血方法。根据动脉的分布情况，可用手指、手掌或拳头在出血动脉的上部（近心端）用力将中等或较大的动脉压在骨上，以切断血流，达到临时止血的目的。指压动脉的止血方法也可为其他止血法的实施创造条件。

压迫点因不同出血部位而异。比如，头、颈、面部出血可压迫颈总动脉，颈总动脉经过第六颈椎横突前方上行，故在环状软骨外侧（胸锁乳突肌中点处），用力向后按压，即可将颈总动脉压向第六颈椎横突上，以达止血目的，但应注意，不能双侧同时压迫，避免阻断全部脑血流；头部或额部出血时，可在耳门前方、颧弓根部压迫颈动脉；面部出血可压下颌角前下凹内的颌下动脉，头后部出血压迫耳后动脉。

若上臂出血，可在锁骨上摸到血管搏动处后，向后下方按压锁骨下动脉；在上臂上部以下的上臂出血，可以压迫腋动脉；前臂和手部外伤出血时，可在上臂的中部肱骨压迫肱动脉；手部出血，可在手腕两侧压迫桡动脉及尺动脉；手指出血可压掌动脉及指动脉。

若大腿出血，可用两手拇指重叠在腹股沟韧带中点的稍下方，亦可用手掌根将股动脉压在耻骨上进行止血；小腿出血，在腘窝中腘部压迫腘动脉；足部出血，可在踝关节的前后方压迫胫前动脉及胫后动脉，若整个下肢大出血，则可在下腹正中用力压迫腹主动脉。

2. 加压包扎止血

加压包扎止血是控制四肢、体表出血的最简便、有效的方法，应用最广。将无菌纱布（也可用干净毛巾、布料等代替）覆盖在伤口处，然后用绷带或布条适当加压包扎固定，即可止血。对肢体较大动脉出血若不能控制，可在包扎的近心侧使用止血带，或去除敷料，在满意的光照下，用止血钳将破裂动脉的近心端临时夹闭。在钳夹时尽量多保留正常血管的长度，为后续将要进行的血管吻合提供条件。加压包扎止血不适用于有骨折或存在异物时的患者。

3. 止血带止血法

适用于四肢较大的动脉出血。用止血带在出血部位的近心端将整个肢体用力环形绑扎，以完全阻断肢体血流，从而达到止血的目的。此法能引起或加重远心端缺血或坏死等并发症。因此，主要用于暂不能用其他方法控制的出血，一般仅用于院前急救、战地救护及伤员转运。使用止血带止血时，一定要注意下列事项：

①扎止血带的部位应在伤口的近心端，并应尽量靠近伤口。前臂和小腿不适于扎止血带，因前臂有尺骨、桡骨，小腿有胫骨、腓骨，其骨间可通血流，所以止血效果较差。上臂扎止血带时，不可扎在下 1/3 处，以防勒伤桡神经。

②止血带勿直接扎在皮肤上，必须先用三角巾、毛巾、布块等垫好，以免损伤皮肤。

③扎止血带时，不可过紧或过松，以远端动脉消失为宜。

④使用止血带的伤员，应有明显的标记，证明伤情和使用止血带的时间，并记录阻断血流时间，以便其他人了解情况。按时放松止血带，防止因肢体长时间阻断血流而致缺血坏死。

⑤使用止血带的时间要尽量缩短，以 1h 为宜，最长不得超过 3h。在使用止血带期间，应每隔半小时到 1h 放松止血带一次。放松止血带时，可用指压法使动脉止血。放松止血带 1~2min 后，再在稍高的平面上扎回止血带，不可在同一部位反复缚扎。

⑥对使用止血带的伤员，应注意肢体保温，尤其在冬季，更应注意防寒。因伤肢使用止血带后，血液循环被阻断，肢体的血液供应暂时停止，导致抗寒能力低下，所以容易发生冻伤。

⑦取下止血带时不可过急、过快地松解，防止伤肢血流突然增加。如松解过快，不仅伤肢血管（尤其是毛细血管）容易受损，而且会影响全身血液的重新分布，甚至引起血压下降。

⑧取下止血带后，由于血流阻断时间较长，伤员可感觉到伤肢麻木不适。可对伤肢进行轻轻按摩，使之能很快缓解。

4. 药物止血法

一般而言，局部应用止血药物较安全，将出血部位抬高，用凝血酶止血纱布、明胶海绵、纤维蛋白海绵、三七粉、云南白药等敷在出血处即可。对外伤患者经静脉药物止血，则有一定的限制，且盲目注射大量止血药来临时止血是危险的。

四、包扎方法

（一）包扎的目的

包扎的目的是保护伤口，减少污染，固定敷料、药品和骨折位置，压迫止血及减轻疼痛。常用的材料是绷带、三角巾和多头带，抢救中也可用衣裤、毛巾、被单等进行包扎。

（二）绷带包扎

绷带包扎法的用途广泛，是包扎的基础。包扎的目的是限制活动、固定敷料、固定夹板、加压止血、促进组织液的吸收或防止组织液流失、支托下肢，以促进静脉回流。

1. 绷带包扎的原则

（1）包扎部位必须清洁干燥。皮肤皱褶处如腋下、乳下、腹股沟等，用棉垫纱布间隔，骨隆突处用棉垫保护。

（2）包扎时，应使伤员的位置舒适；须抬高肢体时，要给以适当的扶托物。包扎后，应保持于功能位置。

（3）根据包扎部位，选用宽度适宜的绷带，应避免使用潮湿绷带，以免绷带干后收缩过紧，从而妨碍血运。潮湿绷带还会刺激皮肤生湿疹，适于细菌滋生而延误伤口愈合。

（4）包扎方向一般从远心端向近心端包扎，以促进静脉血液回流。即绷带起端在伤口下部，自下而上地包扎，以免影响血液循环而发生充血、肿胀。包扎时，绷带必须平贴包扎部位，而且要注意勿使绷带落地而被污染。

（5）包扎开始，要先环形2周固定。以后每周压力要均匀，松紧要适当，如果太松则容易脱落，过紧则影响血运。指（趾）端最好露在外面，以便观察肢体血运情况，如皮肤发冷、发绀、感觉改变（麻木或感觉丧失）、有水肿、指甲床的再充血变化（用拇指与食指紧按伤员的指甲床，继而突然松开，观察指甲床颜色的恢复情况，正常时颜色应在 2s 内恢复）及功能是否消失。

（6）绷带每周应遮盖前周绷带宽度的 1/2，以充分固定。绷带的回返及交叉，应当为一直线，互相重叠，不要使皮肤露在外面。

（7）包扎完毕，再环行绕 2 周，用胶布固定或撕开绷带尾打结固定。固定的打结处，应放在肢体的外侧面。忌固定在伤口上、骨隆处或易于受压部位。

（8）解除绷带时，先解开固定结，取下胶布，然后以两手互相传递松解，勿使绷带脱落在地上。紧急时，或绷带已被伤口分泌物浸透、干硬时，可用剪刀剪开。

2. 基本包扎法

根据包扎部位的形状不同而采取以下八种基本方法进行包扎：

（1）环形包扎法：环形缠绕，下周将上周绷带完全遮盖，用于绷扎开始与结束时固定绷带端及包扎额、颈、腕等处。

（2）蛇形包扎法（斜绷法）：斜行延伸，各周互不遮盖，用于须由一处迅速伸至另一处时，或做简单的固定。

（3）螺旋形包扎法：以稍微倾斜螺旋向上缠绕，每周遮盖上周的 1/3～1/2。用于包扎身体直径基本相同的部位，如上臂、手指、躯干、大腿等。

（4）螺旋回返包扎法（折转法）：每周均向下反折，遮盖其上周的 1/2，用于直径大小不等的部位，如前臂、小腿等，使绷带更加贴合。但不可在伤口上或骨隆突处回返，而且回返应呈一直线。

（5）"8"字包扎法：是重复以"8"字形在关节上下做倾斜旋转，每周遮盖上周的 1/3～1/2，用于肢体直径不一致的部位或屈曲的关节，如肩、髋、膝等部位，应用范围较广。

（6）回返包扎法：大多用于包扎顶端的部位，如指端、头部或截肢残端。

（7）三角巾包扎：①三角巾包扎的优点较多，如制作方便，操作简捷，也能与各个部位相适应，适用于急救的包扎。②三角巾的制法：用一块宽 90cm 的白布，裁成正方形，再对角剪开，就成了两条三角巾。其底边长约 130cm，顶角到底边中点约 65cm，顶角可根据具体情况固定一条带子。

（8）包扎原则：①包扎伤口时不要触及伤口，以免加重伤员的疼痛、伤口出血及污染。要求包扎人员动作迅速、谨慎。②包扎时松紧度要适宜，以免影响血液循环，并须防止敷料脱落或移动。③注意包扎要妥帖、整齐，使伤员舒适，并保持在功能位置。

3. 多头带制备和应用

多头带也叫多尾带，常用的有四头带、腹带、胸带、丁字带等。多头带用于不规则部位的包扎，如下颌、鼻、肘、膝、会阴、肛门、乳房、胸腹部等处。

（1）四头带是多头带中最方便的一种，制作简单。用一长方形布，剪开两端，大小按需要确定，四头带用于下颌、额、眼、枕、肘、膝、足跟等部位的包扎。

（2）腹带用于腹部包扎，由中间宽45cm、长35cm的双层布制成，两端各有五对带子，每条宽5cm、长35cm，每条之间重叠1/3。腹带的操作方法如下：①伤员平卧，松开腰带，将衣、裤解开并暴露腹部，腹带放腰部，下缘应在髋上。②将腹带右边最上边带子拉平覆盖腹部，拉至对侧中线，将该带子剩余部分反折压在左边最上边带下，注意松紧度适宜。③将左边最上面带子拉平覆盖着上边带子的1/2~2/3，并将该带子剩余部分反折。④依次包扎各条带子，最后一对带子在无伤侧侧打活结。下腹部伤口应由下向上包扎。一次性腹带由布、松紧带及尼龙搭扣制成，使用方便，可用于各种腹部伤口。

（3）胸带用于胸部包扎，其构造比腹带多两条肩带。一次性胸带形同背心，方便适用。操作方法：平卧，脱去上衣，将胸带平放于背下；将肩带从背后越过肩部，平放于胸前；从上向下包扎每对带子（同腹带包扎）并压住肩带；最后一对带子在无伤口侧打活结。

（4）丁字带用于肛门、会阴部伤口包扎或术后阴囊肿胀等。有单丁字带及双丁字带两种，单的用于女性，双的用于男性。

五、伤处固定

用于骨折或骨关节损伤，以减轻疼痛，避免骨折片损伤血管、神经等，并可防治休克，更便于伤员的转送。如有较重的软组织损伤，也宜将局部固定。

（一）固定注意事项

如有伤口和出血，应先行止血，并包扎伤口，然后再固定骨折。如有休克，应首先进行抗休克处理。

临时固定骨折，只是为了制止肢体活动。在处理开放性骨折时，不可把刺出的骨端送回伤口，以免造成感染。

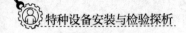

上夹板时，除固定骨折部位上、下两端外，还要固定上、下两关节。夹板的长度与宽度要与骨折的肢体相适应。其长度必须超过骨折部的上、下两个关节。

夹板不可与皮肤直接接触，要用棉花或其他物品垫在夹板与皮肤之间，尤其是在夹板两端，骨突出部位和悬空部位，以防局部不固定与受压。

固定应牢固可靠，且松紧适宜，以免影响血液循环。

肢体骨折固定时，一定要将指（趾）端露出，以便随时观察血液循环情况，如发现指（趾）端苍白，发冷、麻木、疼痛、水肿或青紫时，表示血运不良，应松开重新固定。

（二）各部位骨折固定方法

1. 锁骨骨折及肩锁关节损伤

（1）单侧锁骨骨折：取坐位，将三角巾折成燕尾状，将两燕尾从胸前拉向颈后，并在颈一侧打结；伤侧上臂屈曲90°，三角巾兜起前臂，三角巾顶尖放肘后，再向前包住肘部并用安全别针固定。

（2）双侧锁骨骨折：背部放丁字形夹板，两腋窝放衬垫物，用绷带做"∞"字形包扎，其顺序为左肩上→横过胸部→右腋下→绕过右肩部→右肩上斜过前胸→左腋下→绕过左肩，依次缠绕数次，以固定牢固夹板为宜，腰部用绷带将夹板固定好。

2. 前臂及肱骨骨折

（1）前臂骨折：患者取坐位，将两块夹板（长度超过患者前臂肘关节→腕关节）放好衬垫物，置前臂掌背侧；用带子或绷带将夹板与前臂上、下两端扎牢，再使肘关节屈曲90°；用悬臂带吊起夹板。

（2）肱骨骨折：取坐位，用两个夹板放上臂内、外侧，加衬垫后包扎固定；将患肢屈肘，用三角巾悬吊前臂，做贴胸固定；如无夹板，可用两条三角巾，一条中点放上臂越过胸部，在对侧腋下打结，另一条将前臂悬吊。

3. 踝、足部及小腿骨折

（1）踝、足部骨折：取坐位，将患肢呈中立位；踝周围及足底衬软垫，足底、足跟放夹板；用绷带沿小腿做环形包扎，踝部做"8"字形包扎，足部做环形包扎固定。

（2）小腿骨折：取卧位，伸直伤肢。用两块长夹板（从足跟到大腿），做好衬垫，尤其是腘窝处，将夹板分别置于伤腿的内、外侧，用绷带或带子在上、下端及小腿和腘窝处绑扎牢固。如现场无夹板，可将伤肢与健肢固定在一起，须注意在膝关节与小腿之间空隙处垫好软垫，以保持固定稳定。

4. 大腿骨折

患者取平卧位，用长夹板一块（从患者腋下至足部），在腋下、乳峰、髋部、膝、踝、足跟等处做好衬垫，将夹板置伤肢外侧，用绷带或宽带、三角巾分段绷扎固定。

5. 脊柱骨折

平卧于担架上，用布带将头、胸、骨盆及下肢固定于担架上。

参考文献

［1］蒋军成，王志荣．工业特种设备安全［M］．北京：机械工业出版社，2019.

［2］廖迪煜．特种设备安全管理简明手册［M］．北京：中国标准出版社，2019.

［3］廖迪煜．基层特种设备安全监察简明手册［M］．北京：中国标准出版社，2019.

［4］王镇，刘大鸿，周拥民．特种设备现场安全监督检查工作手册［M］．北京：中国质量标准出版传媒有限公司，2019.

［5］李亚江．特种连接技术［M］．北京：机械工业出版社，2020.

［6］于兆虎，郭宏毅．特种设备金属材料加工与检测［M］．开封：河南大学出版社，2020.

［7］张海营，薛永盛，谢曙光．承压类特种设备超声检测新技术与应用［M］．郑州：黄河水利出版社，2020.

［8］周存龙，王天翔，秦建平．特种轧制设备［M］．北京：冶金工业出版社，2020.

［9］王鹏程．特种加工技术［M］．镇江：江苏大学出版社，2020.

［10］龚芳．特种设备质量安全精细化管理［M］．天津：天津科学技术出版社，2020.

［11］胡海峰，钟佳奇，蒋文奇．机电类特种设备检验检测技术研究［M］．天津：天津科学技术出版社，2020.

［12］李红梅，刘红华．机械加工工艺与技术研究［M］．昆明：云南大学出版社，2020.

［13］赵霄雯．机电类特种设备安全管理与分析［M］．长春：吉林科学技术出版社，2021.

［14］史龙潭，乔慧芳，徐广祎．承压特种设备磁粉检测［M］．郑州：黄河水利出版社，2021.

［15］王雅，佟得吉，赵濯非．特种设备安装与检验技术研究［M］．汕头：汕头大学出版社，2021.

［16］杨明涛，杨洁，潘洁．机械自动化技术与特种设备管理［M］．汕头：汕头大学出版社，2021.

［17］裴渐强，冷文深，刘涛．承压类特种设备安全与防控管理［M］．郑州：黄河水利出版社，2021.

［18］宋涛．特种设备安全监察与检验检测及使用管理专业基础［M］．长沙：湖南科学技术出版社，2021.

［19］曹治明，王凯军．燃油燃气锅炉运行实用技术［M］．郑州：黄河水利出版社，2021.

［20］蓝麒，胡荷佳．特种设备领域法律责任研究［M］．北京：中国计量出版社，2021.

［21］廖迪煜．特种设备安全监察作业指导书［M］．北京：中国标准出版社，2021.

［22］李勇，赵彦杰．锅炉能效测试与远程监控技术［M］．郑州：黄河水利出版社，2022.

［23］宋涛．特种设备事故应急处置与救援［M］．长沙：湖南科学技术出版社，2022.

［24］舒文华．特种设备非金属材料焊接技术［M］．北京：机械工业出版社，2022.

［25］舒文华，汤晓英，吴兴华．特种设备典型事故技术分析实例［M］．北京：化学工业出版社，2022.

［26］廖迪煜．特种设备安全管理作业指导书［M］．北京：中国质量标准出版传媒有限公司；中国标准出版社，2022.